DE LA THÉORIE À LA PRATIQUE

L'ÉDUCATION INCLUSIVE AU PRÉSCOLAIRE

Accueillir l'enfant ayant des besoins particuliers

ANDRÉ C. MOREAU
CLAIRE MALTAIS
YVES HERRY

avec la collaboration
de Nancy Larouche
et Linda Gagnon

LES ÉDITIONS CEC
QUEBECOR MEDIA

8101, boul. Métropolitain Est, Anjou (Québec) Canada H1J 1J9
Téléphone: (514) 351-6010 • Télécopieur: (514) 351-3534

Éditrice consultante et chargée de projet
Suzanne Bélanger

Directrice de la production
Danielle Latendresse

Directrice de la coordination
Sylvie Richard

Révision linguistique
Rachel Fontaine

Correction d'épreuves
Catherine Léger

Illustrations
Marc Mongeau

Conception graphique
Dessine-moi un mouton

Adaptation et réalisation technique
Nicole Lafond

Les Éditions CEC inc. remercient le gouvernement du Québec de l'aide financière accordée à l'édition de cet ouvrage par l'entremise du programme de crédit d'impôt pour l'édition de livres, administré par la SODEC.

8101, boul. Métropolitain Est,
Anjou (Québec) H1J 1J9

Dépôt légal : 4e trimestre 2005
Bibliothèque nationale du Québec
Bibliothèque nationale du Canada

ISBN : 2-7617-2347-3

Imprimé au Canada
1 2 3 4 5 09 08 07 06 05

Photographies
François Desaulniers

Les Éditions CEC inc. remercient le personnel, les parents et les enfants du centre de la petite enfance *Le repère des mousses*, en particulier Mesdames Céline Dubois, Antonine Doret et Suzie Doré, pour leur aimable collaboration à la prise des photos.

AVANT-PROPOS

Pourquoi un ouvrage sur l'éducation inclusive ? L'état de la recherche actuelle sur les fondements et les pratiques de l'éducation inclusive révèle des bienfaits importants sur le développement global des enfants ayant des besoins particuliers. Non seulement favorise-t-elle leur épanouissement et leur autonomie en leur donnant la possibilité de participer pleinement aux activités sociales et éducatives de leur milieu, mais elle engendre des interactions positives et des attitudes d'entraide, de tolérance et de coopération chez tous les enfants, ceux ayant des besoins particuliers et leurs pairs.

L'objectif premier de cet ouvrage consiste donc à dresser un portrait représentatif de la situation et des pratiques novatrices en éducation inclusive dans les milieux de garde et en éducation préscolaire pour soutenir les changements dans ces communautés éducatives. Comme l'enfant occupe une place centrale, le déploiement des services éducatifs doit se faire dans un but précis : répondre à ses besoins et favoriser son inclusion. Toutefois, un ouvrage sur l'inclusion des enfants ayant des besoins particuliers ne saurait être complet s'il ne pouvait offrir à l'intervenante, notamment l'éducatrice à l'enfance, l'éducatrice spécialisée et l'enseignante, des indications précises sur le comment faire, les savoirs pratiques et tous les aspects essentiels à la mise en place de communautés éducatives inclusives. De nombreux outils pratiques ont été créés afin de soutenir le travail de l'intervenante tout au long de cette démarche.

Cet ouvrage est issu de deux projets de recherche amorcés en 1999 et réalisés sur une période de cinq ans (Boudreault et Moreau, 2002 ; Moreau, Maltais et Herry, 2004), grâce au soutien du ministère du Développement des ressources humaines du Canada, Programme de partenariat en développement social. Ces travaux ont permis de collecter et d'analyser quantité de données sur les perceptions, les attitudes, les besoins en formation continue et les pratiques d'inclusion en milieux préscolaires francophones au Canada auprès de parents et de professionnels de l'éducation et de la santé.

André C. Moreau

PRÉSENTATION DES CARACTÉRISTIQUES DES CHAPITRES

Chapitre 1

Les enfants ayant des besoins particuliers

Objectifs

La lecture de ce chapitre vous permettra :

- de vous familiariser avec les traits caractéristiques des enfants ayant des besoins particuliers ;
- d'accroître vos connaissances sur les besoins particuliers de ces enfants, qu'ils soient liés à des difficultés persistantes ou à une déficience ;
- de déterminer le soutien éducatif nécessaire pour atténuer ou éliminer une situation de handicap ;
- de vous approprier les principes éducatifs qui guident une action inclusive.

Des objectifs clairs et concis pour chaque chapitre guident l'apprentissage.

La rubrique **Exemple** présente des témoignages d'intervenantes relatant des situations vécues ou encore une démonstration d'un concept ou d'une approche dans un service éducatif.

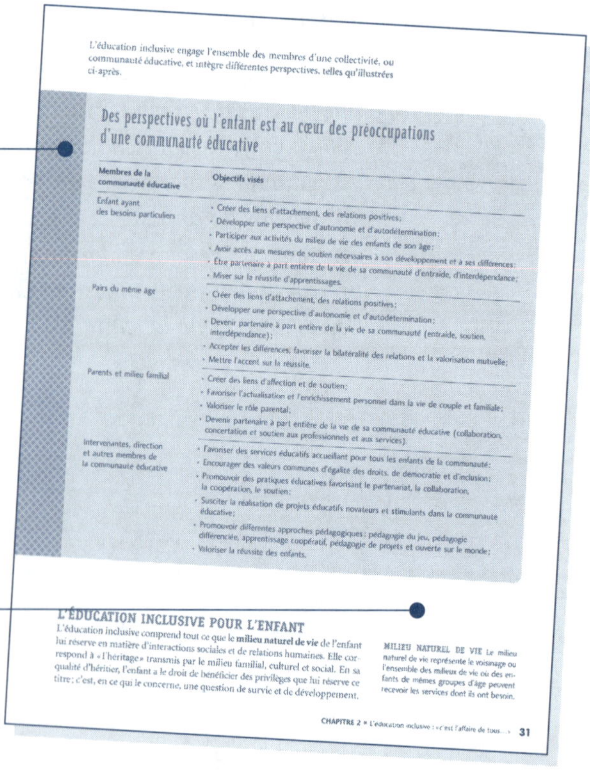

L'éducation inclusive engage l'ensemble des membres d'une collectivité, ou communauté éducative, et intègre différentes perspectives, telles qu'illustrées ci-après.

Des perspectives où l'enfant est au cœur des préoccupations d'une communauté éducative

Membres de la communauté éducative	Objectifs visés
Enfant ayant des besoins particuliers	• Créer des liens d'attachement, des relations positives ; • Développer une perspective d'autonomie et d'autodétermination ; • Participer aux activités du milieu de vie des enfants de son âge ; • Avoir accès aux mesures de soutien nécessaires à son développement et à ses différences ; • Être partenaire à part entière de la vie de sa communauté d'entraide, d'interdépendance ; • Miser sur la réussite d'apprentissages.
Pairs du même âge	• Créer des liens d'attachement, des relations positives ; • Développer une perspective d'autonomie et d'autodétermination ; • Devenir partenaire à part entière de la vie de sa communauté (entraide, soutien, interdépendance) ; • Accepter les différences, favoriser la bilatéralité des relations et la valorisation mutuelle ; • Mettre l'accent sur la réussite.
Parents et milieu familial	• Créer des liens d'affection et de soutien ; • Favoriser l'actualisation et l'enrichissement personnel dans la vie de couple et familiale ; • Valoriser le rôle parental ; • Devenir partenaire à part entière de la vie de sa communauté éducative (collaboration, concertation et soutien aux professionnels et aux services).
Intervenantes, direction et autres membres de la communauté éducative	• Favoriser des services éducatifs accueillant pour tous les enfants de la communauté ; • Encourager des valeurs communes d'égalité des droits, de démocratie et d'inclusion ; • Promouvoir des pratiques éducatives favorisant le partenariat, la collaboration, la coopération, le soutien ; • Susciter la réalisation de projets éducatifs novateurs et stimulants dans la communauté éducative ; • Promouvoir différentes approches pédagogiques : pédagogie du jeu, pédagogie différenciée, apprentissage coopératif, pédagogie de projets et ouverte sur le monde ; • Valoriser la réussite des enfants.

L'ÉDUCATION INCLUSIVE POUR L'ENFANT

L'éducation inclusive comprend tout ce que le **milieu naturel de vie** de l'enfant lui réserve en matière d'interactions sociales et de relations humaines. Elle correspond à « l'héritage » transmis par le milieu familial, culturel et social. En sa qualité d'héritier, l'enfant a le droit de bénéficier des privilèges que lui réserve ce titre ; c'est, en ce qui le concerne, une question de survie et de développement.

MILIEU NATUREL DE VIE Le milieu naturel de vie représente le voisinage ou l'ensemble des milieux de vie où des enfants de mêmes groupes d'âge peuvent recevoir les services dont ils ont besoin.

CHAPITRE 2 • L'éducation inclusive : « c'est l'affaire de tous... » 31

La définition des notions fondamentales apparaît en marge du texte.

Des grilles reproductibles permettent d'accompagner l'intervenante dans sa pratique. De nombreux tableaux et encadrés font la synthèse de l'information essentielle.

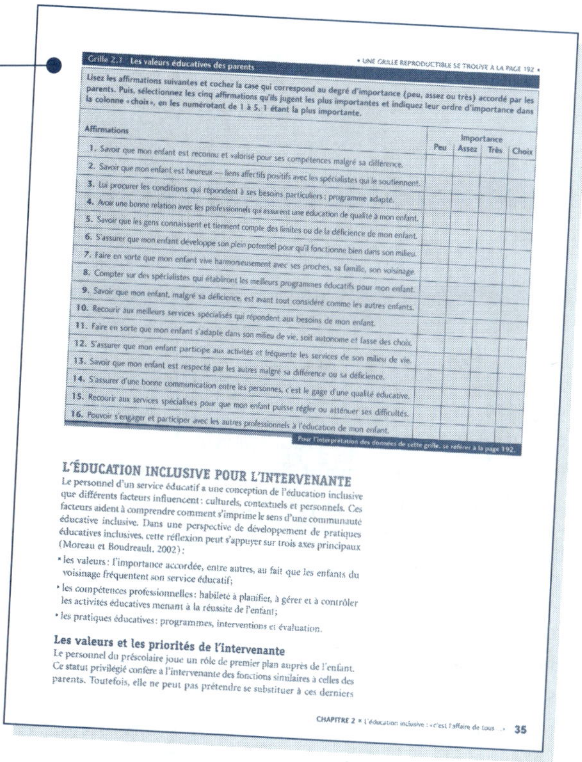

Grille 2.1 Les valeurs éducatives des parents • UNE GRILLE REPRODUCTIBLE SE TROUVE À LA PAGE 192 •

Lisez les affirmations suivantes et cochez la case qui correspond au degré d'importance (peu, assez ou très) accordé par les parents. Puis, sélectionnez les cinq affirmations qu'ils jugent les plus importantes et indiquez leur ordre d'importance dans la colonne « choix », en les numérotant de 1 à 5, 1 étant la plus importante.

Affirmations	Importance			
	Peu	Assez	Très	Choix
1. Savoir que mon enfant est reconnu et valorisé pour ses compétences malgré sa différence.				
2. Savoir que mon enfant est heureux — liens affectifs positifs avec les spécialistes qui le soutiennent.				
3. Lui procurer les conditions qui répondent à ses besoins particuliers : programme adapté.				
4. Avoir une bonne relation avec les professionnels qui assurent une éducation de qualité à mon enfant.				
5. Savoir que les gens connaissent et tiennent compte des limites ou de la déficience de mon enfant.				
6. S'assurer que mon enfant développe son plein potentiel pour qu'il fonctionne bien dans son milieu.				
7. Faire en sorte que mon enfant vive harmonieusement avec ses proches, sa famille, son voisinage.				
8. Compter sur des spécialistes qui établiront les meilleurs programmes éducatifs pour mon enfant.				
9. Savoir que mon enfant, malgré sa déficience, est avant tout considéré comme les autres enfants.				
10. Recourir aux meilleurs services spécialisés qui répondent aux besoins de mon enfant.				
11. Faire en sorte que mon enfant s'adapte dans son milieu de vie, soit autonome et fasse des choix.				
12. S'assurer que mon enfant participe aux activités et fréquente les services de son milieu de vie.				
13. Savoir que mon enfant est respecté par les autres malgré sa différence ou sa déficience.				
14. S'assurer d'une bonne communication entre les personnes, c'est le gage d'une qualité éducative.				
15. Recourir aux services spécialisés pour que mon enfant puisse régler ou atténuer ses difficultés.				
16. Pouvoir s'engager et participer avec les autres professionnels à l'éducation de mon enfant.				

Pour l'interprétation des données de cette grille, se référer à la page 192.

L'ÉDUCATION INCLUSIVE POUR L'INTERVENANTE

Le personnel d'un service éducatif a une conception de l'éducation inclusive que différents facteurs influencent : culturels, contextuels et personnels. Ces facteurs aident à comprendre comment s'imprime le sens d'une communauté éducative inclusive. Dans une perspective de développement de pratiques éducatives inclusives, cette réflexion peut s'appuyer sur trois axes principaux (Moreau et Boudreault, 2002) :

- les valeurs : l'importance accordée, entre autres, au fait que les enfants du voisinage fréquentent son service éducatif;
- les compétences professionnelles : habileté à planifier, à gérer et à contrôler les activités éducatives menant à la réussite de l'enfant;
- les pratiques éducatives : programmes, interventions et évaluation.

Les valeurs et les priorités de l'intervenante

Le personnel du préscolaire joue un rôle de premier plan auprès de l'enfant. Ce statut privilégié confère à l'intervenante des fonctions similaires à celles des parents. Toutefois, elle ne peut pas prétendre se substituer à ces derniers

CHAPITRE 2 • L'éducation inclusive : « c'est l'affaire de tous » 35

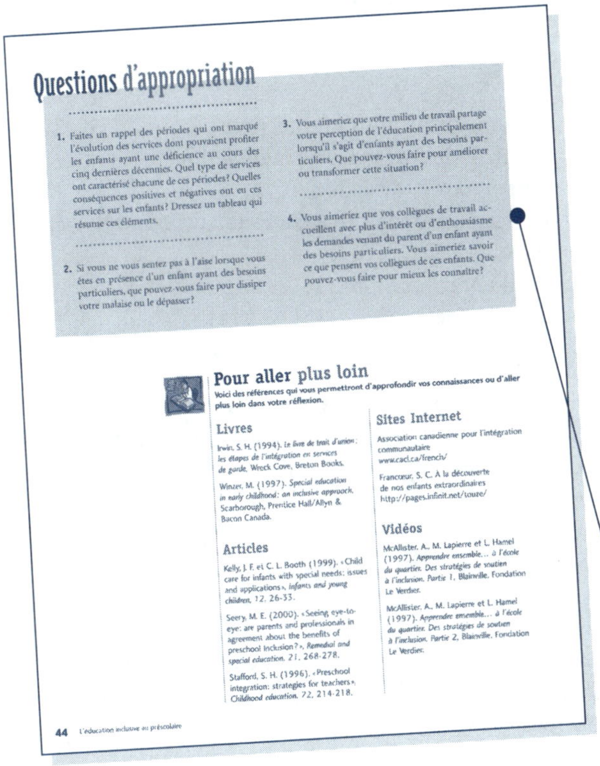

Questions d'appropriation

1. Faites un rappel des périodes qui ont marqué l'évolution des services dont pouvaient profiter les enfants ayant une déficience au cours des cinq dernières décennies. Quel type de services ont caractérisé chacune de ces périodes? Quelles conséquences positives et négatives ont eu ces services sur les enfants? Dressez un tableau qui résume ces éléments.

2. Si vous ne vous sentez pas à l'aise lorsque vous êtes en présence d'un enfant ayant des besoins particuliers, que pouvez-vous faire pour dissiper votre malaise ou le dépasser?

3. Vous aimeriez que votre milieu de travail partage votre perception de l'éducation principalement lorsqu'il s'agit d'enfants ayant des besoins particuliers. Que pouvez-vous faire pour améliorer ou transformer cette situation?

4. Vous aimeriez que vos collègues de travail accueillent avec plus d'intérêt ou d'enthousiasme les demandes venant du parent d'un enfant ayant des besoins particuliers. Vous aimeriez savoir ce que pensent vos collègues de ces enfants. Que pouvez-vous faire pour mieux les connaître?

Pour aller plus loin

Voici des références qui vous permettront d'approfondir vos connaissances ou d'aller plus loin dans votre réflexion.

Livres

Irwin, S. H. (1994). *Le livre de trait d'union : les étapes de l'intégration en services de garde*, Wreck Cove, Breton Books.

Winzer, M. (1997). *Special education in early childhood: an inclusive approach*, Scarborough, Prentice Hall/Allyn & Bacon Canada.

Articles

Kelly, J. F. et C. L. Booth (1999). « Child care for infants with special needs: issues and applications », *Infants and young children*, 12, 26-33.

Seery, M. E. (2000). « Seeing eye-to-eye: are parents and professionals in agreement about the benefits of preschool inclusion? », *Remedial and special education*, 21, 268-278.

Stafford, S. H. (1996). « Preschool integration: strategies for teachers », *Childhood education*, 72, 214-218.

Sites Internet

Association canadienne pour l'intégration communautaire
www.cacl.ca/french/

Francoeur, S. C. À la découverte de nos enfants extraordinaires
http://pages.infinit.net/touze/

Vidéos

McAllister, A., M. Lapierre et L. Hamel (1997). *Apprendre ensemble... à l'école du quartier. Des stratégies de soutien à l'inclusion. Partie 1*, Blainville, Fondation Le Verdier.

McAllister, A., M. Lapierre et L. Hamel (1997). *Apprendre ensemble... à l'école du quartier. Des stratégies de soutien à l'inclusion. Partie 2*, Blainville, Fondation Le Verdier.

44 L'éducation inclusive au préscolaire

La rubrique **Questions d'appropriation** donne la possibilité de vérifier l'intégration de ses connaissances et d'aller un peu plus loin.

La rubrique **Clics et déclics** fournit des conseils pour effectuer une recherche efficace dans Internet.

La rubrique **À propos...** fournit de l'information supplémentaire sur un sujet traité.

La rubrique **Un rappel** remet en mémoire des aspects importants.

La rubrique **Attention !** suggère de se référer à d'autres sections de l'ouvrage pour obtenir une information complémentaire ou indique où trouver la grille reproductible en Annexes.

La rubrique **Pour aller plus loin** propose quantité de livres, d'articles, de sites Internet ou de vidéos pour approfondir un sujet.

TABLE DES MATIÈRES

Figures

Grilles reproductibles

Tableaux

INTRODUCTION

Un enfant ayant des besoins particuliers en raison de difficultés ou d'une déficience doit relever de multiples défis pour apprendre, se développer et évoluer dans son milieu. Une communauté éducative inclusive (Guralnick, 2001; Ryndak, Jackson et Boillingsley, 2000; Stainback et Stainback, 1990, 1996) vise le développement de services publics qui va au-delà du maintien de l'enfant dans son milieu naturel de vie. L'inclusion, comme valeur éducative, fait la promotion de l'autonomie et de l'autodétermination des personnes ayant des incapacités ou des difficultés. Elle encourage leur participation pleine et entière à des activités éducatives ou de loisirs dans toutes les sphères de leur milieu de vie.

Le présent ouvrage est le fruit d'une vaste recherche sur les fondements et les pratiques de l'éducation inclusive. Il propose aux professionnels des différents milieux de formation et aux membres des communautés éducatives les plus récentes données sur les problématiques et thèmes liés à l'intégration des enfants ayant des besoins particuliers. Il accorde un intérêt particulier aux dimensions pédagogiques de la vie éducative dans les communautés, en ce qui a trait aux interventions éducatives à privilégier pour construire des milieux inclusifs. Les lecteurs y trouveront quantité d'outils et de références qui permettent une meilleure compréhension de l'éducation inclusive et soutiennent la démarche d'intégration de l'enfant dans son milieu, et ce, en tenant compte de tous les membres de la communauté éducative.

Ce livre, divisé en sept chapitres, poursuit donc plusieurs objectifs:

- fournir une information de pointe sur les développements en matière de connaissances nouvelles et de pratiques relatives à l'éducation des enfants ayant des besoins particuliers;
- sensibiliser à l'importance de pratiquer une éducation inclusive et fournir des indications sur le *comment faire*;
- proposer des outils qui permettent à tous les membres de la communauté de devenir des agents actifs dans la promotion et le développement de communautés éducatives inclusives au préscolaire;
- informer sur les mesures de soutien à offrir au personnel des milieux éducatifs afin de faciliter leur démarche de formation continue et leur quête de solutions pour le mieux-être des enfants.

Le premier chapitre, intitulé **Les enfants ayant des besoins particuliers**, décrit les caractéristiques de ces enfants. Connaître et comprendre leurs besoins constituent des étapes essentielles au processus de mise en œuvre d'une éducation inclusive. On y traite des principes éducatifs qui sous-tendent cette approche et visent le développement global et intégré de l'enfant dans un environnement riche et stimulant.

Le chapitre 2, **L'éducation inclusive: «c'est l'affaire de tous...»**, propose une réflexion sur les valeurs éducatives de l'inclusion et un approfondissement des connaissances nécessaires au développement de communautés éducatives inclusives. Des questionnaires permettent de cibler les actions à effectuer auprès d'enfants ayant des besoins particuliers. La mise en œuvre d'une éducation inclusive étant la responsabilité de tous, il importe de préciser ce qu'elle signifie pour l'enfant, le parent, l'intervenante et la direction d'un établissement préscolaire. Ce deuxième chapitre rappelle en outre le parcours historique de l'éducation inclusive, allant des périodes dites d'exclusion jusqu'à l'actuelle période de l'inclusion.

Le chapitre 3, **L'accueil de l'enfant ayant des besoins particuliers**, aborde, en premier lieu, l'importance pour tous les membres d'une communauté éducative d'adhérer à la philosophie d'inclusion. Il y est précisé de quelle manière susciter la participation de tous les membres de la communauté éducative et les rôles et les responsabilités de chacun dans l'adhésion et l'application de la philosophie d'inclusion. En deuxième lieu, ce chapitre accorde une importance spéciale à la qualité de l'accueil des enfants ayant des besoins particuliers, un aspect déterminant pour les parents dans le choix d'un service éducatif. Les stratégies et les outils proposés permettent de saisir les enjeux, tant du côté du parent, de l'intervenante que de la direction, afin que tout se déroule dans un climat sain et positif.

Le succès de l'éducation inclusive au préscolaire repose notamment sur la capacité des parents et du personnel des services éducatifs à se concerter et à collaborer. Le chapitre 4, **Le plan d'intervention personnalisé**, suggère donc des stratégies permettant d'élaborer «ensemble» un plan d'intervention répondant aux besoins de l'enfant. Les notions et les outils qui y sont proposés ont pour but de favoriser la compréhension des différentes étapes d'un plan d'intervention, la réflexion sur les rôles que les personnes pourraient être appelées à jouer et la définition des tâches à accomplir. Ce quatrième chapitre fournit en outre des stratégies conçues pour susciter la participation des parents à la démarche du plan d'intervention et au développement d'une relation de collaboration.

Le chapitre 5, **L'observation de l'enfant ayant des besoins particuliers**, apporte des précisions sur les démarches d'observation qui assurent un meilleur suivi de l'enfant et répondent adéquatement à ses besoins. Des outils d'observation et d'évaluation sont d'ailleurs proposés pour privilégier une participation active des parents et des intervenantes au préscolaire. La combinaison de ces différentes données guidera avantageusement la mise en œuvre du programme éducatif de l'enfant et son intégration au préscolaire. Ce chapitre fournit aussi des moyens et des outils pour observer les apprentissages de l'enfant et pour bien les documenter.

Le chapitre 6, **Des stratégies propices aux interactions sociales positives**, précise quelles sont les stratégies que les parents et le personnel d'un établissement préscolaire devraient privilégier pour faciliter l'insertion sociale des enfants ayant des besoins particuliers et leurs pairs. Ces stratégies s'inscrivent dans un contexte d'éducation inclusive et tiennent compte autant des enfants ayant des besoins particuliers que de la communauté éducative à laquelle ils appartiennent. Elles encouragent la collaboration et les attitudes positives à l'égard des enfants ayant des besoins liés à leur condition particulière.

Le chapitre 7, **La collaboration et le partenariat en milieu inclusif**, traite de l'importance de créer un réseau de soutien et une communauté éducative dynamique qui facilitent le développement de tous les enfants. Les personnes qui interviennent directement auprès des enfants ayant des besoins particuliers se sentent souvent isolées et ignorent l'existence de ressources dont elles pourraient bénéficier. Le fait d'appartenir à un réseau de soutien et de pouvoir miser sur la collaboration des membres de sa communauté éducative favorise l'inclusion des enfants ayant des besoins particuliers.

Dans cet ouvrage, les auteurs ont choisi l'appellation « l'intervenante » pour désigner l'éducatrice à l'enfance, l'éducatrice spécialisée ou l'enseignante, en milieu de garde ou en éducation préscolaire, et tous les autres professionnels de l'éducation et de la santé qui œuvrent auprès de l'enfant. De même, l'appellation « préscolaire » désigne au sens large tous les services éducatifs avant l'entrée formelle de l'enfant au primaire, qu'il s'agisse des services de garde éducatifs pour les enfants de moins de cinq ans ou de l'éducation préscolaire. « La direction » désigne aussi bien la directrice ou la responsable d'un milieu de garde que la direction de l'établissement préscolaire. L'usage du mot « déficience » a été préféré à celui de « handicap ».

Par ailleurs, les auteurs ont privilégié l'usage du féminin dans le seul souci d'alléger la lecture du document.

Que la lecture de cet ouvrage vous encourage à promouvoir l'éducation inclusive dans votre communauté de manière à répondre aux besoins de tous les enfants.

Les enfants ayant des besoins particuliers

Objectifs

La lecture de ce chapitre vous permettra :

- de vous familiariser avec les traits caractéristiques des enfants ayant des besoins particuliers;
- d'accroître vos connaissances sur les besoins particuliers de ces enfants, qu'ils soient liés à des difficultés persistantes ou à une déficience;
- de déterminer le soutien éducatif nécessaire pour atténuer ou éliminer une situation de handicap;
- de vous approprier les principes éducatifs qui guident une action inclusive.

Satisfaire tous les besoins de développement de l'enfant et son plein épanouissement, voilà le défi que propose l'éducation inclusive.

Le présent chapitre porte sur les difficultés persistantes et les déficiences dont peuvent souffrir les enfants ayant des besoins particuliers et dont les conditions peuvent nécessiter un plan d'intervention. Il présente les caractéristiques des enfants ayant des besoins particuliers et vise à faciliter leur dépistage précoce de manière à mettre en place des interventions éducatives adéquates. La compréhension de leur problématique est étroitement liée aux interactions enfant-milieu.

Après avoir pris connaissance des besoins particuliers des enfants, nous présentons les principes éducatifs qui guident la démarche exposée dans cet ouvrage. Ces principes éducatifs, issus des travaux scientifiques et des orientations ministérielles, précisent le contexte de ces interactions. L'environnement éducatif de l'intervenante, l'éducatrice à l'enfance, l'éducatrice spécialisée ou l'enseignante, en milieu de garde ou en éducation préscolaire, oriente l'analyse des caractéristiques des besoins des enfants différents au préscolaire.

QUI SONT CES ENFANTS AYANT DES BESOINS PARTICULIERS?

L'expression «enfant ayant des besoins particuliers» désigne les enfants qui éprouvent des difficultés persistantes, avec ou sans diagnostic. Il s'agit d'enfants dits à risque éprouvant des difficultés ou ayant une déficience ou un handicap (MÉQ, 2000a). On dit qu'ils sont «à risque» parce qu'ils sont aux prises avec des difficultés persistantes d'adaptation ou d'apprentissage. Ces déficiences ou handicaps peuvent être de divers ordres. Pour simplifier la lecture de cet ouvrage, nous utiliserons uniquement le terme «déficience».

DÉFICIENCE Lésion, maladie ou tout autre trouble d'ordre médical, temporaire ou permanent, mesurable, qui entraîne une réduction des fonctions physiques ou mentales.

La liste de traits et de **déficiences** qui suit tient compte des travaux dans le domaine de la psychologie de l'enfant, auxquels s'ajoutent les traits socioculturels (Diamond et Hestenes, 1996). Les travaux canadiens du Réseau international du processus de production du handicap (Fougeyrollas *et al.*, 1996; Paré *et al.*, 2004) et la typologie de l'Organisation mondiale de la Santé (1993) ont également servi à dresser cette liste. Ces typologies, ou façons de catégoriser les troubles, diffèrent d'autres classifications, notamment celle du ministère de l'Éducation du Québec (MÉQ, 2000a). Cette dernière regroupe les troubles sur la base des besoins et des services éducatifs. Par exemple, la déficience intellectuelle légère appartient à la catégorie «enfants à risque», tandis que la déficience intellectuelle, de moyenne à profonde, se classe dans la catégorie «élèves handicapés[1]». Cette typologie aide à préciser les besoins particuliers et les soutiens éducatifs. Toutefois, ces différentes classifications lancent un défi aux professionnels de la santé et de l'éducation qui, dans leur travail interdisciplinaire, doivent préciser les termes et tenir compte des contextes d'intervention.

1 «Personne handicapée» est l'expression utilisée dans les domaines juridique et administratif. À titre d'exemple, selon l'article de la loi sur l'instruction publique, un élève handicapé correspond à la définition de «personne handicapée» de l'article 1 de la Loi sur les droits des personnes handicapées (chapitre E-20.1): «toute personne limitée dans l'accomplissement d'activités normales et qui, de façon significative et persistante, est atteinte d'une déficience physique ou mentale ou qui utilise régulièrement une orthèse, une prothèse ou tout autre moyen pour pallier son handicap.»

Voici les traits caractéristiques d'enfants ayant des besoins particuliers.

- Les traits physiques et psychologiques liés à la personnalité
- Les traits socioculturels
- Les traits reliés aux problèmes de santé en raison d'une déficience telle que :
  - un problème de santé physique : déficience organique ou déficience motrice ;
  - une déficience sensorielle : déficience visuelle ou déficience auditive ;
  - une déficience intellectuelle et un retard de développement ;
  - une déficience psychique liée à un problème de santé mentale ;
  - une déficience langagière et de la parole.

La méthode de classification des troubles, la typologie, est très utile parce qu'elle permet de nommer les difficultés, de les définir et les comprendre, et de structurer les services pour mieux intervenir auprès de ces jeunes. Dans la nomenclature, plusieurs typologies et termes désignent les enfants ayant des besoins particuliers, par exemple « enfants ayant une déficience », « enfants ayant des incapacités » ou « enfants différents ». Cependant, sur le plan social, ces appellations comportent des effets indésirables non négligeables qui suscitent généralement des réactions négatives dans l'entourage. En effet, dire d'un enfant qu'il est « déficient » lui est préjudiciable, car c'est souvent l'exposer à être victime d'attitudes négatives ou de réactions de rejet de la part de son entourage, qu'ils s'agissent des adultes ou de ses pairs. L'utilisation de certaines expressions exige donc de la prudence et une certaine forme d'éthique.

Dans un contexte pédagogique, avec les groupes d'enfants et les personnes en formation, nous préférons utiliser l'expression « enfants différents » pour insister sur le fait que ces individus présentent, entre eux, des ressemblances et des différences, différences qui demandent que nous adaptions nos façons de faire.

Toutefois, dans un contexte de planification et de gestion des services éducatifs, nous parlons « d'enfants ayant des besoins particuliers » afin de mettre l'accent sur les besoins et les soutiens spécifiques auxquels ils ont droit. La notion de « soutien » désigne les moyens mis en place pour faire disparaître ou réduire les inconvénients dus à une déficience ou à des incapacités, et donner l'occasion aux enfants de fonctionner dans leurs milieux de vie malgré leurs difficultés. L'importance du soutien est souvent le meilleur indicateur de la gravité de la déficience ou du handicap (MÉQ, 2000a). En tant qu'intervenante au préscolaire, il importe de s'en tenir à la typologie des organismes, dont celles des ministères de la santé et de l'éducation.

Clics et déclics

L'utilisation d'un moteur de recherche, www.google.com, par exemple, peut donner accès à de l'information sur les différents aspects médicaux, les difficultés d'adaptation des enfants, l'état des recherches actuelles, etc. À partir des sites trouvés à l'aide du moteur de recherche, des liens vous permettent d'accéder à d'autres sites, comme ceux des associations faisant de la sensibilisation auprès du grand public et offrant de l'information sur les difficultés et les déficiences chez les enfants.

Les traits physiques et psychologiques liés à la personnalité

L'apparence physique est l'un des premiers traits que les individus perçoivent et qui les font réagir. Par exemple, un enfant dont la taille est disproportionnée par rapport à son âge se fait remarquer rapidement par ses pairs et suscite chez eux une réaction qui peut être positive ou négative. Les caractéristiques physiques suivantes sont autant de traits distinctifs qui font de chaque enfant un être unique :

- la couleur de la peau, des cheveux et des yeux ;
- les traits du visage ;
- la corpulence et la taille ;

- le sexe;
- la race;
- les traits physiologiques;
- les différences dues aux anomalies physiques.

De façon générale, les enfants réagissent principalement aux traits physiques; quant aux traits psychologiques (Diamond et Hestenes, 1996), plus subtils, ils passent le plus souvent inaperçus.

Pour les enfants eux-mêmes, les caractéristiques psychologiques qui relèvent de leur personnalité sont parfois moins perceptibles que leurs caractéristiques physiques. Les principaux concepts utilisés pour décrire ces différences de conduite reliées à la personnalité sont, entre autres, le profil de développement de l'enfant, le style d'apprentissage ou les différences individuelles. Chez les enfants, contrairement aux adultes, ces caractéristiques ne sont pas stables; elles sont en développement et peuvent changer au cours du temps. Pensons ici aux enfants dits calmes, observateurs, verbomoteurs ou talentueux. En groupe, ces traits individuels mettent en évidence le potentiel de chacun. Parfois, certains enfants, en raison du caractère particulier et de certaines difficultés persistantes d'adaptation, dont les problèmes transitoires de conduite, sont perçus comme étant à risque. Au cours de l'enfance, les problèmes de conduite sont généralement des difficultés transitoires et sont parfois confondus avec les troubles des conduites. Ces derniers ont la caractéristique d'être répétitifs, persistants, et les normes et les règles sociales correspondant à l'âge ne sont pas respectées (APA, 2003, *DSM-IV*).

À propos...

En Amérique du Nord, les cliniciens de la santé et de l'éducation utilisent généralement le ***DSM-IV: Manuel diagnostique et statistique des troubles mentaux*** comme outil de diagnostic. On trouve dans cet ouvrage, publié par l'American Psychiatric Association (2003), la classification, les descriptions cliniques et les critères diagnostiques des troubles en santé mentale.

Il convient de faire preuve de prudence et de ne pas confondre **traits particuliers** et diagnostics. Pour reconnaître ces traits et les difficultés d'adaptation qui y sont généralement associées, nous suggérons de consulter les références fournies à la rubrique « Pour aller plus loin ». Cette rubrique comprend une gamme de ressources consacrées aux enfants d'âge préscolaire.

TRAIT PARTICULIER Désigne une caractéristique d'un enfant liée à une différence, à une condition spécifique d'une déficience ou d'incapacités.

À propos...

L'établissement d'un diagnostic découle de l'analyse par un spécialiste des observations (conduites, interactions, signes, ou symptômes, etc.) servant, entre autres, à déterminer l'existence d'une atteinte, d'une affection ou d'un trouble, en vue d'actions préventives ou curatives.

Les traits socioculturels

L'origine socioculturelle distingue un enfant d'un autre. Il existe plusieurs déterminants socioculturels dont les principaux sont:

- le groupe culturel ou l'ethnie;
- la langue;
- l'appartenance à un groupe religieux;
- le niveau socioéconomique;
- les coutumes;
- les compétences et les savoir-faire.

La diversité des cultures est une richesse qui permet dans un contexte pédagogique de varier les contenus ou les contextes d'apprentissage. En effet, l'appartenance à une culture d'origine transmise par les parents et la famille, ou l'appartenance à un groupe ethnique, fournit l'occasion à l'enfant d'exprimer ses différences, de se comparer aux enfants d'autres cultures, de porter des jugements, d'apprendre à se respecter et de s'enrichir du savoir culturel. Parfois, certains enfants seront perçus comme ayant des difficultés en raison de leur culture. Ils seront habiles dans certains champs d'activités, mais le seront moins dans d'autres, parfois parce qu'ils n'ont pas eu la chance de développer ces habiletés dans leur milieu familial. L'apprentissage d'une nouvelle langue en est un exemple. Par contre, certaines études montrent que ces enfants peuvent être plus avantagés sur le plan de la santé mentale que leurs pairs des populations de milieux pauvres (DRHC, 1998); des facteurs de **résilience** peuvent expliquer cette observation lorsqu'il s'agit de la combinaison des facteurs: enfants immigrants canadiens et pauvreté des familles. L'ouvrage de Carole Lavallée et de Michelle Marquis (1999) intitulé l'*Éducation interculturelle et petite enfance* explique bien cette dimension importante.

RÉSILIENCE «Facteur de résilience» et «capacité de résilience» sont des expressions qui désignent chez une personne une aptitude à faire face avec succès à une situation représentant un stress intense en raison du risque qu'elle représente, à s'adapter, à réagir positivement, à se développer et à réussir à en tirer profit en dépit des circonstances défavorables.

Les traits reliés aux problèmes de santé en raison d'une déficience

Grâce à des recherches sur le processus de **production du handicap,** on peut désormais comprendre les **profils adaptatifs** des enfants dont les maladies, les traumatismes ou autres épreuves nuisent à l'intégrité physique et au développement. Ce processus de production du handicap est le résultat de travaux canadiens du Réseau international du processus de production du handicap (Fougeyrollas *et al.*, 1998; Paré *et al.*, 2004). Ce réseau de chercheurs s'appuie sur le modèle de la Classification internationale des déficiences, des incapacités et du handicap (CIDIH) de l'Organisation mondiale de la Santé (OMS). Ce modèle fournit un cadre théorique et permet aux professionnels de la santé et de l'éducation de présenter un profil personnalisé selon les dimensions fonctionnelles, psychologiques (émotionnelles), physiques (de santé) et environnementales.

PRODUCTION DU HANDICAP ou situation de handicap. Environnement qui ne permet pas à un enfant de réaliser ses activités, ses rôles liés à son groupe d'âge, résultant de l'interaction entre les facteurs personnels (déficience, incapacités et caractéristiques personnelles) et les facteurs environnementaux (facilitateurs et obstacles). Absence de mesures adaptées aux conditions particulières liées à une déficience de l'enfant.

PROFIL ADAPTATIF Description d'un ensemble de capacités ou d'habiletés développées par un enfant pour compenser ou atténuer ses limites de fonctionnement liées à une déficience.

En plus de présenter un profil de l'enfant, ce modèle a l'avantage de préciser les niveaux de soutien requis et de suggérer des interventions planifiées et coordonnées. Le plan d'intervention, ou le plan de service, est un modèle de planification de ces services (se référer au chapitre 4, page 69).

Les recherches sur le processus de production du handicap fournissent de nouvelles données sur les déficiences:

- liées aux problèmes de santé physique: organique ou motrice;
- sensorielles: visuelle ou auditive;
- intellectuelles et le retard de développement;
- psychiques liées à la santé mentale, comme les troubles envahissants du développement;
- langagières et de la parole, comme la dysphasie.

Les sections suivantes apportent des précisions sur chacun des types de déficiences énumérées ci-dessus.

Les déficiences liées aux problèmes de santé physique

Il y a deux types principaux de déficiences liées aux problèmes de santé physique. La première comprend les maladies qui portent atteinte à des organes vitaux et engendrent une déficience organique et la seconde comprend les maladies qui limitent la motricité d'une personne et engendrent la déficience motrice.

La déficience organique

La déficience organique est causée par des maladies qui atteignent l'un des systèmes vitaux de l'organisme, par exemple:

- les voies respiratoires, comme les affections pulmonaires, la fibrose kystique et l'asthme;

- le système de circulation sanguine, comme les problèmes cardiaques;
- le métabolisme, comme le diabète;
- le système neurologique, comme l'épilepsie.

Ces maladies entraînent des troubles temporaires qui deviennent parfois permanents.

L'épilepsie, un désordre neurologique qui se manifeste par des convulsions, illustre bien ce qu'est une déficience organique. Des convulsions se présentent comme un bref épisode qui dure quelques minutes, voire quelques secondes. Lorsqu'elles sont plus intenses, elles peuvent créer des situations dramatiques. L'enfant peut tomber par terre, perdre connaissance pendant quelques minutes, devenir rigide ou, dans certains cas, faire des mouvements saccadés avec les bras, les jambes ou tout le corps.

> **Clics et déclics**
>
> Pour de meilleurs résultats, lorsque vous interrogez un moteur de recherche afin d'obtenir de l'information sur les déficiences, nous vous conseillons d'utiliser les termes qui désignent le diagnostic. Par exemple, en utilisant les descripteurs, ou mots clés, « déficience, intellectuelle, association et Canada », vous atteindrez de nombreux sites d'associations ou d'institutions proposant de l'information, des résultats de recherche et des conseils, et obtiendrez quantité de renseignements pertinents sur un sujet en particulier.

Les déficiences organiques, selon leur sévérité et leur persistance, engendrent d'autres problèmes d'ordre physique ou d'ordre psychologique et social : pensons, entre autres, aux conséquences de périodes prolongées d'hospitalisation sur le développement d'un enfant. Les effets nuisibles d'une déficience se font sentir sur son développement et ses apprentissages. L'apparition soudaine d'une maladie exige des efforts d'adaptation de la part des parents, parfois même une réorganisation temporaire de la vie au sein de la famille. Chez l'enfant, ce sont certains problèmes provisoires d'adaptation, d'apprentissage ou d'estime de soi qui surviennent avec la maladie.

La déficience motrice

Les maladies portant atteinte au squelette, aux muscles, ou entraînant des dommages au système nerveux, limitent les compétences motrices d'une personne. Les causes de la déficience motrice sont :

- une atteinte partielle et temporaire, comme la fracture d'un membre;
- une atteinte pouvant être permanente, comme le résultat d'anomalies congénitales, d'accidents graves ou de maladies sévères.

Parmi les déficiences qui en découlent, notons les difformités ou le mauvais fonctionnement d'un membre, la paralysie ou l'amputation. Les maladies les plus souvent en cause sont l'épilepsie non contrôlée, la paralysie, le spina-bifida, l'arthrite, la dystrophie musculaire et la paralysie cérébrale, selon la typologie du MÉQ (2000a).

Les déficiences qu'engendrent ces maladies et ces problèmes entraînent des limitations fonctionnelles, c'est-à-dire qu'elles empêchent l'enfant d'accomplir certaines actions ou nuisent à son développement moteur et, dans certains cas, au développement de son langage. Ces déficiences influent directement sur la capacité de l'enfant à s'adapter et à faire des apprentissages.

Les déficiences sensorielles : visuelle et auditive

La déficience visuelle

La déficience visuelle est une perte de la vue, une malformation ou un manque dans le fonctionnement des yeux ou encore une faiblesse de la vue non améliorable par des moyens conventionnels. La déficience varie entre une vision affaiblie et la cécité totale et se présente sous diverses formes : vision embrouillée, rétrécie, atténuée ou absence de vision (AQPEHV, 2005).

Les causes peuvent être reliées à une anomalie s'expliquant par:

- des facteurs d'ordre génétique, héréditaire ou congénital;
- des facteurs reliés au développement, non héréditaires;
- une maladie ou une infection, comme le diabète ou la méningite;
- un accident, comme une blessure à l'œil.

Parmi les enfants souffrant de déficience visuelle, 90 % sont considérés comme aveugles, mais ne vivent pas dans un monde d'obscurité totale (AQPEHV, 2005; Collat, 1999; Christine, 2005; Griffon, 2005). La plupart des enfants qui possèdent un résidu visuel entrent dans la catégorie des «fonctionnellement voyants» parce qu'ils peuvent se servir de leur vue comme principal mode d'acquisition de connaissances. Généralement, ils utilisent le système d'écriture courant pour lire et écrire. Un second groupe est constitué d'enfants qui peuvent percevoir le contour des objets, la lumière ou l'absence de lumière, la projection de la lumière ou son orientation. Ces enfants entrent dans la catégorie des «fonctionnellement aveugles». Ils apprennent par l'intermédiaire de sens autres que la vue, par exemple le toucher, et leur communication écrite se fait par l'intermédiaire de systèmes différents de celui du «papier crayon».

Les mesures de prévention des incapacités ou des **situations de handicap** conjuguées à l'existence de services adaptés permettent à l'enfant ayant une déficience visuelle de se développer harmonieusement. Il a besoin de percevoir ce qui représente «l'imperceptible» pour lui. Une description du milieu faite à haute voix par une personne de son entourage lui procure une idée précise des réalités qu'il ne peut voir. D'autres mesures éducatives ou de soutien comme la mise à sa disposition de professionnels en rééducation seront nécessaires pour répondre à ses différents besoins: mobilité physique, autonomie, communication écrite et socialisation (AQPEHV, 2005; Collat, 1999; Christine, 2005; Griffon, 2005).

SITUATION DE HANDICAP Se dit d'une situation qui ne permet pas à un enfant de réaliser ses activités, ses rôles liés à son groupe d'âge, résultant de l'interaction entre les facteurs personnels (déficience, incapacités et caractéristiques personnelles) et les facteurs environnementaux (facilitateurs et obstacles). Voir aussi «production du handicap».

La déficience auditive

La déficience auditive est la perte totale ou partielle de la perception des sons. Une surdité peut être légère, si l'enfant présente une perte auditive de 20 à 40 décibels, ou sévère, dans le cas où cette perte est d'environ 71 à 90 décibels, ce qui signifie qu'il peut éprouver des difficultés à entendre à des degrés divers. Les causes de la déficience, ses manifestations et les modalités de traitement sont aussi diverses que les situations.

Les causes peuvent être de nature:

- héréditaire;
- accidentelle, c'est-à-dire que la surdité a pu se déclarer à la suite d'une maladie, d'un accident survenu avant, pendant ou après la naissance et ayant touché l'oreille externe, moyenne, interne ou le tympan.

L'enfant qui est atteint de problèmes d'audition n'est pas toujours facile à identifier, particulièrement lorsque ses problèmes sont légers. Les manifestations de sa déficience passent souvent inaperçues, si l'on n'y porte pas attention. L'enfant peut éprouver quelques difficultés à entendre de près ou de loin ou à localiser la provenance de la voix. Il ne réagit pas au bruit ou à des sons produits dans son milieu ou bien il reste insensible à des événements qui surviennent dans son voisinage immédiat. Lorsque le problème survient durant les premiers mois de sa vie, l'enfant parvient difficilement à développer une communication fonctionnelle; il tardera à parler.

Les difficultés de l'enfant sont étroitement liées à la sévérité de sa surdité et se manifestent différemment, selon le cas. Celui présentant une atteinte modérée éprouve surtout des difficultés en groupe ou à l'occasion de discussions en classe. Il n'arrive pas à suivre les consignes, ce qui l'oblige généralement à imiter ses pairs pour donner l'impression qu'il comprend. Pour sa part, un enfant qui souffre d'une perte auditive sévère risque un grave retard de langage. Le caractère très ambigu des manifestations de sa surdité rend le dépistage et le diagnostic difficiles. Il demande donc une plus grande vigilance. L'enfant qui présente une perte d'audition, de modérée à sévère, consécutive à la maladie, peut développer des problèmes d'audition récurrents qui, dans certaines situations, provoquent un ralentissement des acquisitions langagières et cognitives. Ces niveaux variables de perte auditive constituent des sources de difficultés tant pour l'enfant que pour les personnes de son entourage.

Bien que, d'une manière générale, des indices comportementaux puissent renseigner sur l'angoisse de l'enfant, voire sa détresse, il faut admettre que les comportements adaptatifs qu'il développe pour compenser ses limites auditives ne sont pas toujours faciles à interpréter. Le développement déficient du langage et de la parole demeure la manifestation la plus concrète et la plus évidente de difficultés d'audition.

La déficience intellectuelle et le retard de développement

La déficience intellectuelle est un état et non une maladie (Association américaine pour le retard mental, 2003). Elle n'est donc pas associée à une cause unique ou spécifique. Trois critères diagnostiques la caractérisent:

- un fonctionnement intellectuel inférieur à la moyenne, soit un **quotient intellectuel** (QI) entre 70 et 75, ou moindre;
- des limitations dans au moins deux domaines du fonctionnement adaptatif;
- des signes diagnostiques doivent être présents avant l'âge de 18 ans.

QUOTIENT INTELLECTUEL Rapport de l'âge mental d'un enfant à son âge réel.

Ces signes revêtent un caractère complexe, particulièrement lorsqu'il s'agit du quotient intellectuel et des **habiletés adaptatives.** Les professionnels en psychométrie et les spécialistes en mesure des habiletés adaptatives sont aptes à poser ce diagnostic (AARM, 2003).

HABILETÉ ADAPTATIVE Comportement acquis qui permet à l'enfant d'utiliser efficacement les processus cognitif, affectif, moral, moteur, etc. Qualité qui rend l'enfant apte à réussir dans différents domaines de son fonctionnement: communication, autonomie, santé et sécurité, aptitudes sociales fonctionnelles ou loisirs. On dit aussi «comportement adaptatif» ou «fonctionnement adaptatif».

La multiplicité des courants de pensée concernant la notion de quotient intellectuel oblige les praticiens à être prudents dans leur façon d'utiliser l'évaluation du QI. En général, la façon de faire consiste à évaluer le quotient intellectuel des enfants ayant déjà commencé leur scolarité. Très peu d'évaluations diagnostiques de déficience intellectuelle sont effectuées à l'âge préscolaire. Les professionnels du milieu de l'éducation préfèrent, quant à eux, procéder à une évaluation du développement de la clientèle en bas âge, soit de 0 à 8 ans, pour dresser un profil de développement. L'utilisation du diagnostic de «retard global de développement» comme première étape met en perspective les possibilités d'apprentissage et de développement de l'enfant.

On privilégie cette approche, car elle laisse place à un plus large éventail d'hypothèses de travail et permet d'éviter les erreurs de diagnostic ou d'étiquetage trop hâtif. Le principe qui sous-tend cette démarche veut que le fonctionnement général d'un enfant s'améliore lorsque ce dernier fait l'objet d'un soutien adéquat et prolongé. C'est le cas des enfants qui ont bénéficié de peu de stimulation dans leur milieu ou de ceux qui ont vécu des expériences ayant causé des préjudices à leur développement, par exemple à la suite de maladies ou d'accidents.

Il n'existe pas d'explication unique et simple à la déficience intellectuelle. Elle est associée à des causes non connues, à divers facteurs de santé, physique ou mentale, qui surviennent avant, pendant ou après la naissance. Plusieurs ouvrages scientifiques importants décrivent l'état de la recherche des causes de la déficience (L'Abbé, 2004; Méthot, 2003). Au niveau éducatif, il est indispensable de connaître la nature des problèmes de santé, quand ils sont connus, afin d'adapter les interventions en conséquence.

Les difficultés d'apprentissage relevées dans l'acquisition du langage et des concepts, dans le développement de la capacité de raisonnement et dans le développement de l'intelligence sociale et pratique représentent les premières manifestations de la déficience intellectuelle (Tassé, 2000). Plusieurs domaines de fonctionnement adaptatif peuvent être touchés chez le jeune enfant:

- communication;
- habiletés sociales;
- soins personnels;
- compétences domestiques;
- autonomie;
- santé et sécurité;
- loisirs et aptitudes scolaires fonctionnelles.

Pour la majorité des enfants présentant un retard ou une déficience intellectuelle, il n'existe pas de traits spécifiques. Ils ont les mêmes besoins que les autres enfants. Des **mesures éducatives adaptées** et parfois des **mesures de soutien spécifiques** sont nécessaires. Elles permettent d'éviter les situations de handicap ou d'atténuer les incapacités associées à la déficience.

MESURE ÉDUCATIVE ADAPTÉE
Stratégie éducative adaptée ou stratégie de compensation. Ensemble des moyens ou des activités pédagogiques planifiées spécifiquement pour venir en aide aux enfants qui présentent des besoins particuliers afin de permettre la réussite de leurs apprentissages en dépit de leurs difficultés ou de leurs limitations.

MESURE DE SOUTIEN SPÉCIFIQUE
Démarche pédagogique, activités ou moyens ciblés pour venir en aide à un enfant ayant des besoins particuliers afin de lui permettre de réaliser des apprentissages spécifiques.

L'intégration de ces enfants dans les milieux éducatifs réguliers est une voie à favoriser (Rousseau et Bélanger, 2004) et il existe une riche documentation sur ce sujet (se référer à la rubrique «Pour aller plus loin», à la page 24).

Les déficiences psychiques liées aux problèmes de santé mentale

Les déficiences psychiques relevant de la psychopathologie méritent d'être connues. La santé mentale des jeunes est un objet d'étude récent. Depuis les dix dernières années, les recherches en matière de psychiatrie pour les enfants, la pédopsychiatrie, ont permis d'enrichir les connaissances relatives au domaine. De meilleurs outils d'évaluation sont disponibles et les causes des déficiences, l'étiologie, sont mieux définies, ce qui suggère des mesures de prévention et de traitements spécifiques. Les diagnostics en santé mentale des jeunes s'appuient sur des classifications mondialement reconnues.

L'accueil des enfants ayant des besoins particuliers dans les services éducatifs de leur milieu de vie est une voie à favoriser.

Les problèmes de santé mentale les plus fréquents au cours de l'enfance peuvent se regrouper en deux catégories:

- les troubles externalisés, dont les plus fréquents sont le déficit de l'attention et l'hyperactivité (TDAH), l'opposition, les troubles des conduites ou comportements antisociaux, dont les plus sévères sont les tics vocaux et moteurs et le syndrome de Gilles de La Tourette.
- les troubles internalisés, dont les plus fréquents sont les troubles anxieux dont l'anxiété de séparation, les troubles dépressifs, les retards de développement ou troubles d'adaptation et, les plus sévères, les troubles envahissants du développement tels l'autisme, le syndrome d'Asperger ou le syndrome de Rett.

Cette énumération n'est pas exhaustive, mais expose les problèmes les plus fréquents.

À titre illustratif, le tableau 1.1, à la page 15, rappelle certains troubles externalisés et internalisés et fournit des exemples de manifestations de ces troubles en indiquant également les indices de dépistage.

Les connaissances en matière de santé mentale permettent de préciser les facteurs de risque. Ces facteurs sont multiples; on parle alors d'étiologie multiple. Trois groupes de variables sont susceptibles d'influencer la santé mentale des jeunes:

- les facteurs individuels, ceux d'ordre organiques entre autres;
- les facteurs familiaux, en particulier la relation parent-enfant;
- les facteurs sociaux, par exemple les situations de négligence, d'abus ou de traumatismes.

Les professionnels du domaine médical et les tenants des sciences cognitives mettent l'accent sur les facteurs individuels, soit l'enfant lui-même, pour déterminer les causes. À titre d'exemple, les problèmes d'ordre organique sont identifiés comme des facteurs explicatifs, ou comme des éléments diagnostiques, de certains syndromes. C'est le cas de l'épilepsie qui est considérée comme un critère diagnostique et comme un facteur d'ordre neurologique associé au syndrome de Rett. Il en est ainsi pour les troubles d'apprentissage, dont les dysfonctions cognitives sont décrites et expliquées en sciences cognitives et constituent un des éléments du diagnostic. Pour ces raisons, l'expertise des professionnels dans les domaines psychocognitif, médical et social est nécessaire pour élucider les multiples facteurs individuels en jeu.

Attention !

La rubrique « Pour aller plus loin », à la page 24, offre d'abondantes ressources sur les déficiences, le multiculturalisme, les styles d'apprentissages, etc.

Les facteurs familiaux, en particulier la relation parent-enfant, sont au nombre des facteurs qui influencent de façon préventive la santé mentale des jeunes. À titre d'exemple, les études étiologiques du trouble de l'attention et de l'hyperactivité décrivent les liens étroits entre les facteurs familiaux et l'évolution du syndrome chez les personnes. Les parents ayant des caractéristiques spécifiques et dont l'histoire parentale indique la présence d'un trouble dépressif ou ayant un profil parental négatif sont des facteurs aggravants et liés à la sévérité du trouble (Moreau et Montgomery, inédit); Poissant et Montgomery, 2004). Par contre, l'exemple du syndrome de l'autisme est révélateur de l'évolution des connaissances scientifiques. Les premières hypothèses explicatives de ce syndrome étaient basées sur une relation « dysfonctionnelle » mère-enfant alors que des travaux plus récents en neuropsychologie et en psychiatrie ont permis de rejeter ces hypothèses et d'en préciser d'autres, dont les facteurs neurologiques.

Tableau 1.1 Exemples de troubles et de manifestations liés aux critères diagnostiques (APA, 2003 ; MÉQ, 2000a)

Troubles externalisés	Manifestations issues de critères diagnostiques	Dépistage
Déficit de l'attention avec ou sans hyperactivité	▪ Inattention : pas d'attention aux détails, faible attention au travail, n'écoute pas ou écoute peu, respecte peu les consignes, difficulté à s'organiser au travail, effort mental soutenu difficile à réaliser ▪ Hyperactivité-impulsivité : bouge constamment, se lève souvent en situation assise, court et grimpe en situation inappropriée, difficulté à se tenir tranquille, réagit rapidement aux stimuli extérieurs, parle trop, difficulté à attendre son tour, impose sa présence	▪ Diagnostic après une période de développement, soit vers 3 ou 4 ans ▪ L'hyperactivité-impulsivité est une conduite observée en bas âge et est symptomatique si elle persiste après une période d'apprentissage
Trouble de l'opposition	▪ Hostilité et provocation : se met en colère souvent, refuse ou conteste l'adulte ou les règles, dérange les autres délibérément, susceptible, se fâche et vit du ressentiment, agressif ou vindicatif	▪ Début à l'enfance après une période de socialisation ▪ Persistance et gravité des conduites
Troubles des conduites	▪ Agressions : brutalise, menace ou intimide, initie des bagarres, utilise un objet pour blesser, fait preuve de cruauté physique, commet vol, extorsion ▪ Destruction de biens : provoque des dégâts, détruit des biens ▪ Violation grave de règles : fugue, enfreint les règles de façon répétée	▪ Début à l'enfance et conduites avant 13 ans ▪ Impacts importants sur son fonctionnement social ▪ Persistance et gravité des conduites
Troubles internalisés	**Manifestations issues de critères diagnostiques**	**Dépistage**
Trouble de l'anxiété de séparation	▪ Anxiété excessive en situation de séparation : manifeste une détresse excessive, une crainte excessive et persistante d'une figure parentale, anticipe de manière excessive la période de séparation, refuse d'aller dormir sans proximité ▪ Altération du fonctionnement social : ses conduites excessives altèrent le fonctionnement et la routine	▪ Début vers l'âge de 18 mois ▪ Persistance des conduites de plus d'un mois
Trouble de l'autisme	▪ Interactions sociales pauvres : présente une altération du contact visuel — montre un regard fuyant, présente une incapacité à établir des relations avec l'adulte ou les pairs, ne partage pas ou partage peu ses plaisirs, refuse les relations réciproques ▪ Altération de la communication : marque un retard ou une absence du langage, engage peu la communication, utilise un langage répétitif, ne joue pas ▪ Conduites sociales : se préoccupe des objets, réagit aux changements, adopte des conduites stéréotypées, se montre rigide dans la routine ▪ Retards : interactions sociales, langage ou jeu symbolique — imitation	▪ Début avant 3 ans ▪ En très bas âge, phase normale de développement ▪ Tenir compte du retard du langage (communication, parole) après 2 ou 3 ans

Les facteurs sociaux associés aux problèmes de santé mentale sont multiples. Les situations de négligence, d'abus ou de traumatismes en sont les principaux. Les négligences des milieux, telles que les situations d'abandon parental ou de placements répétitifs, les abus de substances (médication ou drogue) ou les abus physiques ou sexuels sont des exemples de facteurs sociaux associés aux problèmes de santé mentale.

Outre ces facteurs, les recherches en éducation inclusive révèlent que l'accueil et l'éducation offerts en milieu éducatif à des enfants ayant des problèmes de santé mentale contribuent, entre autres, à développer des valeurs de tolérance et d'entraide. Une meilleure connaissance des diagnostics par les pairs et les membres des communautés éducatives est l'une des actions favorisant l'intégration de ces enfants dans leurs milieux.

Les déficiences langagières et de la parole

L'importance de la maîtrise du langage comme facteur de réussite scolaire, d'intégration sociale et d'insertion professionnelle s'explique par la place centrale qu'occupent, aujourd'hui, les facultés cognitives et les compétences langagières en communication orale et écrite dans le quotidien des individus, ce qui explique les préoccupations des intervenantes et des parents par rapport au développement de l'enfant et à sa capacité à s'exprimer oralement. Pour l'enfant, ne pas savoir parler ou être incapable de communiquer adéquatement, ne pas savoir lire et écrire suffisamment représentent les présages d'un avenir marqué par de sombres réalités comme les difficultés d'apprentissage, l'échec scolaire et social ainsi que le risque, à l'âge adulte, de vivre en marge de la société ou en situation de dépendance par rapport aux autres.

Les déficiences langagières et de la parole renvoient à une multitude d'autres problèmes tels :

- un retard de langage et de la parole ;
- des difficultés d'apprentissage ;
- des troubles beaucoup plus sérieux de l'ordre de l'**audimutité**, comme la **dysphasie**.

AUDIMUTITÉ Dysphasie développementale. Trouble du langage qui réfère à l'altération du développement des fonctions du langage, qui entraîne l'échec de l'acquisition normale du langage expressif ou réceptif, ou atteintes mixtes, ne résultant pas d'autres déficiences. On distingue deux types d'audimutité. L'audimutité de compréhension : l'enfant est incapable d'analyser le message verbal qui lui parvient comme un langage incompréhensible ; et l'audimutité d'expression : la compréhension est normale, alors que l'expression est troublée par une dyspraxie (trouble évolutif chez l'enfant atteignant ses activités motrices et constructrices) sévère.

ALTÉRATION Atteinte. Modification de l'état d'une qualité humaine ; diminution par rapport à un état initial ou normal. Le terme « affaiblissement » désigne plus spécifiquement une diminution progressive des forces physiques ou des principes vitaux d'un organisme.

Pourtant, ce n'est que tout récemment, soit depuis moins de dix ans, que les organismes du domaine de la santé ont commencé à considérer la dysphasie et la dyslexie comme des troubles qui engendrent des limitations et des désavantages sociaux. L'Organisation mondiale de la Santé et les systèmes de classification internationaux, dont la Classification internationale des maladies (CIM) et l'American Psychiatric Association (*DSM-IV*), proposent des définitions de la dysphasie et de la dyslexie et précisent les manifestations qui leur sont associées (Lussier et Flessas, 2001).

À titre d'exemple, la dysphasie est une atteinte cognitive, ou **altération**, aux modalités normales d'acquisition du langage réceptif ou expressif. Elle se manifeste dès les premiers stades du développement. Les problèmes qui en découlent ne doivent pas être attribués à une déficience intellectuelle, à des anomalies neurologiques, anatomiques de l'appareil phonatoire, à des altérations sensorielles ou à des facteurs environnementaux.

Il existe différentes formes de dysphasie. Elles peuvent être d'ordre :

- phonologique : discrimination des sons ;
- lexical : incapacité à faire des liens entre les mots et le sens ;
- syntaxique : difficulté dans l'organisation des mots ;
- réceptif ou expressif.

Associée à une dysfonction cérébrale de la zone du langage, la dysphasie engendre différentes limitations au niveau de :

- la compréhension et de l'expression du langage, au point de restreindre l'enfant dans sa communication fonctionnelle et de le désavantager dans l'accomplissement d'activités liées à son âge.
- l'abstraction, la généralisation, la perception du temps et la perception auditive, dans le cas d'une dysphasie d'ordre majeur. Ces limitations induisent

des problèmes plus marqués en langage écrit, causent des retards ou des échecs scolaires et posent le défi de l'intégration scolaire et sociale.

Néanmoins, les fonctions de compréhension linguistique sont intactes et l'enfant cherche habituellement à établir une communication par tous les autres moyens dont il dispose : gestes, regards, attitudes, mimiques, dessins. Le dépistage se fait entre l'âge de 3 ans et demi et 5 ans pour la dysphasie et vers l'âge de 8 ans pour la dyslexie. Ces limitations et ces désavantages peuvent être atténués par des programmes de stimulation enrichis. Ces déficiences nécessitent la participation d'une équipe multidisciplinaire composée, entre autres, d'éducatrices et d'enseignantes spécialisées et d'orthophonistes qui doivent travailler selon une approche individualisée et adaptée et mettre à contribution les parents et le personnel des milieux éducatifs. Les professionnels des réseaux de la santé et de l'éducation ainsi que les parents sensibles aux manifestations des retards de langage à l'oral ou à l'écrit ont avantage à mieux connaître ces déficiences pour éviter l'aggravation de ces troubles (Lussier et Flessas, 2001).

Les principes éducatifs qui guident l'action de l'intervenante s'inscrivent dans une perspective de prévention ou d'intervention.

Quoi retenir

L'intention première de résumer l'ensemble des caractéristiques des traits et des déficiences susceptibles d'influencer le développement, ou du moins d'interférer dans l'adaptation des enfants, est de fournir des renseignements qui aident d'abord à comprendre et, ensuite, à éveiller l'esprit d'observation. L'habileté à accomplir des gestes de prévention découlera de la capacité à observer les facteurs de risque. Auprès des enfants ayant une déficience, le souci de l'intervenante est d'assurer des services qui pourront répondre à leurs besoins particuliers. Le tableau 1.2, à la page suivante, résume les traits, déficiences, causes, manifestations, limitations et besoins qui peuvent guider les actions auprès des enfants ayant des besoins particuliers.

Les sections suivantes décrivent les principes éducatifs qui permettent de saisir le contexte dans lequel s'inscrit cette démarche d'identification des traits et des déficiences.

DES PRINCIPES ÉDUCATIFS CONÇUS POUR GUIDER UNE ACTION INCLUSIVE

L'identification des traits particuliers ou des déficiences, tout comme des manifestations chez les enfants, n'aura de sens que si cette démarche s'inscrit dans une perspective éducative de prévention ou d'intervention visant à atténuer les difficultés ou incapacités qui leur sont associées, sinon à les faire disparaître. Il convient de répéter que la compréhension des caractéristiques individuelles est étroitement liée à une connaissance éclairée des principes éducatifs qui la soutiennent. Ces principes s'inspirent des écrits scientifiques en éducation inclusive (Moreau et Boudreault, 2002 ; Moreau, Maltais, Herry, 2004) et, en grande partie, des programmes éducatifs du ministère de l'Éducation et du ministère de la Famille et de l'Enfance (MÉQ, 2001b ; MFE, 1998a et b).

Nos expériences avec les enfants, nos relations de collaboration avec les parents et avec les intervenantes des milieux éducatifs ainsi que les publications sur le sujet montrent que l'éducation inclusive est la responsabilité de toute la communauté éducative. Cette dernière est composée de l'enfant ayant

Tableau 1.2 Synthèse des déficiences, causes possibles, manifestations, limitations et besoins particuliers

Traits et déficiences[2]	Causes (étiologie)	Manifestations ou problèmes associés	Limitations ou impacts	Besoins particuliers[3]
Traits physiques et psychologiques liés à la personnalité	▪ facteurs liés à la génétique ou à l'hérédité	▪ problèmes transitoires d'adaptation liés au développement	▪ absence de limitation	▪ interventions préventives sporadiques ▪ généralement, plan d'intervention non pertinent
Traits socioculturels	▪ facteurs liés à l'héritage socioculturel	▪ problèmes transitoires d'adaptation liés aux changements culturels ▪ difficultés transitoires d'apprentissage, de socialisation	▪ absence de limitation, ou limitations temporaires liées à la condition de vie (économique, culturelle, langagière, entre autres)	▪ mesures de soutien lors des périodes de transition ▪ interventions sociales préventives selon la condition de vie
Traits reliés aux problèmes de santé et à une déficience				
Déficiences liées à la santé physique : ▪ **Déficiences organiques**	▪ maladies ou infections qui ont atteint un organe vital : fibrose kystique, asthme, diabète, etc.	▪ soins en santé intégrés à sa routine ▪ adaptation à sa condition de santé — temps, lieu, alimentation, par exemple ▪ retard de développement, estime de soi affectée	▪ réalisation d'activités d'apprentissage ou de loisirs ▪ socialisation ▪ développement	▪ selon la nature et la sévérité de la déficience, un plan de traitement précisant les mesures de soins en santé est nécessaire ▪ nécessité de programmes d'apprentissage adaptés à sa condition
▪ **Déficiences motrices**	▪ anomalies congénitales, accidents ou maladies sévères dont l'épilepsie, la paralysie, le spina-bifida, l'arthrite, la dystrophie musculaire ou la paralysie cérébrale	▪ difficultés dans la mobilité ▪ difficultés de dextérité manuelle ▪ difficultés à réaliser ses soins quotidiens : alimentation, hygiène corporelle, etc. ▪ estime de soi affectée	▪ mobilité : déplacement, marche… ▪ réalisation de certaines activités d'apprentissage : motricité fine ▪ communication ▪ soins et hygiène	▪ nécessité d'adapter l'environnement physique pour assurer sa mobilité ▪ programme de rééducation physique ▪ programme de stimulation
Déficiences sensorielles : ▪ **déficience visuelle ou auditive**	▪ causes génétiques ▪ causes liées au développement ▪ maladies, infections, accidents	▪ retard de développement ou d'apprentissage selon la déficience ▪ difficultés à socialiser en groupe	▪ perception des stimuli selon la déficience ▪ réalisation des tâches selon sa condition : mobilité, communication, par exemple	▪ mesures de prévention selon la déficience ▪ nécessité de programmes de rééducation adaptés selon la déficience aux niveaux cognitif, langagier, etc.

2 Inspirés de travaux effectués dans le domaine de la psychologie de l'enfant, de ceux de Diamond et Hestenes (1996) sur les traits socioculturels et des travaux canadiens du Réseau international du processus de production du handicap (Fougeyrollas *et al.*, 1998) dont la typologie de l'Organisation mondiale de la Santé (1993).

3 Il faut entendre par « besoins particuliers » les besoins directement associés aux conditions liées à la déficience, aux limitations ou aux situations de handicap de l'enfant. Les besoins particuliers comprennent, entre autres, des mesures spécifiques intégrées au programme des milieux éducatifs pour assurer le développement, l'éducation et la socialisation de l'enfant. La typologie et les programmes des ministères de l'éducation, de la famille et de l'enfance (MÉQ, 2001b ; MFE, 1998a et b) ont servi à décrire les traits et déficiences.

Tableau 1.2 Synthèse des déficiences, causes possibles, manifestations, limitations et besoins particuliers (suite)

Déficiences cognitives et retard : ▪ **retard de développement[4] ou déficience intellectuelle**	▪ causes multiples dont les facteurs avant, pendant et après la naissance peuvent expliquer la déficience ▪ plus de 200 maladies physiques associées à ce type de problème ▪ facteurs héréditaires soulevés	▪ fonctionnement intellectuel inférieur à la moyenne affectant de façon générale les capacités telles : • attention • mémoire • jugement • apprentissage • acquisition du langage ▪ fonctionnement adaptatif limité dans deux sphères et plus de son développement : loisirs, adaptation sociale ou scolaire, autonomie de base, activités quotidiennes, entre autres ▪ retard de développement dans des sphères où l'enfant risque d'avoir des difficultés d'adaptation et d'apprentissage : cognitive, sociale, langagière, motrice ou sensorielle	▪ réalisation d'activités selon son âge • peu de réactions à son environnement (regard, attention, exploration) • peu d'indices de communication, peu ou absence de la parole • peu d'acquis moteurs permettant de réaliser des activités comme marcher, courir, jouer, etc. ▪ fonctionnement adaptatif (limité dans ses routines) • réactions inattendues aux changements • autonomie quotidienne faible selon son âge : manger, participer à ses soins • participation sociale pauvre (interagir, jouer)	▪ besoin d'un plan d'intervention selon le niveau de déficience ou le niveau de retard ▪ stimulation dans différentes sphères de développement ou selon la nature du retard
▪ **Déficiences psychiques**	▪ causes génétiques soulevées ▪ situations de négligence ▪ situations d'abus	▪ problèmes multiples d'ordre fonctionnel, relationnel ou de communication ▪ caractéristiques spécifiques selon le trouble présent	▪ socialisation ▪ développement ou apprentissage ▪ estime de soi affectée ▪ adaptation ou fonctionnement	▪ mesures de prévention selon les conditions de vie ▪ nécessité d'un plan individualisé d'intervention ▪ nécessité d'interventions spécialisées selon le trouble
▪ **Déficiences langagières et de la parole**	▪ causes héréditaires ▪ dysfonctions cérébrales	▪ atteintes cognitives de l'acquisition du langage ▪ difficultés d'abstraction, de généralisation, de perception du temps, de perception auditive… ▪ retard ou échec dans l'apprentissage de la langue	▪ communication (compréhension, expression) ▪ perception ▪ acquisition du langage (parler, écrire)	▪ mesures de prévention (évaluation, stimulation langagière) ▪ programmes de stimulation langagière enrichie ▪ plan d'intervention ▪ selon le trouble, équipement adapté

4 Le retard de développement dépend de la mesure des différents domaines de développement. Habituellement, une batterie de tests est utilisée pour mesurer le développement sensorimoteur, cognitif, langagier, socioaffectif et adaptatif. Certains tests mènent à l'identification d'un quotient de développement. Cette évaluation permet également de dresser un profil des capacités de l'enfant dans différents domaines. L'évaluation développementale aide les personnes à identifier les forces et les priorités d'intervention selon les domaines. Lorsque des mesures sont réalisées par séquences de 6 ou 12 mois, elles fournissent un indice du rythme de progression de l'enfant et de ses capacités à répondre aux programmes de stimulation qui lui sont offerts.

À propos...

Une activité peut être considérée comme un « jeu » lorsqu'elle constitue une action positive pour l'enfant. Aussi, doit-elle revêtir un caractère spontané et volontaire.

Le principal objectif de l'enfant étant le plaisir, le jeu constitue pour lui un outil puissant et une occasion lui permettant des interactions, l'expression de ses émotions, des évocations, des anticipations, de la compréhension, des découvertes, des apprentissages et la maîtrise de son environnement (Morin, 2002, 140).

des besoins particuliers, des enfants du même âge, ses pairs, des parents, des intervenantes au préscolaire et de la direction. Toute communauté est dynamique en ce sens que ses membres partagent des valeurs, des principes, des règles ou des concepts communs. Ces principes orientent les personnes concernées dans leurs activités et leurs actions éducatives.

En nous basant sur les ouvrages déjà publiés sur le sujet et en nous fondant sur nos propres expériences, nous avons formulé des principes qui ont pour but de guider les actions de l'intervenante au préscolaire auprès d'enfants ayant des besoins particuliers :

- l'enfant est au centre de son développement ;
- le processus éducatif vise le développement global et intégré de l'enfant ;
- les besoins de l'enfant sont similaires et parfois différenciés ;
- les interactions de jeux sont à la base des apprentissages de l'enfant ;
- l'enfant a besoin d'un environnement riche et de qualité.

L'enfant est au centre de son développement

Pour comprendre le développement de l'enfant ayant des besoins particuliers et la contribution du milieu à ses apprentissages, il faut considérer les interactions avec les différents éléments de l'environnement où il évolue et les systèmes de services, par exemple leur organisation, les politiques et les règles, les programmes et ressources disponibles. Dans cette perspective, l'enfant est au centre des préoccupations éducatives.

L'enfant est le principal acteur de son développement et de ses apprentissages.

Il est le principal acteur de son éducation en ce sens qu'il est le premier à pouvoir se mobiliser en vue de satisfaire ses besoins de développement et d'apprentissage. Il interagit donc avec les divers acteurs au préscolaire : parents, intervenantes, direction du service de garde ou de l'établissement, concepteurs de programmes et de politiques. Ces interactions modèlent, en quelque sorte, son propre développement et celui des autres membres de sa famille. C'est autour de ce noyau central constitué de l'enfant et de sa famille que les services éducatifs à l'enfance se structurent en réseau.

Le processus éducatif vise le développement global et intégré de l'enfant

Le processus éducatif, c'est l'ensemble des situations de vie qu'une communauté de personnes structure pour favoriser le développement et l'éducation de l'enfant. Dans ce contexte, l'enfant développe simultanément différentes dimensions : sensorimotrices, cognitives, particulièrement ses capacités intellectuelles et langagières, sociales, affectives et son adaptabilité. Ces dimensions sont reliées entre elles et peuvent difficilement être considérées séparément. Lorsque l'une d'entre elles s'active, elle fait automatiquement appel à d'autres, créant ainsi une continuelle interaction. Ce phénomène entraîne la mise en branle d'un processus de développement global qui tient compte de toutes les interactions. Dans un contexte éducatif, l'adulte entreprend nécessairement un processus de développement global et intégré de l'enfant.

Les besoins de l'enfant sont similaires et parfois différenciés

MANQUE ENDOGÈNE Qui prend naissance à l'intérieur de l'organisme.

Tous les enfants ont des besoins similaires qui sont l'expression d'un **manque endogène**, qui les pousse à vouloir le combler. Toutefois, le terme « besoin » revêt une autre signification lorsqu'un enfant a besoin d'un soutien particulier ou de mesures adaptées à sa condition ou à sa déficience. On dit alors de cet enfant qu'il a des besoins particuliers. En matière de développement et d'apprentissage, ces besoins expriment l'écart entre l'état réel de l'enfant (manière d'être sur les plans physique, intellectuel ou moral) et l'état attendu par le milieu à un moment précis de sa vie. En définitive, tous les enfants ont des besoins universellement reconnus, appelés « besoins similaires » ; cependant, certains ont aussi des besoins dits « particuliers ».

Les besoins similaires

Chaque enfant présente des **besoins** individuels de base ou besoins de développement (Langevin, 1996). Ceux-ci peuvent être regroupés en cinq catégories :

- besoins physiologiques : manger, dormir, etc. ;
- besoins affectifs : des liens affectifs stables et sécurisants avec les adultes, une estime de soi ;
- besoins sociaux : les relations avec des pairs et des groupes, entre autres ;
- besoins de sécurité : le maintien de son intégrité physique ;
- besoins intellectuels : des activités stimulantes, favorisant le développement, l'apprentissage et l'actualisation de soi.

BESOIN Prise de conscience d'un écart entre la situation actuelle et une situation désirée ou souhaitable ; différence entre ce qui est et ce qui devrait être.

Pour permettre le plein développement de l'enfant, tous ses besoins de base doivent être satisfaits. En bas âge, l'enfant a principalement besoin de sécurité affective et cherche à développer ses premières relations sociales. L'éducation inclusive reconnaît que les besoins individuels des enfants peuvent être comblés dans leurs milieux naturels de vie.

> **Clics et déclics**
>
> Le site **Le grand monde du préscolaire** propose des activités pour aider les enfants à découvrir les parties de leur corps, leurs fonctions respectives, et sur la reconnaissance des bonnes habitudes de vie, en passant par l'expérimentation des gestes de motricité fine et globale.
> **http ://prescolaire.educal.com/dossiers/liste_corps/index.htm**

Les besoins particuliers

L'éducation inclusive s'intéresse aux besoins individuels de l'enfant et, d'une manière plus spécifique, à ses besoins particuliers, lesquels sont liés à sa condition. Ses besoins individuels, besoins de base que nous avons définis précédemment, sont identiques à ceux des autres enfants.

L'enfant atteint d'une déficience ne peut se développer au même rythme que ses pairs. Indirectement, la déficience dont il souffre va influer sur son adaptation et ses apprentissages et créer à certains moments de sa vie des besoins particuliers dont il faudra tenir compte dans son éducation. Pour certains enfants, les besoins particuliers seront présents durant toute leur vie.

Par exemple, un enfant atteint de paralysie cérébrale se heurte, entre autres, à des limitations liées à sa mobilité si son environnement n'est pas adapté à l'usage d'un fauteuil roulant. Son incapacité à marcher, ou sa mobilité réduite, conjuguée à un environnement non adapté, créera des limitations dans ses milieux de vie. Ces limitations sont permanentes ; elles compromettent le développement de l'enfant et risquent d'aggraver son insertion sociale. Dans ce cas précis, les actions éducatives doivent viser à :

- répertorier les situations de handicap : incapacités ou limitations qui freinent ou empêchent l'enfant d'accomplir les activités liées à son âge ;
- nommer les besoins à combler en raison des situations de handicap ;
- implanter des mesures de soutien pour permettre à cet enfant de réaliser ses activités comme les autres enfants de son âge.

Heureusement, les progrès de la société en matière de déficiences permettent à un enfant atteint de paralysie cérébrale, de vivre avec cette déficience permanente dans des environnements éducatifs soucieux de tenir compte des différences ou des traits particuliers. Grâce à des programmes de pointe en réadaptation, des mesures vigoureuses d'aménagement des milieux physiques et des programmes ciblés en éducation inclusive, les situations de handicap peuvent être éliminées. Lorsque cet enfant aura atteint l'âge adulte, il aura la chance d'évoluer normalement dans la société.

Une déficience n'entraîne pas nécessairement une situation de handicap. De même, on peut également atténuer des déficiences sensorielles ou physiques par des mesures compensatrices, l'usage de prothèse, entre autres, évite ou atténue une situation de handicap. L'éducation inclusive vise donc en premier lieu à atténuer ou à éliminer ces situations de handicap dans les milieux éducatifs.

L'exemple ci-après illustre ce que peuvent être les limitations et les besoins particuliers, ainsi que des mesures de soutien adaptées pour une déficience. Dans un processus éducatif répondant à des besoins particuliers, le personnel du service éducatif va devoir préciser, dans un plan d'intervention, les mesures qui vont assurer à l'enfant une intégration harmonieuse et un développement optimal.

Déficience, limitations et besoins particuliers

Voici une illustration de la démarche d'analyse préliminaire des besoins de l'enfant que l'intervenante pourrait effectuer pour un enfant souffrant de paralysie cérébrale avant son arrivée en service de garde.

Déficience	Limitations ou incapacités	Besoins particuliers : soutien
Paralysie cérébrale ▪ réflexes pathologiques et hypertonie	▪ limite de la mobilité : pour marcher ou courir ▪ limites dans l'exécution des mouvements volontaires pour prendre et relâcher un objet	▪ adaptation de la mobilité (se déplacer d'une façon autonome) : • aménagement des lieux physiques • matériel pour la mobilité, les positions assises, debout
	▪ rigidité dans les bras : les mains crispées et tendues l'empêchent d'exécuter certaines actions comme manger	▪ soutien aux apprentissages (programmes de stimulation) • en motricité fine : activités de manipulation • en autonomie : aide à l'habillage et lors des repas
	▪ limites dans ses activités quotidiennes : se nourrir, s'habiller et se déplacer (utilisation d'un fauteuil roulant ou d'appareils orthopédiques tels que béquilles ou marchette)	▪ développement d'un système de communication • matériel de communication • programme de stimulation à la communication non verbale

Les interactions de jeux sont à la base des apprentissages de l'enfant

Placé en situation d'interaction avec les personnes et les objets, l'enfant apprend de ses actions, de ses manipulations, de ses explorations, de ses expérimentations, de ses observations et de son écoute. Chaque enfant construit sa propre histoire d'apprentissage qui s'élabore grâce à la somme de ses expériences. Celles-ci s'inscrivent dans un processus essentiellement personnel dont l'enfant est le principal maître d'œuvre.

La nature ludique de ces interactions suscite le vouloir ou la motivation dans l'action, la persistance dans la réussite, la recherche de sens et l'expression des émotions. Avec le matériel naturel ou fabriqué mis à sa disposition et à sa portée, l'enfant joue et interagit : il répète des actions, persiste dans ses activités, exprime sa pensée et ses émotions. Le jeu peut être spontané ou structuré. Pour stimuler un enfant, la pédagogie du jeu représente un moyen éprouvé.

L'enfant a besoin d'un environnement riche et de qualité

L'enfant voit augmenter ses chances de se développer de façon harmonieuse s'il évolue dans un environnement riche et de qualité. Les dissemblances entre les personnes qui composent son entourage et la diversité des situations expérimentées représentent de bons indices de la richesse d'un milieu. Plus les milieux accueillent des personnes différentes par leurs traits physiques, personnels, culturels et fonctionnels, par exemple des personnes vivant avec des déficiences, plus ils offrent des situations favorisant de multiples interactions. Ces relations avec des personnes différentes favorisent, entre autres, l'esprit de tolérance et d'entraide. La diversification des milieux physiques est aussi un bon indice de la richesse d'une collectivité.

À propos...

Qu'est-ce qu'un environnement de qualité ?

C'est un environnement qui offre un climat sain où les relations interpersonnelles sont enrichissantes, un milieu où les gens se respectent, se font confiance et s'entraident. Les différences chez les personnes et la diversité socioculturelle sont un facteur d'enrichissement dans un environnement de qualité.

Les relations harmonieuses entre adultes, l'écoute, l'empathie, la collaboration, la concertation, le partenariat et l'entraide constituent des éléments indispensables au développement d'une dynamique relationnelle enfant-adulte de qualité. Cet environnement de qualité favorise le développement optimal des enfants (Moreau, Maltais et Herry, 2004).

En conclusion

Comme intervenante au préscolaire, il importe de connaître les traits et déficiences, leurs caractéristiques, ainsi que les conditions éducatives associées à chacun d'eux. Ces connaissances seront, en outre, d'une grande utilité non seulement dans le dépistage, que nous souhaitons le plus précoce possible de ces enfants dits à risque, mais également dans la mise en place des principes devant gouverner notre action éducative. Il va de soi que cette information devra être mise à jour aussi souvent que nécessaire en consultant les différentes sources d'information sur le sujet.

Questions d'appropriation

1. Vous apprenez que vous allez accueillir un enfant ayant une déficience et vous désirez en savoir davantage sur le sujet. Faites une recherche sur Internet pour trouver des renseignements qui vous permettront de préciser vos connaissances.

a) Quelle est la nature de la déficience?

b) Quelles en sont les causes?

c) Quels sont les impacts sur le développement de l'enfant et sur son apprentissage?

d) Quelles sont les interventions à privilégier, ou les mesures éducatives à établir?

2. Vous planifiez la rencontre des parents d'un enfant ayant une déficience et vous souhaitez préparer une liste de questions à leur poser afin de mieux connaître leur enfant et ses besoins. Dressez la liste de ces questions, en vous inspirant de vos lectures.

3. Pour des fins de démarche préventive, élaborez une fiche d'observation d'indices de développement — sensorimoteur, langagier, cognitif, social et de l'ordre de l'autonomie — à observer dans votre groupe d'enfants. Pour chacun de ces domaines, énumérez les principales manifestations à observer.

4. En vous inspirant d'une déficience dont vous connaissez les caractéristiques, faites un tableau où vous y inscrirez les incapacités ou limitations et les besoins de soutien éducatif qu'elles exigent.

5. À partir de votre connaissance des principes éducatifs énoncés précédemment, quelles sont les intentions éducatives qui guident votre observation des enfants? Quelles sont les dimensions et caractéristiques visées?

6. Quelles actions éducatives dans votre milieu pourriez-vous mettre en place?

Pour aller plus loin

Voici d'autres ressources qui vous permettront d'approfondir vos connaissances ou d'aller plus loin dans votre réflexion.

Livres

Calva, V. (1996). *Bon, à quoi on joue? Guide d'intégration des enfants ayant une déficience intellectuelle en services de garde,* Montréal, Association de Montréal pour la déficience intellectuelle.

Irwin, S. H. (1994). *Le livre de trait d'union : les étapes de l'intégration en services de garde,* Wreck Cove, Breton Books.

Lavallée, C. et M. Marquis (1999). *Éducation interculturelle et petite enfance,* Québec, Presses de l'Université Laval.

Organisation mondiale de la Santé. Équipe classification, évaluation, enquêtes et terminologie (2000). *Classification internationale des handicaps. Déficiences, incapacités et désavantages,* Genève, Organisation mondiale de la Santé.

Panitch, M. *et al.* (1992). *Vers l'excellence des garderies : un guide d'intégration,* North York, Université York.

Smith, R. (1993). *Children with mental retardation. A parents' guide,* Rockville, Woodbine.

Tochon, F. V. (1995). *Intégration des enfants différents en milieu de garde : vers une révision permanente des rôles éducatifs des parents et des professionnels,* Louvain-la-Neuve, De Boeck.

Sites par sujet

Déficiences de la petite enfance

www.adaptationscolaire.org/

Le site l'**Adaptation scolaire et sociale de langue française** traite de nombreuses déficiences : autisme, déficience intellectuelle, déficience sensorielle, hyperactivité et déficit d'attention, santé mentale, troubles du langage.

www.ophq.gouv.qc.ca/Documentation/M_Documentation.htm

Le site de l'**Office des personnes handicapées du Québec** (OPHQ) offre beaucoup d'information sur les déficiences et sur la petite enfance. Il est également possible d'effectuer des recherches à l'intérieur du site.

Déficiences intellectuelles

www.cacl.ca/french/cominc/

Le site de l'**Association canadienne pour l'intégration communautaire** (ACIC) propose des moyens d'intégrer les personnes présentant une déficience intellectuelle aux activités scolaires. On y suggère aussi différentes ressources telles que des périodiques et des sites traitant de l'incapacité.

www.chu-rouen.fr/ssf/indiv/nourrisson.html

Le site de l'**Association québécoise pour la santé mentale des nourrissons** propose des renseignements au sujet du développement physique et mental, de la personnalité et des relations sociales de l'enfant de 0 à 3 ans.

www.tourette.ca/

Le site de la **Fondation canadienne du syndrome de la Tourette** (SGT) fournit de précieux renseignements sur cette maladie.

www.autisme.qc.ca

La Société québécoise de l'autisme offre une gamme variée de renseignements. On y trouve de l'information éducative et des renseignements généraux sur les troubles envahissants du développement.

Déficience visuelle

daniel.calin.free.fr/sites/handicap_visuel.html

Site personnel d'une mère ayant un enfant avec une déficience visuelle.

www.enfant-aveugle.com/index.html

L'enfant aveugle est un site très pertinent pour les personnes désireuses d'en savoir davantage sur la pédagogie des enfants vivant avec une déficience visuelle.

www.aqpehv.qc.ca/

L'**Association québécoise des parents d'enfants handicapés visuels** offre sur son site une information intéressante sur l'enfant et son handicap visuel.

www.voirplus.net/educ/

Ce portail au service des personnes handicapées visuelles dans le domaine de l'éducation regroupe différents renseignements et publications sur la petite enfance et l'inclusion.

Dysphasie

www.aqea.qc.ca/index.html

L'**Association québécoise pour les enfants audimuets et dysphasiques** offre sur son site de l'information aux parents d'enfants dysphasiques et compte aussi des professionnels parmi ses membres. On y explique très bien ce qu'est la dysphasie.

Dystrophie musculaire

www.mdac.ca/index.html

L'**Association canadienne de la dystrophie musculaire** renseigne sur cette déficience ainsi que sur d'autres maladies neuromusculaires.

Fibrose kystique

www.fibrosekystique.ca/maison.asp

Le site de la **Fondation canadienne de la fibrose kystique** constitue une bonne source de renseignements sur cette maladie.

Épilepsie

www.epilepsy.ca/fran/mainSetFR.html

Le site d'**Épilepsie Canada** regroupe des renseignements qui répondront à diverses questions sur cette maladie.

Hyperactivité

planete.qc.ca/sante/elaine/index.html

La mère d'un enfant hyperactif a créé un **Guide pour parents d'un enfant hyperactif**. Elle parle de son expérience et donne des conseils aux parents et aux enseignants pour adapter leur mode de fonctionnement à l'enfant hyperactif. Vous y trouverez toute une panoplie de références : des livres, des revues, des liens Internet, des organismes, etc.

Multiculturalisme

canada.justice.gc.ca/fr/ps/sg/p1/ti/ress.html

Le site du **Conseil canadien pour l'éducation multiculturelle et interculturelle** propose une liste de ressources didactiques.

www.petitmonde.qc.ca/

Le site de **Petit Monde** offre un agenda culturel pour faire vivre aux enfants des activités qui visent la sensibilisation de l'enfant à différents aspects culturels.

Spina-bifida

www.spina.qc.ca/fr/index_fr.htm

L'**Association de spina-bifida et d'hydrocéphalie du Canada** (en anglais seulement) offre sous la rubrique « Questions and Answers » des explications médicales qui ont été simplifiées en vue de les rendre accessibles au grand public.

Styles d'apprentissage

www.cfc-efc.ca/docs/cccf/rs045_fr.htm

Enfant & famille Canada, dans la rubrique « Comprendre les différents modes d'apprentissage » propose un questionnaire pour déterminer le mode d'apprentissage d'un enfant. La rubrique « Recherche » permet de consulter les textes portant sur différents sujets tels que les styles d'apprentissage, les besoins particuliers et l'intégration qui s'adressent autant aux intervenantes qu'aux parents.

www.parentcenter.com/general/learning/assessing/12871.html

ParentCenter.com comporte une section permettant de définir le style d'apprentissage de l'enfant d'âge préscolaire. On y décrit les caractéristiques des trois types d'apprenants et on donne des conseils en vue de faciliter différents apprentissages : lecture, écriture, mathématiques.

Surdité

www.chha.ca/

Plusieurs sites offrent une information de pointe sur les déficiences sensorielles. Celui de l'**Association des malentendants canadiens** (AMEC) est particulièrement intéressant.

www.cad.ca/index2.php?lid=f&cid=9&pid=0

L'un des objectifs de l'**Association des sourds du Canada** est de sensibiliser le public aux problèmes de la déficience auditive afin de promouvoir l'intégration dans la société des personnes malentendantes et devenues sourdes.

Syndrome de Down

www.cdss.ca/index.html

Il est possible de faire une recherche sur le site en choisissant le descripteur « intégration ou inclusion » à l'intérieur des anciens numéros du journal de l'association. Les articles sont classés suivant différents thèmes, par exemple « éducation et inclusion ».

Troubles des conduites

www.ccsd.ca/cpsd/ccsd/f/i_education.htm

Le **Conseil canadien de développement social sur l'éducation de la petite enfance** renseigne sur les impacts des programmes de prévention et l'éducation de la qualité de la petite enfance sur la criminalité et les troubles des conduites en bas âge. On nous informe, entre autres, que certains troubles des conduites débutent à l'enfance, vers 2 ou 4 ans.

Ressources professionnelles

www.caslpa.ca/francais/index.asp

Le site de l'**Association canadienne des orthophonistes et des audiologistes** est destiné, en premier lieu, aux orthophonistes et aux audiologistes. Les intervenantes peuvent aussi y trouver de l'information intéressante.

www.reseauhandicap.ca/

Développement des ressources humaines Canada. *Disability WebLinks/Réseau handicap*

Vidéos

Association du Québec pour l'intégration sociale (1998). *Une garderie pour tout le monde,* Montréal, AQIS.

Association des services de garde en milieu scolaire du Québec (1995). *Moi aussi. Modèles d'intégration d'enfants ayant une déficience dans des services de garde en milieu scolaire,* Longueuil, ASGEMSQ.

Chapitre 2

L'éducation inclusive : « c'est l'affaire de tous... »

Objectifs

La lecture de ce chapitre vous permettra :

- de comprendre l'évolution des services éducatifs, de l'exclusion à l'inclusion;
- de réfléchir à vos valeurs éducatives et à celles de tous les membres de la communauté éducative;
- d'approfondir vos connaissances sur le développement de communautés éducatives inclusives;
- de prévoir des actions afin de mieux jouer votre rôle en matière d'éducation inclusive.

L'éducation inclusive s'inscrit dans la continuité de l'amélioration de la qualité des services éducatifs à la petite enfance. Parler d'inclusion, c'est d'abord vouloir atténuer ou faire disparaître les conditions d'exclusion et de ségrégation qui affectent des enfants et des personnes vivant avec une différence. Ces conditions sont étroitement liées aux interactions sociales et sont le fruit de l'apprentissage de conduites non appropriées ou de croyances erronées à l'égard de ces personnes.

L'éducation inclusive vise une perspective plus large du *comment éduquer* un individu pour qu'il devienne un citoyen à part entière. Elle fait la promotion des valeurs de respect, d'acceptation et de soutien mutuel entre les personnes sans égard à leurs déficiences ou à leurs différences, ce qui constitue l'essence même de l'éducation inclusive.

COMMUNAUTÉ ÉDUCATIVE Ensemble des liens et des relations qui s'établissent entre des personnes qui ont les mêmes valeurs et des intérêts communs afin de développer des connaissances individuelles et collectives.

Le présent chapitre cherche donc à sensibiliser les **communautés éducatives** au préscolaire, en particulier l'intervenante, à la manière dont elles peuvent développer un milieu accueillant pour des enfants ayant des besoins particuliers (Moreau, Robertson et Ruel, 2005). Il s'agit d'abord de prendre conscience de la diversité des valeurs sociales parmi les membres d'une communauté, prise de conscience qui supporte l'approche autant que les stratégies qui seront mises en place par l'intervenante, l'éducatrice à l'enfance, l'éducatrice spécialisée ou l'enseignante, en milieu de garde ou en éducation préscolaire, pour mener à bon terme le processus d'inclusion.

À propos...

La période d'avant-guerre est caractérisée par un grand vide dans la compréhension des déficiences. Toutefois, un développement fulgurant des savoirs et des services spécialisés s'est amorcé dès l'après-guerre. Ces progrès ont fait naître de nouveaux défis sociaux : comment développer un système de services qui réponde aux besoins éducatifs et sociaux de tous les membres d'une communauté ? Et comment offrir à tous les enfants un contexte éducatif exempt de toute forme d'exclusion ?

UN PEU D'HISTOIRE : DE L'EXCLUSION À L'INCLUSION

L'histoire des services aux enfants ayant des besoins particuliers a traversé trois grandes époques : l'époque d'isolement et d'exclusion, l'époque de la spécialisation des services et l'époque de l'intégration sociale et de l'éducation inclusive.

Avant la Seconde Guerre mondiale, les enfants vivant avec des différences, comme ceux ayant un handicap, étaient généralement cachés par leurs parents et tenus à l'écart de leur collectivité. Les services spécialisés n'existaient pas et les données scientifiques sur les maladies et les déficiences n'étaient pas disponibles. Les orphelinats étaient les seuls établissements qui accueillaient les enfants abandonnés ou ayant besoin d'un substitut familial lorsque des difficultés empêchaient les familles d'assumer leur rôle éducatif : maladie, mortalité, etc.

La période qui a suivi la Seconde Guerre mondiale est riche sur le plan du développement des connaissances et sur celui de la mise en place de services aux collectivités. Les chercheurs et les spécialistes du domaine médical ont été les premiers à s'intéresser aux problèmes des enfants ayant des besoins particuliers. D'autres secteurs d'activités reliés à la santé et aux services sociaux se sont aussi développés : la psychologie, la psychiatrie, l'assistance sociale, les services médicaux spécialisés comme l'orthophonie, la physiothérapie ou l'ergothérapie, pour ne citer que quelques exemples. Des services adaptés ont alors connu un développement fulgurant : hôpitaux spécialisés, centres d'accueil, centres spécialisés de stimulation précoce, écoles spécialisées ou classes spéciales. Par ailleurs, les recherches menées à la fin des années 1970 dans les domaines social, éducatif ou juridique ont fait ressortir les effets négatifs de l'approche diagnostique et de l'étiquetage des personnes tels que pratiqués vers le milieu du XXe siècle. Ces pratiques ont entraîné, entre autres inconvénients, de l'isolement social, des attitudes de discrimination et des résultats peu probants, autant de tares imputables au système de la spécialisation des services qui touchent particulièrement une même clientèle, celle des enfants ayant des besoins particuliers. D'autres domaines de recherche ont apporté des réponses différentes et ont suscité une réflexion profonde sur les services éducatifs offerts aux enfants ayant des besoins particuliers.

À la fin du XXe siècle, l'approche sociophilosophique de la normalisation, de l'intégration sociale, de la valorisation des rôles sociaux et de l'éducation inclusive a permis de démontrer les effets sociaux négatifs des services ségrégués. Les concepts de normalisation et d'intégration ont leur origine dans le mouvement de désinstitutionalisation ou d'élimination des écoles spécialisées. Cette approche a suscité des changements dans la conception, dans l'analyse et dans la compréhension de ces problématiques et surtout dans la façon d'offrir des services à cette clientèle. Ces différentes conceptions, qui ont essentiellement une même base, prônent toutes le développement du plein potentiel des individus dans leur milieu de vie, y compris ceux vivant avec une déficience.

Bref, l'éducation inclusive renvoie à la même finalité socioéducative que celle de l'intégration sociale des élèves handicapés (MÉQ, 2003). L'intégration sociale, qui historiquement précède l'éducation inclusive, se rapporte au principe de la participation des enfants du réseau des services spécialisés au secteur régulier comme les milieux de garde ou scolaires (MÉQ, 2003; MFE, 1998a, 1998b; Rousseau et Bélanger, 2004; Stainback et Stainback, 1996). L'éducation inclusive va toutefois au-delà de l'intégration sociale. Elle tente de montrer comment développer une communauté éducative inclusive, un système de services éducatifs qui regroupe tous les services, y compris ceux que l'on réserve aux enfants ayant des difficultés ou une déficience. L'éducation inclusive vise aussi l'atténuation, sinon l'éradication, de facteurs d'exclusion ou de ségrégation. L'objectif n'est pas seulement de faire en sorte qu'un enfant différent puisse fonctionner dans le système éducatif régulier et s'y maintenir; il est aussi de développer une communauté éducative qui réponde aux besoins éducatifs et sociaux de chacun de ses membres de telle sorte que ceux-ci puissent s'y sentir inclus.

Objectifs visés par les nouvelles orientations des services éducatifs

- L'élimination des pratiques qui entretiennent la discrimination sociale.
- La mise en valeur et l'utilisation des connaissances et des expertises dans les domaines de la santé et de l'éducation.
- La promotion des services qui répondent aux besoins particuliers des enfants.
- La défense du droit de tout enfant de vivre dans son milieu et de bénéficier du soutien de sa famille, de ses proches et de la collectivité.

L'ÉDUCATION INCLUSIVE : QU'EST-CE QUE C'EST?

L'éducation inclusive vise l'autonomie et l'autodétermination des personnes ayant des difficultés ou des déficiences. Elle encourage leur participation pleine et entière dans toutes les sphères de leur milieu de vie.

À propos...

En 1976, le rapport Copex (MÉQ, 1976) fait le constat du piètre état des services éducatifs à l'enfance en difficulté et formule 62 recommandations sur le développement de l'éducation des enfants en difficulté d'adaptation et d'apprentissage. Ce rapport a permis, en 1979, la formulation de *La politique pour l'enfance en difficulté d'adaptation et d'apprentissage* qui proposait trois orientations : (a) l'accessibilité à un service public d'éducation, (b) une éducation de qualité et (c) la protection des droits des enfants en difficulté de grandir dans le cadre le plus normal possible. Cette politique de l'adaptation scolaire a été mise à jour par le gouvernement en 1992 en y incluant les modalités d'intégration, dont le plan d'intervention pour tout élève ayant une déficience. Le programme des services éducatifs à l'enfance, *Jouer, c'est magique*... (MFE, 1998a et b), s'inscrit dans cette orientation de l'éducation inclusive.

À propos...

En 1978, l'Office des personnes handicapées du Québec (OPHQ) a été officiellement créée pour défendre les droits des personnes handicapées. En 1984, l'OPHQ publie le document *À part égale* qui constitue le projet de la politique d'ensemble destinée à offrir des services complets, cohérents, coordonnés et accessibles à toute personne handicapée dans les différents domaines de vie (Horth, 1998). À la fin des années 1990, le développement du réseau de garde public, Centre de la petite enfance, adhère à cette politique en précisant les modalités d'inclusion dans son programme (MFE, 1998a et b).

À propos...

L'inclusion totale signifie l'éducation de tous les élèves, sans égard à leur niveau de déficience, dans tous les services éducatifs réguliers : milieu de garde, école du quartier, etc. L'inclusion désigne plus spécifiquement ce qui est requis à l'enfant ayant des besoins particuliers pour se sentir inclus, participer pleinement à la vie sociale et éducative, et non seulement être « placé » dans le réseau régulier (inspiré de Doré, 2001, 3).

GROUPE NATUREL Expression qui désigne les activités éducatives conçues pour les enfants de même âge.

L'éducation inclusive repose sur la mise en commun des forces, des qualités ou des compétences des membres d'une communauté éducative. Elle soutient une dynamique relationnelle qui doit assurer le développement du plein potentiel de l'enfant ayant des besoins particuliers et lui permettre de faire les apprentissages nécessaires au développement de son autonomie et de son autodétermination. L'éducation inclusive privilégie l'accès aux activités éducatives et de loisirs de la vie quotidienne.

En matière d'éducation, le concept d'inclusion a fait l'objet de plusieurs tentatives de définition (Crawford, 1992; Guralnick, 2001; Saint-Pierre, 2004; Stainback et Stainback, 1996; Wade, 2000; Winzer, 1997). Celles-ci s'appuient principalement sur les lois ou sur les politiques gouvernementales qui précisent les structures organisationnelles des services éducatifs. Par exemple, l'expression « inclusion totale » se définit comme l'éducation de tous au moyen d'activités réalisées dans les groupes réguliers. Dans la pratique, les politiques gouvernementales et l'organisation des services éducatifs intègrent pour leur part la notion de « milieu le moins restrictif ». Cette conception autorise différentes modalités organisationnelles : **groupe naturel,** petit groupe ou groupe restreint. Dans le contexte d'une communauté éducative, l'éducation inclusive conduit bien au-delà de ces perspectives politiques, juridiques et organisationnelles.

L'éducation d'un enfant n'est pas uniquement la responsabilité des parents, c'est celle de l'ensemble des adultes qui composent son entourage. Toutes ces personnes doivent le soutenir dans son apprentissage et dans ses expériences de vie. L'enfant se trouve au centre de notre réflexion.

L'éducation des enfants, c'est donc la responsabilité de toute une communauté éducative. Celle-ci peut prendre la forme d'un groupe, d'une classe, d'un milieu de garde ou encore peut se rapporter à un milieu beaucoup plus large comme la famille et l'entourage, qu'il s'agisse des personnes du voisinage de l'enfant ou des professionnels des services éducatifs auxquels il a recours. La communauté éducative inclusive est le centre d'intérêt et la justification de toute action.

L'éducation inclusive représente, dans la majorité des cas, le gage de succès de l'intégration et de l'adaptation sociales de tous les enfants, avec ou sans déficience (Crawford, 1992; Guralnick, 2001; Saint-Pierre, 2004).

L'éducation inclusive

Pour qui ?

- Pour tous les enfants d'une collectivité.

Pourquoi ?

- Pour développer l'autonomie et l'autodétermination des enfants, en particulier ceux ayant des besoins particuliers, et favoriser leur intégration dans les différentes sphères d'activités.

Comment ?

- En permettant l'accessibilité aux activités du milieu naturel de tous les enfants, avec ou sans déficience.
- En offrant un soutien aux membres de la communauté éducative afin d'éviter l'isolement, le rejet et l'exclusion sociale.
- En faisant la promotion de communautés inclusives et en encourageant leur création.

L'éducation inclusive engage l'ensemble des membres d'une collectivité, ou communauté éducative, et intègre différentes perspectives, telles qu'illustrées ci-après.

Des perspectives où l'enfant est au cœur des préoccupations d'une communauté éducative

Membres de la communauté éducative	Objectifs visés
Enfant ayant des besoins particuliers	▪ Créer des liens d'attachement, des relations positives; ▪ Développer une perspective d'autonomie et d'autodétermination; ▪ Participer aux activités du milieu de vie des enfants de son âge; ▪ Avoir accès aux mesures de soutien nécessaires à son développement et à ses différences; ▪ Être partenaire à part entière de la vie de sa communauté d'entraide, d'interdépendance; ▪ Miser sur la réussite d'apprentissages.
Pairs du même âge	▪ Créer des liens d'attachement, des relations positives; ▪ Développer une perspective d'autonomie et d'autodétermination; ▪ Devenir partenaire à part entière de la vie de sa communauté (entraide, soutien, interdépendance); ▪ Accepter les différences, favoriser la bilatéralité des relations et la valorisation mutuelle; ▪ Mettre l'accent sur la réussite.
Parents et milieu familial	▪ Créer des liens d'affection et de soutien; ▪ Favoriser l'actualisation et l'enrichissement personnel dans la vie de couple et familiale; ▪ Valoriser le rôle parental; ▪ Devenir partenaire à part entière de la vie de sa communauté éducative (collaboration, concertation et soutien aux professionnels et aux services).
Intervenantes, direction et autres membres de la communauté éducative	▪ Favoriser des services éducatifs accueillant pour tous les enfants de la communauté; ▪ Encourager des valeurs communes d'égalité des droits, de démocratie et d'inclusion; ▪ Promouvoir des pratiques éducatives favorisant le partenariat, la collaboration, la coopération, le soutien; ▪ Susciter la réalisation de projets éducatifs novateurs et stimulants dans la communauté éducative; ▪ Promouvoir différentes approches pédagogiques: pédagogie du jeu, pédagogie différenciée, apprentissage coopératif, pédagogie de projets et ouverte sur le monde; ▪ Valoriser la réussite des enfants.

L'ÉDUCATION INCLUSIVE POUR L'ENFANT

L'éducation inclusive comprend tout ce que le **milieu naturel de vie** de l'enfant lui réserve en matière d'interactions sociales et de relations humaines. Elle correspond à «l'héritage» transmis par le milieu familial, culturel et social. En sa qualité d'héritier, l'enfant a le droit de bénéficier des privilèges que lui réserve ce titre; c'est, en ce qui le concerne, une question de survie et de développement.

MILIEU NATUREL DE VIE Le milieu naturel de vie représente le voisinage ou l'ensemble des milieux de vie où des enfants de mêmes groupes d'âge peuvent recevoir les services dont ils ont besoin.

AUTODÉTERMINATION Habileté à se rendre capable (*enabling*) d'assumer la responsabilité de décider, d'être apte à préciser ses besoins, de pouvoir se développer et jouer son rôle dans la société (s'autodéterminer).

COMPORTEMENT ADAPTATIF Comportement appris qui permet à la personne de fonctionner en société. Pour un enfant ayant une déficience particulière, il peut compenser ses limitations par des conduites adaptatives différentes. On dit aussi « habileté adaptative » ou « fonctionnement adaptatif ».

À sa naissance, l'enfant hérite de l'engagement de ses proches à son égard. Il évolue avec eux dans les mêmes espaces physiques et sociaux comme la famille, l'environnement immédiat et les milieux éducatifs. Pour survivre et se développer, il a besoin d'être accueilli et accepté. Il doit pouvoir créer des liens d'attachement avec sa famille et son entourage de telle sorte qu'il puisse obtenir tout l'appui nécessaire à son développement, à ses apprentissages et à son **autodétermination**. C'est dans ce contexte que l'expression « milieu naturel de vie » prend tout son sens.

L'enfant développe ses connaissances sensorimotrices, affectives, cognitives, sociales et adaptatives par des interactions constantes avec son milieu. Au cours de ses premières années de vie, il cherchera à s'approprier une connaissance du monde et à consolider ses capacités d'adaptation par de multiples tentatives, par des expériences parfois considérées comme des échecs, mais surtout comme des réussites. Il fera siennes les expériences que lui offre son milieu de vie. Pour l'enfant, l'éducation inclusive précise ce qui est important dans ses interactions avec le monde : les personnes, les objets, les situations. Les relations privilégiées avec des personnes significatives constituent l'un des plus grands avantages de ces interactions. Elles lui permettront de faire progresser ses compétences sur différents aspects de son développement (Moreau et Boudreault, 2002).

L'enfant ayant des besoins particuliers

L'enfant développe plus facilement ses compétences à s'adapter lorsqu'il se trouve en situation réelle d'apprentissage. À cause de ses difficultés, de ses limites ou d'une déficience, l'enfant ayant des besoins particuliers devra relever des défis qui seront désignés comme des « **comportements adaptatifs** ». Ses besoins de survivre et de s'adapter exigent qu'il déploie plus d'efforts et d'énergie que les autres. Certains événements de la vie courante, tout à fait banals et naturels aux yeux de la plupart des enfants, sont pour lui de véritables obstacles à franchir. Le défi que doit relever l'enfant ayant des besoins particuliers est donc d'adopter des attitudes et des comportements adaptatifs positifs. L'éducation inclusive peut l'aider à y parvenir et ainsi éviter l'isolement, le rejet et l'exclusion sociale.

L'éducation inclusive pour l'enfant, c'est...

- créer des liens d'attachement et des relations positives ;
- apprendre à s'identifier et à se référer à des personnes remarquables ;
- pouvoir imiter les personnes qui ont une valeur positive ;
- s'approprier une connaissance du monde qui l'entoure ;
- construire ses « connaissances pratiques » ;
- consolider ses capacités d'adaptation et d'autodétermination ;
- avoir accès aux mesures et aux services qui le soutiennent dans son cheminement ;
- devenir un partenaire à part entière de sa communauté dans une dynamique d'entraide, de soutien, d'interdépendance ;
- se valoriser par la réussite dans ses efforts de développement, d'apprentissage et d'inclusion et éviter l'exclusion sociale.

L'ÉDUCATION INCLUSIVE POUR LE PARENT

Avant d'être parent, chaque individu est « porteur » de son histoire. Celle-ci détermine, ne serait-ce qu'en partie, son rôle dans la société. Un parent ne peut transmettre ses valeurs éducatives sans tenir compte de ses expériences personnelles en tant que membre d'une collectivité, partenaire d'un couple et parent. Autant dire que son rôle de parent est d'une grande complexité.

Pour un parent, aborder le sujet de l'éducation inclusive, c'est lui fournir une occasion de se questionner sur ses valeurs et sur ses croyances. Ces dernières ne déterminent-elles pas ses attitudes, ses actions et ses pratiques ? L'éducation inclusive prend en compte les **valeurs** et l'idéal qui guident le parent dans les attitudes qu'il adopte avec son enfant, ses choix et ses actions éducatives. Comme la venue d'un enfant est généralement planifiée, elle est donc, de manière implicite ou explicite, l'expression du désir de deux individus d'actualiser leur couple dans une famille, d'enrichir leur vie affective et d'en élargir le cadre. L'éducation inclusive, en tant que valeur éducative, correspond à la volonté des parents de vouloir de manière inconditionnelle que leur enfant fasse partie intégrante de tous milieux de vie dans lesquels il évolue : famille, milieu de garde, école, loisirs, etc. Or, qu'il en soit conscient ou non, chaque parent a fait ce choix pour son enfant avant même que celui-ci ne vienne au monde.

VALEUR Élément essentiel et fondamental qui reflète les principes, les aspirations, les opinions, les sentiments, qui orientent l'action d'un individu, d'un groupe ou d'une organisation en société.

Le parent d'un enfant ayant des besoins particuliers

Pour un parent dont l'enfant a des besoins particuliers, les difficultés sont perçues comme des étapes de vie. Ces étapes heurtent sa représentation de l'enfant idéal qu'il a désiré (Bhérer, 1993; Lamarche, 1987; Pelchat, 1992) ou dont il a rêvé. Certains résultats d'études sur l'adaptation familiale considèrent que plus grand est l'écart entre la perception de l'enfant désiré et la réalité du nouveau-né, plus ardue sera l'adaptation des parents. Cette réalité exige de la part des parents de comprendre les difficultés qu'éprouve l'enfant, d'adapter leurs rôles et leur pédagogie et de connaître les services existant dans divers domaines : santé, services sociaux, milieu de garde et éducation préscolaire. Pour ces parents, l'éducation inclusive traduit leur volonté de persévérer dans leur choix de vie et de contribuer au développement de leur enfant malgré les difficultés.

Dans la promotion de « l'inclusion », le parent se présente comme un metteur en scène et l'enfant comme l'acteur principal. Pour réussir, l'enfant doit bénéficier d'un réseau social composé de personnes qui partagent la valeur de l'inclusion et la soutiennent. Pour le parent, l'éducation inclusive accorde la priorité à l'importance de développer des liens, le réseau social, et de jouer un rôle dans le développement de son enfant. Dans cette optique, l'éducation inclusive n'est possible que dans la mesure où le parent est capable de s'adapter à la réalité de son enfant. Il doit apprendre à développer une pédagogie parentale particulière et adaptée aux besoins de l'enfant (Moreau et Boudreault, 2002).

Les valeurs et les priorités du parent influencent ses choix éducatifs.

L'éducation inclusive pour le parent, c'est…

- créer des liens d'affection et de soutien avec ses proches, conjoint, parents, grands-parents et amis;
- s'approprier son rôle sans craindre de se différencier des autres parents;
- comprendre les diverses étapes qui composent la vie de l'enfant et s'y adapter;
- adapter sa pédagogie aux besoins de son enfant;
- se valoriser et se sentir bien dans sa vie personnelle et familiale;
- devenir partenaire à part entière de sa communauté éducative, collaborer et agir dans la concertation;
- permettre à son enfant de faire des expériences de vie nécessaires au développement de son autodétermination;
- s'assurer que son enfant participe aux activités de sa communauté;
- être garant des droits de l'enfant et de toute situation d'exclusion.

Les valeurs et les priorités des parents

La famille, le milieu de garde et l'école sont les lieux où les besoins de l'enfant doivent être continuellement satisfaits. Les parents consacrent une grande partie de leur temps à l'éducation de leur progéniture bien que, trop souvent, la société ne reconnaît pas suffisamment leurs efforts. Pour se réaliser dans ce rôle, le parent doit déterminer les valeurs qui le guident dans l'éducation de son enfant.

Les sections qui suivent proposent des outils pour l'intervenante qui pourront susciter des discussions avec les parents et les aider à faire le point sur:

- les valeurs et les priorités qui influencent leurs choix éducatifs;
- les valeurs éducatives pour son enfant.

De tels outils peuvent aider à les préparer, en outre, à participer avec les autres membres de la communauté éducative (milieu de garde ou école) à l'élaboration d'une mission, d'un projet éducatif ou d'un plan d'intervention pour son enfant.

Les valeurs et les priorités des parents seront déterminantes dans l'orientation des efforts et des actions pour l'éducation de l'enfant. Une façon de permettre aux parents de reconnaître les valeurs qui reflètent leur mode de vie et leurs intérêts est de favoriser les discussions avec leurs proches. L'intervenante auprès de leur enfant pourrait avoir un rôle à jouer dans cette démarche.

Voici quelques pistes de réflexion pour aider les parents à faire le point sur leur situation personnelle et familiale:

- Les aspects les plus importants dans l'éducation de leur enfant, dans leur vie personnelle, y inclus leur vie de couple.
- Leurs valeurs personnelles et leurs priorités en tant qu'adultes qui désirent se réaliser, en tant que mère ou père de famille.
- Leurs besoins en tant que personne, parent ou conjoint.

La grille 2.1 suggère des énoncés pour aider les parents à découvrir leurs valeurs éducatives. Cette démarche permettra d'effectuer des choix communs pour l'éducation de l'enfant et d'orienter les efforts et les actions de tous les membres de la communauté éducative vers les mêmes objectifs.

▪ UNE GRILLE REPRODUCTIBLE SE TROUVE À LA PAGE 192 ▪

Grille 2.1 Les valeurs éducatives des parents

Lisez les affirmations suivantes et cochez la case qui correspond au degré d'importance (peu, assez ou très) accordé par les parents. Puis, sélectionnez les cinq affirmations qu'ils jugent les plus importantes et indiquez leur ordre d'importance dans la colonne « choix », en les numérotant de 1 à 5, 1 étant la plus importante.

Affirmations	Importance			
	Peu	Assez	Très	Choix
1. Savoir que mon enfant est reconnu et valorisé pour ses compétences malgré sa différence.				
2. Savoir que mon enfant est heureux — liens affectifs positifs avec les spécialistes qui le soutiennent.				
3. Lui procurer les conditions qui répondent à ses besoins particuliers : programme adapté.				
4. Avoir une bonne relation avec les professionnels qui assurent une éducation de qualité à mon enfant.				
5. Savoir que les gens connaissent et tiennent compte des limites ou de la déficience de mon enfant.				
6. S'assurer que mon enfant développe son plein potentiel pour qu'il fonctionne bien dans son milieu.				
7. Faire en sorte que mon enfant vive harmonieusement avec ses proches, sa famille, son voisinage.				
8. Compter sur des spécialistes qui établiront les meilleurs programmes éducatifs pour mon enfant.				
9. Savoir que mon enfant, malgré sa déficience, est avant tout considéré comme les autres enfants.				
10. Recourir aux meilleurs services spécialisés qui répondent aux besoins de mon enfant.				
11. Faire en sorte que mon enfant s'adapte dans son milieu de vie, soit autonome et fasse des choix.				
12. S'assurer que mon enfant participe aux activités et fréquente les services de son milieu de vie.				
13. Savoir que mon enfant est respecté par les autres malgré sa différence ou sa déficience.				
14. S'assurer d'une bonne communication entre les personnes, c'est le gage d'une qualité éducative.				
15. Recourir aux services spécialisés pour que mon enfant puisse régler ou atténuer ses difficultés.				
16. Pouvoir s'engager et participer avec les autres professionnels à l'éducation de mon enfant.				

Pour l'interprétation des données de cette grille, se référer à la page 192.

L'ÉDUCATION INCLUSIVE POUR L'INTERVENANTE

Le personnel d'un service éducatif a une conception de l'éducation inclusive que différents facteurs influencent : culturels, contextuels et personnels. Ces facteurs aident à comprendre comment s'imprime le sens d'une communauté éducative inclusive. Dans une perspective de développement de pratiques éducatives inclusives, cette réflexion peut s'appuyer sur trois axes principaux (Moreau et Boudreault, 2002) :

- les valeurs : l'importance accordée, entre autres, au fait que les enfants du voisinage fréquentent son service éducatif ;
- les compétences professionnelles : habileté à planifier, à gérer et à contrôler les activités éducatives menant à la réussite de l'enfant ;
- les pratiques éducatives : programmes, interventions et évaluation.

Les valeurs et les priorités de l'intervenante

Le personnel du préscolaire joue un rôle de premier plan auprès de l'enfant. Ce statut privilégié confère à l'intervenante des fonctions similaires à celles des parents. Toutefois, elle ne peut pas prétendre se substituer à ces derniers

(Palacio-Quintin et Coderre, 1999). C'est dans la complémentarité, et non dans un esprit de compétition, que l'intervenante va poursuivre ce que les parents auront amorcé dans l'éducation de leur enfant.

À l'instar du parent, elle devra créer des liens d'attachement avec l'enfant et remplir des fonctions telles que répondre aux besoins individuels de l'enfant, le stimuler, le soutenir, lui assurer des conditions favorables à son développement, à ses apprentissages et à son autodétermination. Elle s'inspirera de **mesures adaptées** ou différenciées pour répondre aux besoins d'un enfant ayant des besoins particuliers, tout en évitant les situations ou les mesures qui mèneraient à l'exclusion.

MESURE ÉDUCATIVE ADAPTÉE Les mesures éducatives adaptées consistent à faire des ajustements ou à adapter les ressources pédagogiques existantes dans le milieu éducatif pour soutenir le développement et l'adaptation des enfants. Toutefois, il faut faire la différence entre les mesures éducatives « adaptées » et les mesures éducatives « spécialisées » qui, elles, impliquent des interventions personnalisées, sous la supervision et l'assistance d'une éducatrice spécialisée ou d'un autre spécialiste dans le domaine.

Nous possédons tous notre propre philosophie, nos propres valeurs. L'histoire personnelle de chacun explique, en grande partie, la diversité des conceptions éducatives. L'éducation inclusive nous amène à nous interroger, d'abord, sur nos valeurs personnelles et professionnelles. De plus, l'éducation inclusive suppose une évolution des pratiques et une conception des services éducatifs basée sur l'intégration de tous les enfants du milieu. En ce sens, elle sert de guide dans la réflexion, sans imposer ou dicter nécessairement des mesures ou des façons précises de faire. Elle suggère des principes qui orientent les pratiques éducatives.

Les compétences professionnelles

La formation que l'intervenante recevra en tant que professionnelle de l'éducation influence cette conception éducative. À ce titre, les programmes de formation intègrent de plus en plus certaines règles d'éthique professionnelle (MÉQ, 2001a) ou des **compétences** visées qui favorisent l'émergence d'une communauté éducative inclusive (Guralnick, 2001 ; Moreau, 2004 ; Stainback et Stainback, 1996).

COMPÉTENCE La notion de compétence réfère aux savoirs pratiques qui permet à la personne de se mobiliser et de coordonner une série de ressources variées (cognitives, affectives, sociales, contextuelles) pour traiter avec succès les différentes tâches que sollicite une situation donnée (Jonnaert, 2002 : 77).

Les compétences de l'intervenante favorisant l'émergence d'une communauté éducative inclusive sont :

- la pratique de l'altruisme : l'intérêt de l'enfant d'abord ;
- l'impartialité : éviter de favoriser une personne ou un groupe et prévenir les discriminations ;
- la collégialité : travailler en partenariat, coopérer ;
- le développement de son caractère humain : être sensible à la diversité sociale des enfants, garantir l'égalité des chances et éviter les stéréotypes et l'exclusion ;
- l'utilisation des stratégies pédagogiques adaptées ;
- le développement du sens de la communication ;
- la reconnaissance de son influence et la manière d'assumer son rôle auprès de l'enfant et des autres membres de la communauté éducative ;
- l'engagement dans un projet personnel ou dans un groupe de développement professionnel.

Les pratiques éducatives

L'éducation inclusive doit déterminer dans quelle mesure elle favorise, chez les autres enfants, l'apprentissage de la tolérance ou de l'acceptation des différences, le développement de l'esprit d'entraide et l'émergence de valeurs liées à l'égalité des chances et à la justice sociale.

Par ailleurs, l'éducation inclusive encourage l'intervenante à faire des choix éducatifs, à développer une communauté éducative qui s'appuie sur une vision et des objectifs communs. Pour réaliser sa mission, le service éducatif doit faire des choix de valeurs éducatives et développer des projets communs. La réussite de ces projets exige une dynamique de collaboration, de concertation et de partenariat entre tous les membres : parents, intervenantes et membres de la direction. L'éducation inclusive cherche à soutenir ces personnes dans l'éducation de tous les enfants y compris ceux ayant des besoins particuliers.

L'intervenante joue un rôle de premier plan auprès de tous les enfants de son milieu éducatif.

L'éducation inclusive pour l'intervenante, c'est...

- jouer un rôle de premier plan auprès de tous les enfants;
- accepter de changer ses pratiques de manière à favoriser l'intégration de tous les enfants de son milieu;
- maintenir une éthique professionnelle;
- s'efforcer d'offrir des services de qualité;
- se valoriser et être appréciée dans la pratique de sa profession;
- développer des compétences favorisant l'émergence d'une communauté éducative;
- créer et entretenir des liens favorisant la collaboration et le partenariat entre les membres de la communauté éducative;
- développer son autodétermination par des activités de développement professionnel.

Des outils pour l'intervenante

Les sections qui suivent proposent à l'intervenante des outils qui l'aideront à déterminer ses valeurs en tant qu'éducatrice ou enseignante (grille 2.2) et pour préciser ses valeurs éducatives (grille 2.3) par rapport à son groupe d'enfants et à son milieu. Ces exercices procurent des occasions de discuter avec ses collègues sur des aspects importants de leur pratique. Ils favorisent la participation avec les autres membres de la communauté éducative à l'élaboration d'une mission, d'un projet ou d'un plan d'intervention à l'égard d'un enfant ayant des besoins particuliers.

▪ UNE GRILLE REPRODUCTIBLE SE TROUVE À LA PAGE 193 ▪

Grille 2.2 Mes valeurs en tant qu'intervenante

Pour vous aider à découvrir les valeurs personnelles qui vous guident dans votre pratique, vous pouvez effectuer l'exercice suivant.

1. Écrivez les aspects qui reflètent vos valeurs en tant que personne, puis en tant qu'intervenante. Complétez brièvement les phrases. Par exemple : « Quand je pense aux enfants et à leur développement, c'est important qu'ils puissent... » *apprendre à communiquer* ou *apprendre à se faire des amis.*
2. Enfin, à partir de l'ensemble de vos énoncés, choisissez les cinq plus importants, l'énoncé le plus important étant placé en premier.

Valeurs personnelles et priorités (par ordre d'importance)

- Quand je pense à mon groupe d'**enfants** et au développement de chacun, c'est important pour moi que chaque enfant puisse...
- En tant qu'**adulte** qui veut se réaliser, c'est important pour moi que je puisse...
- En tant qu'**intervenante,** j'ai besoin...
- Au sein de mon milieu éducatif et en tant que **collègue** de travail, je souhaite...

Pour l'interprétation des données de cette grille, se référer à la page 193.

▪ UNE GRILLE REPRODUCTIBLE SE TROUVE À LA PAGE 194 ▪

Grille 2.3 Mon profil de valeurs éducatives en tant qu'intervenante

Lisez les affirmations suivantes et cochez la case qui correspond au degré d'importance que vous leur accordez. Puis, sélectionnez les cinq affirmations que vous jugez les plus importantes et indiquez leur ordre d'importance dans la colonne «choix», en les numérotant de 1 à 5, 1 étant la plus importante.

Affirmations	Importance			
	Peu	Assez	Très	Choix
1. Développer le plein potentiel de tous les enfants incluant ceux ayant une déficience.				
2. Soigner mes relations avec les parents et mes attitudes à leur égard pour établir, avec eux, une bonne communication et les rassurer.				
3. Établir une relation harmonieuse avec les parents afin de les rassurer et de leur donner une perception positive des services offerts à leur enfant.				
4. Offrir des services aux enfants ayant des besoins particuliers de sorte qu'ils reçoivent d'abord des services spécialisés ou adaptés.				
5. Favoriser le profond engagement des parents à différents niveaux : auprès de leur enfant et des milieux éducatifs.				
6. Susciter, par des programmes spécifiques, l'émergence de talents chez les enfants en créativité (arts), en communication, etc.				
7. Informer régulièrement les parents sur le développement de leur enfant.				
8. Développer des activités qui répondent aux besoins de tous les enfants de mon groupe afin de permettre à chacun de participer et de se développer selon son rythme.				
9. Diversifier et enrichir les activités avec mon groupe d'enfants en m'inspirant de leurs caractéristiques et de leurs différences.				
10. M'assurer, par mes activités, d'atténuer le retard ou les difficultés des enfants afin qu'ils aient les préalables nécessaires à l'entrée scolaire.				
11. Développer, avec les collègues et les parents, une relation de collaboration et de partenariat.				
12. Stimuler, ou du moins encourager, la participation des parents à la planification des services.				
13. Établir des relations positives avec l'enfant et avec les adultes.				
14. Regrouper les enfants selon leurs caractéristiques ou leurs besoins.				
15. Viser le développement de compétences sociales et adaptatives de tous les enfants de la communauté.				
16. Encourager les parents à fournir de l'information précise sur leur enfant et à suivre les conseils des spécialistes ou du personnel du service.				

Pour l'interprétation des données de cette grille, se référer à la page 194.

Ces grilles peuvent être adaptées au contexte de l'intervenante ou à celui de son groupe de travail. Le fait d'effectuer cet exercice en groupe permet entre autres de consolider les liens dans l'équipe. Ces grilles pourront être conservées pour des fins de discussion avec les collègues et pour élaborer avec eux des projets communs.

L'ÉDUCATION INCLUSIVE POUR LA DIRECTION

Pour la direction d'un milieu de garde ou d'un établissement préscolaire, l'éducation inclusive prend tout son sens lorsqu'elle choisit de jouer un rôle de leader dans son milieu et dans sa communauté, d'apporter son soutien à la réalisation et au développement d'un projet éducatif inclusif et de prendre part à une dynamique de collaboration.

L'éducation inclusive permet également à la direction de trouver des réponses quant :

- aux orientations concernant l'accueil des enfants ;
- au développement des ressources environnementales et humaines pour garantir un milieu éducatif de qualité à tous les enfants, avec ou sans besoins particuliers ;
- aux services particuliers à assurer et aux moyens nécessaires pour y parvenir.

Les valeurs et les priorités de la direction

L'éducation inclusive aide la direction à préciser la mission de son établissement dans la société. Or, un milieu éducatif « **proinclusif** » doit être ouvert et accueillir, dans la mesure du possible, tous les nouveaux enfants sans distinction. Il revient à la direction de s'acquitter de son rôle de leader auprès des instances décisionnelles : organismes de financement, différents paliers de gouvernement et autres instances telles que le conseil d'administration ou de l'établissement, afin que tous les enfants de la communauté puissent bénéficier de l'adhésion au principe d'ouverture. Pour y arriver, la direction doit afficher une position claire et savoir se montrer enthousiaste à défendre ce principe. D'un côté, elle doit connaître les besoins des parents et évaluer les ressources nécessaires pour y répondre. De l'autre, elle doit soutenir les efforts de son personnel et du conseil d'administration ou de l'établissement pour implanter les politiques et offrir des services de qualité. La direction devra faire preuve d'un bon jugement dans la concrétisation ou le respect de cette adhésion au principe d'ouverture.

PROINCLUSIF Expression qui réfère à un mode d'organisation dont les orientations pédagogiques intègrent des éléments favorisant le développement d'une communauté éducative inclusive.

Au préscolaire, la mise en place d'un milieu physique et humain adéquat dépend, en grande partie, de la volonté de la direction. Celle-ci doit avoir le souci de la qualité du service offert et veiller à la constitution du cadre physique devant accueillir les enfants et permettre au personnel de bien faire son travail. Ce soutien revient à assurer au personnel des conditions de travail respectueuses des exigences liées à l'accueil d'enfants ayant des besoins particuliers, à mettre en place un bon système de communication et à offrir des possibilités de formation continue pour mieux répondre aux besoins du milieu préscolaire.

Enfin, la direction devra entretenir la dynamique de collaboration entre les personnes-ressources de sa communauté et son personnel. Elle devra faire preuve de créativité et d'initiative dans le développement de mesures qui répondent aux besoins particuliers des enfants.

L'éducation inclusive permet à la direction de faire des choix éducatifs qui s'appuient sur une vision et des objectifs communs et de développer une communauté éducative. Pour remplir sa mission, le service éducatif en milieu de garde ou d'un établissement préscolaire, doit, dans la plupart des cas, ratifier les choix de valeurs éducatives soumis ou proposés par la direction et exécuter des projets qui les matérialisent (Moreau et Boudreault, 2002).

Un rappel

Une direction prônant l'éducation inclusive doit :

- bien s'acquitter de son rôle de leader dans son milieu et dans sa communauté ;
- soutenir les efforts de création d'un milieu éducatif inclusif de qualité ;
- assurer les conditions qui permettent à ses membres d'être valorisés et reconnus dans leur rôle.

L'éducation inclusive pour la direction, c'est...

- jouer un rôle de leader dans son milieu et sa communauté;
- favoriser l'adhésion de son personnel à des valeurs éducatives communes;
- entretenir une dynamique de collaboration dans son milieu;
- permettre l'établissement d'un lien solide entre son milieu éducatif, les parents et toute la communauté éducative.

Des outils pour la direction

L'éducation inclusive doit permettre aux membres de la direction d'actualiser leurs croyances et leurs efforts dans l'éducation des enfants. Pour se réaliser, ils doivent préciser les valeurs, les objectifs et les projets qu'ils considèrent comme les plus importants pour eux et pour leur milieu éducatif.

Les sections suivantes proposent des outils de réflexion sur les valeurs des membres de la direction (grille 2.4) et leur manière de préciser leurs choix éducatifs (grille 2.5). Ces exercices visent à susciter des discussions entre collègues sur des aspects importants de leur pratique. Tout comme ceux proposés précédemment à l'intervenante, ils favorisent la participation avec les autres membres de la communauté éducative à l'élaboration d'une mission, d'un projet ou d'un plan d'intervention pour un enfant ayant des besoins particuliers.

▪ UNE GRILLE REPRODUCTIBLE SE TROUVE À LA PAGE 195 ▪

Grille 2.4 Mes valeurs en tant que membre de la direction

Pour vous aider à découvrir les valeurs personnelles qui vous guident dans votre pratique, vous pouvez effectuer l'exercice suivant.

1. Identifiez les aspects qui reflètent vos valeurs en tant que personne et en tant que membre de la direction. Complétez les phrases en inscrivant vos priorités : « Quand je pense aux enfants et à leur développement, c'est important qu'ils puissent... » *apprendre à communiquer* ou *apprendre à se faire des amis.*
2. Choisissez parmi l'ensemble de vos réponses les cinq valeurs qui vous semblent les plus importantes (la première étant la plus importante).

Valeurs personnelles et priorités (par ordre d'importance)

- Quand je pense aux **enfants** et à leurs parents, c'est important pour moi qu'ils puissent...
- En tant qu'**adulte** qui veut se réaliser, c'est important pour moi que je puisse...
- En tant que **membre de la direction** en milieu préscolaire, j'ai besoin...
- Au sein de ma communauté élargie, en tant que **partenaire** de travail, je souhaite...

Pour l'interprétation des données de cette grille, se référer à la page 195.

▪ UNE GRILLE REPRODUCTIBLE SE TROUVE À LA PAGE 196 ▪

Grille 2.5 Mon profil de valeurs éducatives en tant que membre de la direction

Lisez les affirmations suivantes et cochez la case qui correspond au degré d'importance (peu, assez ou très) que vous leur accordez. Puis, sélectionnez les cinq affirmations que vous jugez les plus importantes et indiquez leur ordre d'importance dans la colonne « choix », en les numérotant de 1 à 5, 1 étant la plus importante.

Affirmations	**Importance**			
	Peu	**Assez**	**Très**	**Choix**
1. M'assurer que les enfants se développent et se sentent bien dans leur environnement éducatif.				
2. Offrir des services de qualité et mettre en place des services spécifiques tels que les arts, la créativité, la musique.				
3. Développer des relations de collaboration et de partenariat avec les parents.				
4. Démontrer ma capacité à prendre des décisions malgré les remises en question qu'elles entraînent.				
5. Créer une dynamique de partenariat avec les différents membres de ma communauté : enfants, parents, intervenantes, membres de la direction et partenaires.				
6. Assurer la qualité des services en insistant sur les relations avec les enfants et les parents.				
7. Voir à ce que les enfants soient regroupés selon leurs caractéristiques et leurs besoins.				
8. Susciter chez le personnel, chez les parents ou chez les membres de mon conseil d'administration une volonté de se doter d'une orientation éducative commune.				
9. Développer des relations de confiance avec les différentes intervenantes.				
10. Assurer des services de qualité par le développement d'un environnement éducatif riche : organisation physique et matérielle d'appoint.				
11. M'assurer que les enfants et le personnel ont le soutien nécessaire pour répondre aux divers problèmes qu'ils éprouvent.				
12. Développer des services qui correspondent aux besoins de tous les membres de la communauté : enfants, parents, intervenantes, membres de la direction et partenaires.				
13. Créer un climat qui permet au personnel d'avoir des projets ou des objectifs pédagogiques communs.				
14. Établir d'abord une bonne communication et des relations solides avec mon personnel.				
15. Viser à développer des services pour tous les enfants incluant ceux ayant des besoins particuliers.				
16. Expliquer clairement les orientations du service au personnel et aux parents.				

Pour l'interprétation des données de cette grille, se référer à la page 196.

Un rappel

Personne ne peut développer seule des pratiques éducatives inclusives. Ces pratiques doivent refléter la volonté d'un milieu et avoir fait l'objet d'un consensus dans la communauté éducative élargie.

L'ÉDUCATION INCLUSIVE POUR UNE COMMUNAUTÉ ÉDUCATIVE

Une communauté éducative qui adhère à l'éducation inclusive tente de répondre à plusieurs questions (Doré *et al.*, 1996; Friend et Bursuck 1999; Rousseau et Bélanger, 2004; Stainback et Stainback, 1996; Wade 2000; Winzer 1997). Pour y parvenir, les membres de cette communauté éducative auront adhéré à une philosophie commune qui tiendra compte de différents aspects:

- l'accueil des personnes de diverses origines et le respect de leurs différences individuelles et socioculturelles;
- le partage des objectifs ou des projets communs: une même philosophie et un même plan stratégique;
- l'acceptation de valeurs et de règles de vie communes;
- la concordance des valeurs avec les règles de vie;
- le développement de relations positives telles que la collaboration ou le partenariat au préscolaire;
- l'utilisation d'une **pédagogie proinclusive** qui rejoint les besoins des élèves;
- l'intégration des services éducatifs spécialisés aux services réguliers;
- la mise en place de services d'appuis complémentaires pour tous et qui atténuent ou éliminent toute forme d'exclusion;
- la disponibilité d'outils efficaces pour la planification, l'autorégulation et l'évaluation des services éducatifs: plans de services ou d'intervention et organisation des ressources de soutien;
- la valorisation du succès et de la réussite.

PÉDAGOGIE PROINCLUSIVE Approche et stratégies facilitant l'accueil et le soutien d'enfants ayant des besoins particuliers. Interventions dans des situations pédagogiques réelles intégrant des mesures spécifiques de soutien à un enfant ayant des besoins particuliers.

L'éducation inclusive ne concerne pas que les enfants ayant des besoins particuliers; c'est toute la collectivité, enfants et adultes, qui peut profiter de ses bienfaits. L'éducation inclusive réfère à différents aspects: l'idéologie de démocratie, la vocation du service, le projet éducatif, les ressources éducatives ou l'organisation des services, la pédagogie et les valeurs individuelles et collectives.

L'éducation inclusive est indissociable de l'une des valeurs fondamentales de notre société: la démocratie. La démocratie sous-entend la liberté individuelle, l'égalité dans la différence, le respect de l'autre, la coopération, la solidarité et la justice: l'éducation inclusive en découle. Pour le personnel des milieux éducatifs, l'éducation inclusive va de pair avec la volonté d'accueillir tous les enfants du milieu sans distinction.

Le personnel d'un service éducatif ne peut pas développer des pratiques éducatives d'inclusion qui ne sont pas reconnues et promues dans son milieu. La diversité socioculturelle des communautés et l'accueil d'enfants ayant des besoins particuliers ont été des composantes favorables au développement de pratiques éducatives inclusives. En fait, c'est grâce à cette nouvelle réalité que les professionnels de l'éducation et de la santé ont pu réfléchir aux pratiques de l'éducation inclusive.

À propos...

La Déclaration des droits de l'enfant de l'Organisation des Nations Unies précise que tous les enfants ont besoin :

- d'être libres de toute discrimination;
- de se développer physiquement et moralement en toute liberté et dignité;
- de recevoir des traitements particuliers pour leur déficience;
- de recevoir une éducation et développer leurs habiletés;
- d'être soutenus par l'amitié des gens qui les entourent.

Les services éducatifs ouverts favorisent la participation de différentes ressources du milieu : humaines, pédagogiques, financières et matérielles, afin de garantir une meilleure qualité des services et la pleine satisfaction de la clientèle. Cela suppose le soutien et tous les efforts du personnel en vue d'offrir des services de qualité et favoriser l'intégration sociale. Ces services professionnels sont indispensables, particulièrement lorsque l'enfant est aux prises avec un grand nombre de besoins. Sans ces services, les besoins de l'enfant seront ignorés et l'inclusion pourra être compromise.

Les services éducatifs qui privilégient une pédagogie centrée sur l'enfant, une pédagogie interactive, une pédagogie de coopération, une pédagogie différenciée ou une pédagogie adaptée favorisent le développement de pratiques éducatives de qualité. Ces différentes approches pédagogiques sont les principales assises de l'éducation inclusive. Elles permettent le développement de communautés éducatives inclusives.

L'éducation inclusive pour une communauté éducative, c'est…

- accueillir tous les enfants ;
- développer des programmes et des services pour tous les enfants du voisinage ;
- instituer des pratiques éducatives de collaboration, de partenariat et de soutien ;
- réaliser des projets éducatifs novateurs et stimulants qui rallient ses membres ;
- s'inspirer de pratiques pédagogiques différenciées : apprentissage coopératif, projets d'individualisation, d'adaptation et d'ouverture sur le monde ;
- assurer un soutien tant à l'enfant ayant des besoins particuliers qu'aux autres membres de la communauté : parents, intervenantes et gestionnaires ;
- valoriser la réussite.

À propos…

La pédagogie interactive, la pédagogie de coopération, la pédagogie différenciée et la pédagogie adaptée font appel à des moyens et procédés qui permettent de concevoir et de planifier des interventions personnalisées qui favorisent le développement des aptitudes, des compétences, des savoir-faire spécifiques des enfants en général.

La pédagogie différenciée, ou pédagogie adaptée, s'intéresse plus spécifiquement aux procédés qui permettent de tenir compte des différences individuelles dans une pédagogie de groupes hétérogènes (groupe régulier incluant des enfants ayant des besoins particuliers). Ce modèle intègre des dispositifs et des conditions éducatives qui favorisent l'inclusion de l'enfant ayant des besoins particuliers en planifiant des services et des interventions qui respectent ses différences.

En conclusion

Un bref parcours historique aura permis de suivre l'évolution de la société à l'égard des enfants ayant des besoins particuliers. Jusqu'à la Seconde Guerre mondiale, il faut parler de période d'exclusion ou d'isolement. Par contre, depuis, on a assisté à des efforts sans cesse renouvelés pour améliorer les approches. De l'exclusion, on est passé à la période de l'intégration sociale. Aujourd'hui, on prône le développement du plein potentiel de tous les enfants dans leur milieu de vie, y compris ceux ayant des besoins particuliers, c'est-à-dire, ceux qui vivent avec une déficience. Nous sommes à l'ère de l'éducation inclusive.

L'éducation inclusive, grâce à son caractère dynamique, rend compte de cette adaptation, de cette nouvelle modulation de la société. L'éducation inclusive étant l'affaire de tous, l'adhérence et la participation de tous les membres de la communauté éducative est essentielle.

Questions d'appropriation

1. Faites un rappel des périodes qui ont marqué l'évolution des services dont pouvaient profiter les enfants ayant une déficience au cours des cinq dernières décennies. Quel type de services ont caractérisé chacune de ces périodes ? Quelles conséquences positives et négatives ont eu ces services sur les enfants ? Dressez un tableau qui résume ces éléments.

2. Si vous ne vous sentez pas à l'aise lorsque vous êtes en présence d'un enfant ayant des besoins particuliers, que pouvez-vous faire pour dissiper votre malaise ou le dépasser ?

3. Vous aimeriez que votre milieu de travail partage votre perception de l'éducation principalement lorsqu'il s'agit d'enfants ayant des besoins particuliers. Que pouvez-vous faire pour améliorer ou transformer cette situation ?

4. Vous aimeriez que vos collègues de travail accueillent avec plus d'intérêt ou d'enthousiasme les demandes venant du parent d'un enfant ayant des besoins particuliers. Vous aimeriez savoir ce que pensent vos collègues de ces enfants. Que pouvez-vous faire pour mieux les connaître ?

Pour aller plus loin

Voici des références qui vous permettront d'approfondir vos connaissances ou d'aller plus loin dans votre réflexion.

Livres

Irwin, S. H. (1994). *Le livre de trait d'union : les étapes de l'intégration en services de garde*, Wreck Cove, Breton Books.

Winzer, M. (1997). *Special education in early childhood: an inclusive approach*, Scarborough, Prentice Hall/Allyn & Bacon Canada.

Articles

Kelly, J. F. et C. L. Booth (1999). « Child care for infants with special needs: issues and applications », *Infants and young children, 12*, 26-33.

Seery, M. E. (2000). « Seeing eye-to-eye: are parents and professionals in agreement about the benefits of preschool Inclusion ? », *Remedial and special education, 21*, 268-278.

Stafford, S. H. (1996). « Preschool integration: strategies for teachers », *Childhood education, 72*, 214-218.

Sites Internet

Association canadienne pour l'intégration communautaire
www.cacl.ca/french/

Francœur, S. C. À la découverte de nos enfants extraordinaires
http://pages.infinit.net/touze/

Vidéos

McAllister, A., M. Lapierre et L. Hamel (1997). *Apprendre ensemble… à l'école du quartier. Des stratégies de soutien à l'inclusion. Partie 1*, Blainville, Fondation Le Verdier.

McAllister, A., M. Lapierre et L. Hamel (1997). *Apprendre ensemble… à l'école du quartier. Des stratégies de soutien à l'inclusion. Partie 2*, Blainville, Fondation Le Verdier.

Chapitre 3

L'accueil de l'enfant ayant des besoins particuliers

Objectifs

La lecture de ce chapitre vous permettra :

- de favoriser l'adhésion de tous les membres de la communauté éducative à la philosophie de l'inclusion ;
- de vous sensibiliser à votre rôle dans la promotion de l'éducation inclusive ;
- de développer des stratégies en vue d'assurer des conditions favorables à l'accueil de l'enfant ayant des besoins particuliers ;
- de comprendre les motivations du parent dans le choix d'un service éducatif au préscolaire.

Un service éducatif de qualité offre des conditions stimulantes d'interactions sociales à tous les enfants.

Nous sommes maintenant loin de l'époque dite d'exclusion. L'enfant ayant des besoins particuliers doit sortir du cadre familial très tôt. Les conditions liées à son développement et à tous ses besoins, qu'ils soient physiques, affectifs, sociaux, d'ordre intellectuel ou sécuritaire, le placent rapidement en situation de parité avec d'autres enfants de son âge. Quoi de plus indiqué, dans ce cas, qu'un service éducatif qui offre des conditions stimulantes d'interactions sociales. À condition que son personnel ait adhéré à la philosophie d'inclusion, qu'il se soucie de l'accueil qu'il réserve aux parents d'un enfant ayant des besoins particuliers et qu'il tienne compte de leurs besoins. Ce chapitre aborde donc, en premier lieu, l'importance pour une communauté éducative d'adhérer à la philosophie d'inclusion et en précise les modalités d'application. Il importe d'en tenir compte pour que cette adhésion respecte le rythme d'adaptation de chacun des membres et que les stratégies mises en place répondent à leurs attentes.

En deuxième lieu, ce chapitre propose une démarche en vue d'établir des structures d'accueil qui correspondent aux besoins du milieu. Les dispositions mises sur pied pour accueillir les enfants s'avèrent déterminantes pour les parents en quête d'un service éducatif. Les résultats d'études sur l'intégration des enfants au préscolaire révèlent que les premiers contacts et l'accueil que réserve le personnel à l'enfant et à ses parents constituent le premier facteur d'influence sur le choix des parents (Boudreault et Moreau, 2002). Comprendre les motivations des parents dans le choix d'un service éducatif et offrir un accueil de qualité à tous les enfants est donc un objectif primordial. Ainsi, une attention toute spéciale est accordée à l'entrée au préscolaire : du premier appel du parent jusqu'à l'accueil de l'enfant. Des stratégies sont proposées afin de faciliter le travail des intervenantes, l'éducatrice à l'enfance, l'éducatrice spécialisée ou l'enseignante, de même que la direction, en milieu de garde ou en éducation à l'enfance, en vue d'assurer les conditions favorables à l'accueil des enfants ayant des besoins particuliers.

L'adhésion à la philosophie de l'éducation inclusive et l'établissement d'un véritable partenariat entre parents et intervenantes sont présentés comme des conditions essentielles à la réussite de l'inclusion.

L'ADHÉSION À LA PHILOSOPHIE DE L'ÉDUCATION INCLUSIVE

L'intervenante au préscolaire, tout comme la direction, est une personne clé dans le succès de l'implantation de l'éducation inclusive dans son milieu. Elle est, en effet, la personne qui travaillera avec les enfants ayant des besoins particuliers et collaborera avec leurs parents. Ses attitudes, ses valeurs et ses croyances influeront sur les actions et sur les interventions qu'elle mettra en œuvre pour l'adaptation de ces enfants. De plus, elle ne doit pas oublier qu'aux yeux des enfants et de leurs parents elle est un modèle dont ils ne manqueront pas d'étudier les réactions et les comportements.

Lorsqu'il est question d'accueillir un enfant ayant des besoins particuliers dans un service éducatif, des intervenantes, des membres de la direction ou des parents peuvent manifester des réticences. Il est tout à fait normal que cette situation engendre des discussions et des questionnements. Les intervenantes sont généralement préoccupées par les répercussions qu'aura la fréquentation d'un tel enfant sur les autres enfants ou sur leur travail. Parfois, l'intervenante, ou un membre de la direction, se sentira mal à l'aise de travailler avec un enfant différent. C'est pourquoi il importe de réfléchir aux implications que comporte l'accueil d'enfants ayant des besoins particuliers:

- Quel sera le rôle de l'intervenante dans la promotion de l'éducation inclusive?
- Quelle réflexion sera amorcée dans son service en vue d'adopter des structures qui favorisent l'adhésion à l'inclusion de tous les enfants du milieu? Qu'en est-il pour le personnel en poste? Quelles sont les ressources humaines et matérielles à prévoir?
- De quelle manière l'inclusion influencera-t-elle ses pratiques actuelles et, plus particulièrement, en ce qui a trait à l'accueil?
- Quelle sera le rôle et les responsabilités de chacun?
- De quelle manière pourra-t-elle amener ses collègues et la direction à travailler sur ce type de projet éducatif tout en respectant le rythme d'adaptation de chacun? De quelle manière organisera-t-elle le travail auprès des enfants ayant des besoins particuliers?

Certains travaux, dont ceux dans Rousseau et Bélanger (2004), font la synthèse des recherches en éducation inclusive. Ces auteurs mettent en valeur les différentes dimensions impliquées dans une démarche inclusive, qu'il s'agisse des aspects politiques, socio-organisationnels, psychopédagogiques ou pédagogiques. L'un des constats de ces travaux est que l'éducation inclusive impose des changements de pratiques dans les milieux éducatifs. Pour y arriver, il importe que les partenaires à l'inclusion connaissent le rôle qu'ils auront à jouer dans la promotion de l'éducation inclusive dans leur milieu, tel que démontré dans le tableau 3.1 à la page suivante.

Préconiser une orientation claire

C'est habituellement le rôle de la direction de susciter la réflexion de son personnel et des membres du conseil d'administration ou d'établissement sur l'éducation inclusive. Parfois, cette réflexion se révèle nécessaire à la suite de l'inscription d'un enfant ayant des besoins particuliers, mais elle peut découler également de la volonté ou de la nécessité de se doter d'une politique qui tient compte de cette clientèle. Toutes les personnes concernées par cette décision doivent alors participer activement aux prises de décision et à la mise en place des procédures. Cependant, cette réflexion n'est possible que s'il règne un esprit de partenariat dans le milieu de travail qui tient compte des préoccupations et des attentes de chacun.

À propos...

Les chercheurs (Moreau, Maltais, Herry, 2004) reconnaissent que l'une des stratégies efficaces pour faire connaître les valeurs et les orientations d'un service éducatif est de les afficher clairement. Il peut s'agir d'une mention dans son dépliant ou de l'installation d'une banderole à l'entrée, par exemple.

Une direction convaincue du bienfait de l'éducation inclusive doit s'assurer que tout son personnel et tous les membres de la communauté éducative partagent les mêmes valeurs en matière d'inclusion, peu importe le contexte.

L'intervenante doit également être convaincue que les enfants, pour se développer, doivent tous bénéficier de l'environnement le plus naturel et le plus favorable possible. En partageant ses valeurs et ses opinions sur la question de l'éducation inclusive avec les personnes avec lesquelles elle travaille, elle les invite de manière implicite à adopter, elles aussi, une position semblable. En effet, le fait de prôner des valeurs basées sur la compréhension, la tolérance et la diversité oriente les réflexions et les interventions de chacune vers une philosophie d'acceptation des différences. Son attitude et son engagement à mettre en pratique une telle philosophie pourront avoir un effet d'entraînement.

Tableau 3.1 Les responsabilités dans la promotion de l'éducation inclusive et son adhésion

Rôle	Responsabilités
La direction	▪ Favoriser une ambiance de travail réceptive à la philosophie de l'inclusion ▪ Préconiser une orientation claire ▪ Adopter la philosophie de l'inclusion et mettre en place les structures pour la soutenir ▪ Partager ses valeurs et opinions sur la question de l'inclusion ▪ Actualiser le partenariat dans son service ▪ Favoriser un consensus sur les valeurs à promouvoir dans son service ▪ Faire preuve de souplesse dans l'organisation du travail pour tenir compte des besoins de son personnel ▪ Évaluer et maximiser les ressources humaines et matérielles ▪ Prévoir des mesures de soutien pour le personnel ▪ Encourager la collaboration avec les professionnels externes ▪ Diffuser la politique d'inclusion de son service éducatif
L'intervenante	▪ Participer activement aux décisions ▪ Partager ses valeurs et opinions sur la question de l'inclusion ▪ Adopter la philosophie de l'inclusion et participer à la mise en place des structures pour la soutenir ▪ Travailler en collaboration et encourager le partenariat ▪ Tenir compte des besoins exprimés par les parents pour leur enfant ▪ Rassurer les parents qui expriment des inquiétudes ▪ Évaluer les besoins en ressources humaines et matérielles et en faire part à la direction
Les parents	▪ Participer activement aux décisions ▪ Partager leurs valeurs et opinions sur la question de l'inclusion ▪ Appuyer la politique d'inclusion du service éducatif ▪ Exprimer clairement leurs besoins et leurs attentes ▪ Travailler en collaboration et encourager le partenariat
Les membres du conseil d'administration ou d'établissement	▪ Participer activement aux décisions ▪ Appuyer la politique d'inclusion ▪ Adopter un style de gestion qui favorise une politique d'inclusion

Toutefois, les membres du personnel n'adopteront probablement pas tous au même rythme et de la même manière la philosophie d'inclusion. Il faudra prévoir une structure de travail qui offre une certaine souplesse et permet à tous d'adapter graduellement leurs pratiques à cette nouvelle réalité. Même si tout le personnel adopte la philosophie d'inclusion, il se peut, par exemple, qu'une intervenante souhaite ne pas être affectée directement aux enfants ayant des besoins particuliers. L'organisation du travail devrait permettre de tenir compte de tels besoins exprimés par le personnel. Lorsque tous les membres du personnel mettent l'accent sur la collaboration et le partenariat, il est davantage possible de respecter les besoins de chacun.

Quant à la direction, elle doit bien connaître les politiques du ministère responsable des services de garde et de l'éducation au préscolaire et savoir où trouver les ressources nécessaires. Cela lui permettra de rassurer à la fois les parents et son personnel. Il peut être utile de vérifier l'existence d'entente entre certains organismes et son service pour obtenir des ressources matérielles et humaines indispensables à une bonne adaptation d'un enfant. Par ailleurs, la connaissance des milieux éducatifs qui vivent l'éducation inclusive avec succès, jumelée à une capacité de transmettre ces expériences positives à des collègues, peut créer, chez elles, le désir d'accueillir des enfants ayant des besoins particuliers. En prenant en considération tous ces aspects, il devient plus facile de faire valoir les avantages d'accueillir des enfants ayant des besoins particuliers. À titre de rappel, plusieurs recherches décrivent les impacts positifs d'une éducation inclusive (tableau 3.2). L'étude de Vienneau (2004) souligne entre autres que l'inclusion des enfants ayant des besoins particuliers n'a aucun effet négatif pour les autres enfants.

L'éducation inclusive doit susciter une réflexion commune avec tous les membres de la communauté éducative.

Tableau 3.2 Les avantages d'accueillir des enfants ayant des besoins particuliers en services éducatifs réguliers (inspiré de : Vienneau, 2004)

Groupes cibles	Avantages sur...
Enfant ayant des besoins particuliers	▪ les apprentissages en général ▪ les conduites et habiletés sociales ▪ le réseau de soutien des pairs, les relations d'amitié
Pairs — autres enfants	▪ le développement d'attitudes de tolérance et d'entraide chez les pairs ▪ la connaissance des enfants différents
Intervenantes	▪ le développement professionnel et personnel — habileté réflexive, fierté et satisfaction personnelle ▪ le changement de pratiques éducatives — stratégies d'individualisation, activités de coopération, etc.

Somme toute, puisque l'éducation inclusive ne peut se réaliser sans la collaboration du personnel, des parents et des membres du conseil d'administration ou d'établissement, tous les moyens doivent être mis en place pour susciter une réflexion commune. L'un des moyens efficaces consiste à actualiser l'esprit de partenariat dans son équipe.

Actualiser le travail en partenariat pour favoriser l'adhésion

Au préscolaire, le concept de communauté éducative fait appel à la contribution de tous (enfants, parents, intervenantes, autres professionnels de la santé et de l'éducation, etc.) ainsi qu'à toutes les idées et à tous les moyens nécessaires pour assurer l'éducation des enfants ayant des besoins particuliers.

Attention !

La dimension du partenariat est davantage développée au chapitre 7, à la page 171. Ce chapitre propose également des stratégies pour favoriser une dynamique de partenariat dans votre milieu.

Attention !

La grille 4.4, à la page 100, qui permet d'évaluer la dynamique de collaboration et de partenariat entre les participants lors de l'établissement d'un plan d'intervention, peut servir de piste d'exploration pour actualiser le partenariat dans votre milieu.

Le partenariat exige du temps pour discuter des actions éducatives, pour les comprendre et pour les adapter. Les résultats se font sentir davantage à moyen terme et à long terme. Le développement de relations de partenariat doit être perçu comme un processus en évolution. Le rôle de l'intervenante consiste à participer aux rencontres organisées par son service avec une ouverture d'esprit et un désir d'échanger avec ses collègues et les membres du conseil d'administration ou d'établissement sur les sujets à l'ordre du jour.

La démarche suivante pourrait permettre d'actualiser le partenariat dans son milieu :

- solliciter la participation de toutes les personnes qui œuvrent auprès de l'enfant avant de prendre des décisions ;
- présenter son point de vue et écouter le point de vue des autres participants ;
- examiner ou analyser les propositions des autres participants ;
- soulever les problèmes à résoudre ou suggérer des thèmes de discussion ;
- formuler des propositions et indiquer celles qui font consensus ;
- évaluer son degré de satisfaction par rapport aux discussions ;
- participer à la réévaluation des actions communes et individuelles.

Reconnaître les valeurs dominantes dans son milieu

Le projet éducatif d'un établissement préscolaire est en général bien défini. Il comprend les valeurs et les idéaux vers lesquels tendent les actions et les interventions des professionnels qui œuvrent auprès des enfants. Cependant, lorsqu'il s'agit d'élargir le cadre pour y inclure l'accueil des enfants ayant des besoins particuliers, une réflexion sur les valeurs personnelles et communes est nécessaire afin de décrire et préciser les actions éducatives qui en découleront.

Cette réflexion doit être planifiée sous la forme de rencontres et d'ateliers prévus au calendrier. Les rencontres et les ateliers auront pour but de promouvoir la communication et l'échange d'idées. Graduellement, ce processus pourra amener toutes les personnes liées au service éducatif à accepter que les enfants ayant des besoins particuliers fréquentent l'établissement, dans le cas où l'expérience n'a jamais été tentée, ou encore à renouveler l'expérience, si la précédente a été quelque peu décevante. La direction pourra choisir d'amorcer cette réflexion avec le personnel d'abord et avec les membres du conseil d'administration ou d'établissement ensuite. La direction peut préférer amorcer la réflexion avec toutes ces personnes à la fois.

Un consensus sur un certain nombre de valeurs favorise la collaboration du personnel à ce type de projet éducatif. En effet, une fois les valeurs communes identifiées, elles peuvent être intégrées au programme éducatif. Toutefois, si les membres du personnel et du conseil d'administration ou d'établissement ont des réserves sur l'éducation inclusive, il faudra mettre en place des moyens pour les amener à adopter ces valeurs. Le tableau 3.3, à la page suivante, présente divers moyens pour arriver à un consensus sur les valeurs à promouvoir dans votre milieu éducatif.

Tableau 3.3 Moyens pour favoriser un consensus sur les valeurs à promouvoir dans son milieu

Moyens	Suggestions
Organiser des ateliers de formation	▪ La présentation de documents audiovisuels sur le sujet suivie de discussions, formelles ou informelles.
Inviter une personne à partager son expérience en éducation inclusive	▪ Une directrice, une intervenante ou un parent vient partager son expérience. Une expérience vécue positivement élimine des craintes et a une influence favorable sur l'appréhension ou la perception de difficultés et sur le changement d'attitudes.
Proposer des mises en situation ou jeux de rôles	▪ La présentation du jeu « Si j'étais à ta place ». Pour ce faire, regrouper les participants en équipes de deux ou de trois personnes et leur demander de réagir à diverses situations selon le point de vue d'une personne touchée par l'accueil d'un enfant ayant des besoins particuliers. Un membre de chaque équipe pige une carte pour connaître le rôle qu'il aura à jouer. Pour chaque équipe, la directrice choisit une situation au hasard : 1. Le parent dont l'enfant a des besoins particuliers souhaite trouver le plus rapidement possible une solution viable. Il veut inscrire son enfant au préscolaire, mais plusieurs établissements ont déjà refusé de l'accueillir. Il vous demande de l'accepter dans votre service. Quelle sera votre réponse ? 2. Votre établissement a accepté un enfant qui a de la difficulté à se déplacer. Un parent informe l'intervenante de son refus de laisser son enfant dans un groupe où se trouve cet enfant atteint d'une déficience physique. Quelle sera votre réaction ? À la fin du jeu de rôles, les participants sont invités à discuter de la situation proposée. Ce jeu permet de se projeter dans l'autre personne et d'imaginer ce qu'elle vit.

Les valeurs guident nos actions, le plus souvent, sans que nous en soyons conscients. Prendre le temps de les reconnaître et d'observer celles qui prédominent peut représenter pour l'intervenante un réel défi. Il existe toutefois des activités qui sont conçues pour l'aider à effectuer ce travail de reconnaissance. Par exemple, la directrice peut inviter son personnel et les membres du conseil d'administration à participer à un atelier. Cet atelier aura pour but d'examiner les attitudes et les positions des participants à l'égard de l'éducation inclusive et tout ce que cela comporte. Cette rencontre pourra se répartir en trois temps ou occasionner plusieurs mini-rencontres. Le but recherché est de préciser quelles sont les valeurs les plus importantes pour les participants. L'exercice proposé par Sylvie, directrice d'un centre de la petite enfance, à la page 52, illustre bien cette démarche.

Cependant, tous doivent accepter que les changements d'attitudes se produisent graduellement. Travailler en partenariat avec les personnes de son milieu ainsi que privilégier la communication, les échanges d'idées et le respect des partenaires contribueront à l'émergence de valeurs communes.

À propos...

Le programme ÉcoCPE (voir « Pour aller plus loin », à la page 68) propose une démarche pour animer ce type de rencontres.

Un exercice pour reconnaître les valeurs qui guident vos actions

Sylvie, la directrice d'un centre de la petite enfance, commence par présenter aux participants des témoignages écrits illustrant diverses situations, par exemple, le commentaire d'un parent qui explique pourquoi il désire que son enfant ayant des besoins particuliers fréquente le service. Il peut s'agir aussi des hésitations d'une intervenante à l'idée d'accueillir ce type d'enfants. Après la lecture d'un de ces témoignages, Sylvie demande à chaque participant d'écrire ce qu'il pense de la venue d'un enfant ayant des besoins particuliers dans le milieu.

Il est important de préciser qu'il n'y a pas de bonnes ou de mauvaises réponses puisqu'il s'agit d'un processus de réflexion. Voici quelques exemples de questions qui pourraient être posées :

- Quelles sont vos réactions ?
- Quelles sont vos craintes ?
- Quels sont les avantages pour l'enfant ?
- Quels sont les avantages pour le parent ?
- Quels sont les avantages pour les autres enfants ? Les inconvénients ?
- Quels sont les avantages pour les intervenantes ? Les inconvénients ?
- En tant qu'intervenante, êtes-vous prête à accepter un enfant ayant des besoins particuliers ? Pourquoi ?

Ensuite, Sylvie invite les participants à faire part de leur réflexion au groupe. Elle prend en note les principaux mots clés et demande à chacun de les classer par catégories. Ces catégories peuvent être des émotions ou des conduites. Ensuite, elle demande aux participants de numéroter tous les mots clés par ordre d'importance. Par exemple, dans la catégorie des émotions, quelle est l'émotion la plus fréquemment exprimée par les participants ? la deuxième ? et les suivantes ? Cet exercice permet non seulement d'aborder les questions, mais aussi de discuter de leur importance. À la suite de cette prise de conscience, Sylvie invite les participants à s'exprimer sur les avantages et les inconvénients de l'accueil d'un enfant ayant des besoins particuliers et à en dresser un tableau.

Accueil d'un enfant ayant des besoins particuliers			
	Avantages	**Inconvénients**	**Comment pallier ces inconvénients**
Pour l'enfant à besoins particuliers			
Pour les parents de cet enfant			
Pour les autres enfants			
Pour les parents des autres enfants			
Pour le personnel au préscolaire			
Pour le service éducatif			

Une fois ces points précisés et les valeurs et attitudes personnelles mises en évidence, Sylvie convie les participants à aborder les valeurs à privilégier dans le service. Elle suggère un exercice qui permet aux participants de s'approprier des valeurs communes. Pour ce faire :

- elle écrit toutes les suggestions des participants sans les discuter ;
- elle prévoit un temps de discussion pour reconnaître les valeurs qui font l'unanimité ;
- elle amène les participants à les classer par ordre d'importance.

Voici les valeurs reconnues par le service éducatif :

- accueillir tous les enfants de la communauté avec et sans besoins particuliers ;
- répondre aux besoins de chaque enfant ;
- fournir une intervention de qualité ;
- développer le potentiel de l'enfant dans tous les domaines ;
- favoriser la collaboration entre les intervenantes, les parents et les autres professionnels de la communauté pour le mieux-être de tous les enfants.

Évaluer et maximiser les ressources matérielles et humaines

L'accueil d'un enfant ayant des besoins particuliers dans un service préscolaire est souvent perçu comme une décision entraînant de multiples complications. Le personnel croit souvent que sa présence nécessite l'acquisition de matériel coûteux et sophistiqué et que les personnes responsables de cet enfant doivent avoir une formation spécialisée. Ce n'est pas toujours le cas. Certains enfants, comme ceux qui souffrent du syndrome de Down, ou encore ceux qui sont atteints d'une déficience intellectuelle légère, ne requièrent généralement que des adaptations mineures.

Le rôle de l'intervenante consiste donc à évaluer, avec la direction, les ressources matérielles et humaines disponibles avant d'accepter un enfant ayant des besoins particuliers. Il s'agit, entre autres, de définir les changements physiques et organisationnels que cela entraînera. Il est indéniable que la disponibilité des ressources matérielles et le soutien aux intervenantes faciliteront grandement l'intégration des enfants.

Les ressources humaines

Les ressources humaines nécessaires à l'intégration d'un enfant ayant des besoins particuliers vont dépendre en partie des besoins de l'enfant. Il est possible que ces ressources soient disponibles ou suffisantes dans son milieu pour accueillir cet enfant. Quoi qu'il en soit, le rôle de la direction consiste à fournir à son personnel l'information ou la formation pour l'aider dans son travail, le soutenir dans ses interventions, l'encourager, lui offrir son aide ou embaucher du personnel supplémentaire ou spécialisé pour favoriser l'intégration de l'enfant.

Les ressources matérielles

Si l'enfant a besoin d'accessoires liés à sa déficience, il revient à la direction d'entreprendre les démarches pour les obtenir. Souvent les parents ou les organismes gouvernementaux peuvent fournir de l'information sur la façon de se procurer les articles en question. Il arrive aussi que les intervenantes trouvent des moyens pour adapter le matériel ou les installations déjà en place de manière à combler les besoins particuliers de l'enfant.

Prévoir des mesures de soutien pour le personnel

Quelles seraient les mesures de soutien vraiment efficaces pour aider les intervenantes? L'information et la formation sont souvent des moyens indispensables, mais elles pourraient aussi être offertes aux parents intéressés. Il faut par ailleurs souligner l'appui que les professionnels externes peuvent apporter au personnel des services préscolaires.

L'information

L'information est primordiale lorsque des intervenantes se trouvent dans de nouvelles situations. Lorsqu'elles ont à s'occuper d'un enfant atteint d'une déficience, elles doivent pouvoir trouver rapidement tout ce qui est susceptible de les aider. En effet, une personne bien informée se sentira probablement plus compétente et plus apte à intervenir de façon appropriée; elle développera des habiletés particulières qu'elle pourra partager ensuite dans son milieu.

La formation

La formation des intervenantes reste un des moyens les plus susceptibles d'assurer le succès de l'éducation inclusive. En effet, des recherches montrent que des intervenantes formées adéquatement exercent une influence favorable sur le développement de tous les enfants. Une meilleure formation accroît leur capacité à développer une relation positive avec les enfants et à leur fournir des activités de qualité (Moreau, Maltais et Herry, 2004; Moreau *et al.*, 2004).

Le rôle de la direction est donc de faciliter le perfectionnement de son personnel, tel que suggéré dans le tableau suivant.

Tableau 3.4 Différentes manières d'assurer la formation du personnel

Moyens	Suggestions
Formation réciproque	Encourager une intervenante spécialisée à former les autres intervenantes du service.
Expertise d'une collègue externe	Inviter une intervenante d'un autre service qui possède une expertise à animer une formation.
Formation avec d'autres services préscolaires	Organiser, avec d'autres services préscolaires, des formations conçues pour les besoins du personnel. Les discussions entre collègues assurent l'intégration des connaissances et le partage de stratégies. À titre d'exemple, une discussion sur les étapes du deuil aide les intervenantes à comprendre les comportements des parents d'un enfant ayant une déficience.
Stage en milieu de travail	Participer à un stage d'observation dans un milieu de garde ou un service éducatif où l'on intègre des enfants ayant des besoins particuliers.
Partage d'expertise avec les gens du milieu	Encourager tous les membres de la communauté éducative à partager leurs connaissances avec les intervenantes et les parents. Par exemple, l'orthophoniste peut donner une formation sur le développement du langage. Comme autre exemple, un parent ayant une expérience dans un domaine touchant la petite enfance peut animer un atelier sur un problème vécu par des enfants fréquentant le service.
Participation du personnel à l'élaboration des besoins de formation	Inviter les intervenantes à suggérer des sujets de formation qui les intéressent, par exemple la modification du comportement, les enfants hyperactifs, etc.
Transfert d'expertise entre stagiaires et praticiens	Accueillir des stagiaires en formation afin que les intervenantes puissent leur offrir leur expertise et bénéficier en retour des connaissances des stagiaires. Cela permet par ailleurs à la direction de constituer une liste de personnes-ressources pouvant effectuer des remplacements.
Collaboration des parents	Proposer aux parents de participer à des formations offertes dans leur milieu. Le fait d'enrichir leurs connaissances les incite à collaborer plus étroitement avec les services éducatifs.
Participation à des congrès et à des colloques	Faciliter la participation des intervenantes aux différentes formations offertes : congrès, colloques, etc.

Encourager la collaboration avec les professionnels externes

Les professionnels externes, éducatrice spécialisée, orthophoniste, ergothérapeute, physiothérapeute, psychologue, travailleur social par exemple, peuvent fournir de l'information et contribuer à la formation des intervenantes. Ils peuvent aussi apporter leur aide lorsque les limitations ou déficiences d'un enfant sont peu connues ou requièrent des interventions particulières.

Certaines situations peuvent nécessiter la collaboration de professionnels externes, en particulier lorsque l'intervenante doit :

- comprendre les impacts de la déficience sur le développement de l'enfant et ses apprentissages;

- être informée des moyens à utiliser dans le cas d'un enfant ayant une déficience nécessitant un traitement plus spécifique;
- obtenir un soutien ponctuel, individuel ou en petit groupe;
- obtenir des ressources sur des activités pédagogiques adaptées à une déficience: grilles d'observation, stratégies d'intervention adaptées au style d'apprentissage et aux besoins de l'enfant;
- échanger sur des problématiques persistantes;
- demander la participation du professionnel externe au plan d'intervention.

Le rôle de la direction est de favoriser une bonne collaboration avec les professionnels à l'externe en demeurant en communication avec eux et en les invitant à participer à des rencontres. Plusieurs situations de collaboration peuvent survenir entre des intervenantes de différents services éducatifs. Des cas de négligence et d'abus, par exemple, peuvent être plus difficiles à traiter pour une intervenante. Cette problématique nécessite généralement le recours à diverses interventions. La recherche de solutions est parfois plus complexe lorsqu'il y a une multitude de facteurs dont il faut tenir compte: origine, culture ou langue, entre autres. En dépit de ces facteurs, quand toutes les personnes en cause placent les besoins de l'enfant au premier plan, les interventions professionnelles donnent de bons résultats. Le cas de Mélanie, présenté ci-après, est un exemple éloquent de collaboration entre l'éducatrice spécialisée, l'éducatrice à l'enfance, la travailleuse sociale et la directrice du service de garde.

Le cas de Mélanie

Marie, éducatrice spécialisée, entrevoit des difficultés lorsqu'elle accueillera Mélanie pour la soutenir dans l'intégration de son groupe au service de garde. Mélanie a un retard de langage important et est victime de négligence parentale et d'abus sexuel.

Pour résumer sa démarche, voici quelques collaborations fructueuses qui l'ont aidée à maintenir des liens fonctionnels et à réaliser des interventions satisfaisantes.

Durant une période de six mois environ, Marie a suggéré une routine de fonctionnement à Julie, l'éducatrice responsable de Mélanie au service de garde. Tout d'abord, Julie parlait quotidiennement avec la mère de Mélanie afin de savoir comment cela se passait à la maison. Puis, dans un carnet, elle a noté ses différentes observations:

- marques de négligence et d'abus;
- indices physiques;
- carence au niveau des soins: propreté, habillement, blessures;
- indices verbaux: propos de Mélanie, par exemple: «Je n'ai pas mangé ce matin», «Maman n'a pas eu le temps de me…», «L'ami de maman m'a…»;
- indices de négligence parentale: oublis de vêtements, absence d'un suivi médical, retards répétés pour le départ de fin de journée.

Dès le début, Marie a discuté régulièrement avec Julie et sa directrice pour identifier des mesures de soutien en vue d'actions concrètes. Par la suite, pour éclairer la situation, Marie, Julie et sa directrice ont rencontré la travailleuse sociale afin de discuter de la manière dont elle pourrait traiter ces situations d'abus et de négligence. C'était la première étape: l'échange d'information.

Ensuite, avec l'accord de la mère, d'autres rencontres ont eu lieu pour discuter de la situation vécue par la fillette et sa mère. Cette dernière a également assisté à l'une des rencontres où un plan d'intervention a été rédigé. Une relation étroite de collaboration entre la mère, Julie, la travailleuse sociale et Marie a permis d'effectuer des interventions ciblées auprès de Mélanie.

Cette démarche, qui est brièvement décrite ici, a également exigé la formation des intervenantes du service. Deux grands thèmes ont été traités:

- les stratégies d'intervention face aux situations de négligence et d'abus au préscolaire:
  - comment observer ces situations,
  - comment intervenir auprès de l'enfant, des parents par la discussion et le questionnement.
- comment stimuler le langage dans ces situations, et comment soutenir l'estime de soi d'enfants vivant dans ces conditions.

Marie et la travailleuse sociale ont participé à la réalisation de ces activités de formation.

Marie, éducatrice spécialisée

D'autres moyens pour soutenir l'intervenante

Outre l'information et la formation, d'autres moyens peuvent être mis en œuvre par la direction pour soutenir les intervenantes. En voici quelques-uns :

- valoriser le travail qu'elles effectuent auprès des enfants ayant des besoins particuliers;
- favoriser l'entraide entre les intervenantes et leur démontrer à quel point la collaboration est essentielle : le partage d'idées et de stratégies entre intervenantes aide particulièrement celles qui travaillent directement avec l'enfant; ce soutien contribue à enrichir l'apprentissage d'un enfant ayant des besoins particuliers;
- embaucher au besoin un accompagnateur pour aider l'intervenante;
- encourager et faciliter la participation des parents à soutenir l'intervenante : les parents, premiers responsables de l'éducation de l'enfant, parce qu'ils connaissent les réactions de leur enfant, peuvent suggérer des pistes ou des moyens pouvant aider l'intervenante; par ailleurs, leur réaction positive devant les progrès ou l'adaptation de l'enfant est stimulante pour l'intervenante.

L'expérience de Magdalena

Monique, la directrice de mon service de garde, a rencontré toutes les éducatrices pour discuter de la possibilité d'accueillir un enfant qui souffre de paralysie cérébrale avec de multiples problématiques.

Je dois avouer que j'étais très perplexe face à cette éventualité. Dans notre service de garde, nous n'avions jamais accueilli d'enfant ayant des besoins particuliers. D'un côté, je trouvais que cet enfant avait, comme les autres, le droit de fréquenter le service de garde. D'un autre côté, j'entrevoyais toutes les difficultés que je pourrais éprouver si cet enfant se retrouvait dans mon groupe. J'avais peur que sa présence alourdisse ma tâche et je n'étais pas certaine de pouvoir l'aider. J'ai fait part de mes inquiétudes à ma directrice ainsi qu'à mes collègues de travail. Celles-ci ont, à leur tour, exprimé leurs propres craintes et inquiétudes. Monique nous a alors proposé deux rencontres au cours desquelles nous avons eu la chance de clarifier notre position quant à l'accueil des enfants ayant des besoins particuliers dans notre service de garde.

J'ai aimé l'attitude de ma directrice. Elle n'a pas du tout cherché, au cours de ces rencontres, à nous convaincre d'accueillir cet enfant, mais nous a plutôt permis de réfléchir ensemble à la question.

En tant qu'éducatrice, j'ai particulièrement apprécié qu'on prenne mon opinion en considération.

Magdalena, éducatrice à l'enfance

Diffuser la politique d'éducation inclusive

Une fois la politique d'éducation inclusive bien établie, il importe de la diffuser auprès des parents dont les enfants fréquentent le service. Cette philosophie, axée sur l'acceptation de tous, devrait être clairement connue dans le milieu et apparaître sur le dépliant d'information.

Le rôle de l'intervenante est de rassurer les parents qui expriment leurs inquiétudes à l'effet que leur enfant côtoie des enfants ayant des besoins particuliers. Ces parents doivent savoir qu'en dépit de sa déficience un enfant est en mesure de réaliser des apprentissages et de contribuer ainsi à l'éducation de ses pairs.

Quant à la direction, son rôle est d'informer les parents qui veulent inscrire leur enfant et de discuter avec eux des avantages d'une telle décision. Ainsi renseignés, ces parents auront la possibilité de choisir pour leur enfant un milieu qui privilégie l'éducation inclusive. Par ailleurs, il faut aussi que les membres de la communauté éducative, par exemple les gens du quartier, soient informés de l'orientation de l'établissement.

Le fait que l'enfant ayant des besoins particuliers participe comme les autres enfants à des sorties telles que des visites dans leur quartier, des journées portes ouvertes ou encore des rencontres avec les personnes de son entourage lui démontre clairement qu'il fait partie intégrante de la communauté. Pour son parent, une telle politique vient appuyer sa volonté et son choix de faire vivre à son enfant des expériences semblables à celles que connaissent tous les enfants de son âge.

Se responsabiliser dans la mise sur pied de la politique d'inclusion

Après avoir élaboré la politique d'inclusion des enfants ayant des besoins particuliers, il importe que tous les partenaires comprennent bien quel sera leur rôle à jouer. Le tableau 3.5 illustre de quelle manière les responsabilités pourraient être partagées entre tous les partenaires à l'inclusion.

Tableau 3.5 Responsabilités des partenaires à l'inclusion des enfants ayant des besoins particuliers (inspiré de : Alliance des garderies, 1991)

Rôle	Responsabilités
La direction	▪ Informer les parents et le personnel de la politique d'inclusion du service ▪ Établir avec les intervenantes des mesures d'accueil de l'enfant ayant des besoins particuliers ▪ Favoriser le partenariat et offrir du soutien aux différents partenaires ▪ Susciter régulièrement les échanges lors des réunions ▪ Évaluer les ressources humaines et matérielles et faire les ajustements nécessaires
L'intervenante	▪ S'engager dans une démarche d'inclusion ▪ Accueillir l'enfant ayant des besoins particuliers et faciliter son intégration dans le groupe ▪ Veiller à l'épanouissement global de tous les enfants ▪ Informer les personnes-ressources des modes d'intervention et du fonctionnement à privilégier ▪ Collaborer avec les spécialistes en déterminant les mesures de soutien à l'inclusion ▪ Soutenir les parents en effectuant un suivi régulier ▪ S'engager dans son développement professionnel ▪ Développer un réseau de soutien et encourager le partenariat
Les parents	▪ Fournir l'information sur les compétences, les difficultés et les besoins particuliers de leur enfant ▪ Défendre les droits et les besoins de leur enfant ▪ Participer à l'éducation et au plan d'intervention de leur enfant ▪ Travailler en collaboration avec l'intervenante et les spécialistes œuvrant auprès de leur enfant ▪ Développer un réseau de soutien parental, encourager le partenariat
Les membres du conseil d'administration ou d'établissement	▪ S'informer du vécu des membres de la communauté éducative ▪ Participer activement aux décisions ▪ Appuyer la politique d'inclusion ▪ Adopter un style de gestion qui permet une politique d'inclusion
Les spécialistes à l'externe	▪ Fournir de l'information sur les besoins particuliers des enfants ▪ Apporter leur soutien dans les interventions lorsque requis ▪ Participer à l'établissement du plan d'intervention — concertation et partenariat ▪ Adopter des stratégies permettant la participation des parents à la rééducation

DES STRATÉGIES D'ACCUEIL DE L'ENFANT AYANT DES BESOINS PARTICULIERS

La recherche qu'entreprend un parent pour trouver un service au préscolaire correspondant aux besoins de son enfant constitue une démarche d'une très grande importance. Pour le personnel au préscolaire, il est indispensable de comprendre les besoins du parent afin de pouvoir l'aider dans cette démarche. Les sections suivantes présentent quelques stratégies qui permettent à l'intervenante d'accompagner le parent dans sa recherche d'un service éducatif et d'accueillir l'enfant ayant des besoins particuliers. Quels sont justement les différents services offerts au préscolaire? L'encadré ci-dessous (inspiré de: Berger, Héroux et Shéridan, 2005) dresse un portrait des services offerts au préscolaire et leurs particularités de fonctionnement.

Un survol des services éducatifs au préscolaire

LES SERVICES DE GARDE

Au cours des dernières années, on a vu apparaître plusieurs types de service de garde. Ces divers services offrent généralement des programmes qui s'adressent aux jeunes enfants qui ne fréquentent pas encore l'école.

SERVICES DE GARDE ET ÉDUCATION PRÉSCOLAIRE	PARTICULARITÉS DE FONCTIONNEMENT		
	JURIDICTION	**DURÉE DE GARDE**	**SERVICE**
Réseau de services publics			
Centre de la petite enfance (CPE), en milieu familial ou en milieu de travail	Ministère responsable de la famille et de l'enfance	Ne peut excéder les heures régulières de travail (10 heures)	Régulier
CPE en milieu de garde familial	Supervisé par un CPE	Horaire flexible	Régulier
Halte-garderie, à but lucratif ou sans but lucratif	Municipalité	Ne peut excéder 24 heures	Irrégulier
Réseau de services privés ou parapublics			
Jardin d'enfants	Municipalité	Ne peut excéder 4 heures par jour	Régulier
Garderie autonome non régie	Municipalité	Aucune règle	Aucune règle
Garderie à but lucratif conventionnée ou non conventionnée	Ministère responsable de la famille et de l'enfance	Ne peut excéder 24 heures	Régulier
Garderie sans but lucratif conventionnée ou non conventionnée	Ministère responsable de la famille et de l'enfance	Ne peut excéder 24 heures	Régulier
Maternelle privée	Municipalité	Ne peut excéder 24 heures	Aucune règle
Système scolaire ▪ Réseau de garderie et préscolaire – maternelle			
Service de garde en milieu scolaire (SGMS)	Ministère responsable de l'éducation	Environ 6 heures par jour au total	Régulier
Maternelle ▪ Maternelle quatre ans ▪ Maternelle cinq ans	Ministère responsable de l'éducation	 ▪ Demi-journée de scolarité ▪ Heures régulières de scolarité	Régulier

Les services complémentaires au préscolaire

Les services complémentaires au préscolaire regroupent les divers services de prévention et de rééducation offerts par les réseaux des services en santé et en éducation. Les parents, pour bien comprendre le développement de leur enfant, ont accès dès sa naissance à un soutien éducatif, qui peut prendre la forme d'un programme de prévention, conçu par le réseau de la santé : médecin et services de soins infirmiers. Au Québec, par exemple, les centres de santé proposent des programmes de prévention destinés aux parents et à leur enfant ; le médecin de famille, ou le pédiatre, est le premier professionnel qui fournit une appréciation du développement de l'enfant, auquel se joint le personnel en soins infirmiers qui peut apporter ses conseils. Dans le cas d'un enfant qui présente un état de santé à risque en raison d'une déficience ou d'une maladie, les services de santé et les centres de rééducation proposent des services spécialisés : éducation spécialisée, psychologie, orthophonie, services sociaux, physiothérapie, ergothérapie, par exemple. Les centres de réadaptation (physique, sensorielle, en déficience intellectuelle ou de la jeunesse) proposent, quant à eux, des services spécialisés de réadaptation dont, entre autres, les programmes de stimulation précoce. L'accès à ces services spécialisés est possible dans la mesure où le médecin de famille en fait la recommandation.

Au préscolaire, plusieurs programmes de prévention ont été mis sur pied dans les communautés. Les milieux défavorisés constituent la première cible visée. Dans plusieurs provinces et territoires canadiens, les politiques scolaires actuelles permettent l'entrée à la maternelle dès l'âge de 4 ans. S'ajoutent à ce service les programmes de prévention en stimulation pour les enfants de 3 et de 4 ans et leurs parents. Au préscolaire, plusieurs services complémentaires existent et viennent poursuivre le travail amorcé dans le réseau de la santé : services de psychologie, de psychoéducation, d'orthophonie, d'orthopédagogie. Ces services contribuent à l'évaluation, à l'intervention et au soutien du personnel au préscolaire et des parents. La structure des services diffère à l'extérieur du Québec. À titre indicatif, au Québec, on a recours à deux systèmes distincts : système des services de garde (centres de la petite enfance) et le système scolaire ; cependant, en Ontario, les services de garde relèvent des municipalités et les services pour les enfants de 4 ans sont intégrés au système scolaire.

Services complémentaires aux services de garde

Systèmes	Programmes et services
Services de garde	▪ Programme de soutien financier à l'inclusion en service de garde dans l'ensemble du territoire canadien. ▪ Conseiller pédagogique à l'inclusion en service de garde.
Services scolaires complémentaires	▪ Services scolaires de maternelle 4 ans ou de prématernelle, selon les provinces et territoires. ▪ Programme de prévention aux enfants de 4 ans et leurs parents. ▪ Services spécialisés en psychologie, en psychoéducation, en orthophonie, en orthopédagogie.
Services de santé et services sociaux	▪ Services à toute la population : médecin, soins infirmiers en centres locaux de services communautaires. ▪ Services de prévention : programme de prévention pour les populations vulnérables en centres locaux de services communautaires. ▪ Programmes de stimulation précoce et de rééducation pour les enfants ayant une déficience et centres de réadaptation. ▪ Services de rééducation pour les enfants ayant une déficience : spécialités médicales et paramédicales de la santé, en travail social, en psychologie, en éducation spécialisée, en psychoéducation, en orthophonie, en physiothérapie, en ergothérapie et en rééducation.

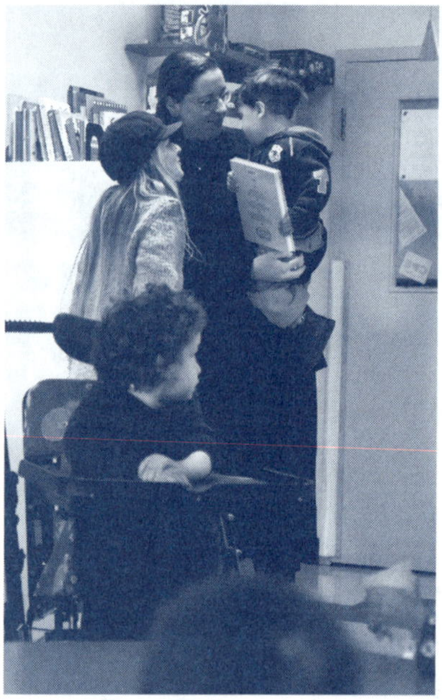

Le parent veut s'assurer qu'un service éducatif correspond à ses attentes et aux besoins de son enfant.

Accompagner le parent dans son choix d'un service éducatif

La recherche d'un service éducatif exige beaucoup de temps et d'énergie de la part du parent. Il est difficile pour un parent de trouver celui qui correspond à ses attentes, particulièrement si son enfant a des besoins particuliers.

Conformément aux orientations gouvernementales, les services éducatifs au préscolaire préconisent l'accueil de tous les enfants sans égard à leurs différences. Cependant, la loi leur accorde le droit de refuser un enfant si les ressources matérielles et humaines des services ne sont pas suffisantes pour répondre à ses besoins.

L'accueil d'un enfant ayant des besoins particuliers au préscolaire repose surtout sur les convictions personnelles et la volonté individuelle des responsables, les intervenantes, les membres de la direction, du conseil d'administration ou d'établissement, ou sur les initiatives personnelles des parents. Par ailleurs, un établissement peut demander un soutien financier pour développer des services adaptés aux besoins particuliers des enfants qu'il accueille.

Déterminer les besoins d'un enfant

Pour l'intervenante, il importe de connaître la nature des besoins d'un enfant ayant une déficience ou des difficultés. La grille 3.1, à la page 61, propose une liste des besoins de l'enfant. L'intervenante peut l'utiliser, en compagnie du parent, pour déterminer les besoins prioritaires de l'enfant.

Se préparer à la première rencontre avec le parent

Le parent veut s'assurer que le service éducatif qu'il visite répondra à ses attentes et aux besoins de son enfant. Il a souvent plusieurs questions à poser. En se préparant soigneusement à répondre à ses questions, l'intervenante fait preuve de professionnalisme. Elle développera un sentiment de confiance qui contribuera à rassurer le parent. Certaines questions reviennent fréquemment :

- Acceptez-vous de nouvelles inscriptions ?
- Avez-vous une liste d'attente ?
- Quelle est la durée approximative de l'attente ?
- Accueillez-vous des enfants de tout âge ?
- Combien d'enfants votre service peut-il accueillir ?
- Quel est le nombre d'enfants par groupe ?
- Quel est l'horaire et le prix de votre service ?
- Quelle est l'orientation éducative de votre service ?
- Quelles sont les raisons qui poussent les parents à choisir votre service pour leur enfant ?
- Accueillez-vous des enfants qui ont des besoins particuliers ?
- Avez-vous déjà accueilli des enfants ayant des besoins particuliers ?
- Qu'avez-vous à offrir à ce type d'enfants ?

Une autre manière de se préparer serait de constituer un dossier regroupant l'information nécessaire à l'accueil et une trousse pour les parents.

▪ UNE GRILLE REPRODUCTIBLE SE TROUVE À LA PAGE 197 ▪

Grille 3.1 Les besoins de l'enfant

Avec le parent, déterminez, à l'aide des affirmations suivantes, les cinq besoins les plus importants pour l'enfant. Puis, classez-les par ordre d'importance : 1 étant le plus important. Vous pouvez ajouter d'autres besoins qui n'apparaissent pas dans cette liste.

A ▪ Besoins physiques		▪ L'enfant a besoin de se développer physiquement (sa mobilité)
		▪ L'enfant a besoin d'apprendre à faire comme les autres enfants de son âge : courir, sauter, grimper
B ▪ Besoins affectifs		▪ L'enfant a besoin d'être aimé
		▪ L'enfant a besoin d'être encouragé
C ▪ Besoins sociaux		▪ L'enfant a besoin d'être en contact avec d'autres enfants
		▪ L'enfant a besoin d'être en contact avec des adultes
D ▪ Besoins de sécurité		▪ L'enfant a besoin d'apprendre à suivre une routine quotidienne
		▪ L'enfant a besoin d'apprendre à être autonome : s'habiller, se nourrir, avoir une hygiène corporelle
		▪ L'enfant a besoin d'apprendre à se comporter de façon acceptable dans des milieux autres que son milieu familial
		▪ L'enfant a besoin d'apprendre les principales règles de sécurité
E ▪ Besoins intellectuels		▪ L'enfant a besoin de développer son langage
		▪ L'enfant a besoin de s'adonner à des activités variées : dessiner, découper, compter, etc.
		▪ L'enfant a besoin d'apprendre à connaître son milieu : épicerie, caserne de pompiers, ferme, etc.
Autres besoins de l'enfant		▪ Précisez : ______

Pour l'interprétation des données de cette grille, se référer à la page 197.

Un dossier pour l'accueil

Avant de rencontrer les parents, l'intervenante devrait, dans un premier temps, consigner tous les renseignements susceptibles de les intéresser puis, dans un deuxième temps, noter l'information qui lui sera utile, tout comme à ses collègues. Elle pourra ainsi constituer un dossier qu'elle aura à sa disposition et qui pourra être consulté ultérieurement.

Une trousse pour les parents

La direction pourrait préparer avec les intervenantes une trousse comprenant les documents importants à remettre aux parents. Cette trousse pourrait contenir :

- les procédures et modalités d'inscription de son service ;
- la fiche d'inscription ;
- le dépliant du service éducatif donnant de l'information sur la philosophie de l'établissement ;
- les services offerts et une description des services ;
- l'horaire et les activités spéciales prévues au calendrier, etc.

Élaborer le portfolio de l'enfant

Afin d'assurer un meilleur suivi, l'intervenante peut suggérer aux parents de constituer un portfolio de l'enfant. Ce portfolio pourra ensuite être enrichi par le personnel du service éducatif. Les renseignements importants concernant l'enfant peuvent y être consignés. La liste ci-dessous suggère des éléments qui peuvent être intégrés dans un portfolio :

- une photo de l'enfant ou un court extrait de vidéocassette le présentant ;
- une description de ce que l'enfant est capable de faire : parler, marcher, manger seul, s'habiller, jouer à tel jeu, manipuler tel matériel, compter, autres connaissances ;
- une liste de ce qu'il aime faire : écouter de la musique, regarder la télévision, dessiner, aller au parc, jouer au ballon, etc. ;
- des réalisations : dessins, bricolages, montage de blocs, etc. ;
- des commentaires de personnes qui connaissent l'enfant : voisins, grands-parents ou gardienne ;
- des indications écrites sur la maladie, la déficience ou la condition particulière de l'enfant, qui pourront être discutées avec la direction ;
- une liste des services auxquels il a recours : physiothérapie, ergothérapie, etc., avec le nom des professionnels, de même que le nom des établissements où il reçoit ces services ;
- le nom des organismes offrant des ressources humaines et financières ;
- des observations des parents et de l'intervenante ;
- tout autre renseignement sur le développement de l'enfant.

Soigner le premier contact avec le parent

Lorsque l'intervenante entre en contact pour la première fois avec un parent, certaines de ses attitudes vont favoriser une collaboration positive. Pour créer une relation de confiance, elle a intérêt à adopter une attitude ouverte en soulignant ce qu'elle croit être important pour le parent. Comme il souhaite ce qu'il y a de mieux pour son enfant, il voudra obtenir tous les renseignements requis pour évaluer la pertinence des services offerts et effectuer le meilleur choix.

Déterminer les responsabilités

Pour qu'un service éducatif soit accueillant, une personne doit avoir la responsabilité de la gestion des communications téléphoniques ou des inscriptions. Est-ce le rôle de la direction, d'une intervenante ou de tous ? Une fois cette responsabilité attribuée, une réflexion sur les attitudes d'accueil peut s'avérer utile.

Pour préparer les visites du parent, la direction devrait :

- nommer la responsable qui fera visiter les lieux ;
- discuter avec le personnel des attitudes à adopter en présence du parent ;
- préciser les aspects principaux à souligner au parent, par exemple : les enfants sont actifs ; ils ont un choix d'activités ; ils ont accès à un vaste choix de matériel éducatif ; ils ont droit à des repas nutritifs ; la sécurité est une priorité ; etc.

Adopter une attitude « accueillante »

Comme la personne chargée de l'accueil des parents a une influence certaine sur l'image qu'ils se feront du service éducatif, le tableau 3.6 présente quelques règles d'accueil et de conduite à respecter pour favoriser une meilleure communication.

Tableau 3.6 Consignes d'accueil et de conduite lors de la rencontre avec le parent

Consignes	Suggestions
Mettre le parent à l'aise	▪ adopter une attitude d'écoute; ▪ favoriser l'expression de ses besoins et de ceux de son enfant.
Se montrer sensible à la démarche du parent	▪ connaître les différents obstacles auxquels il doit faire face : il se peut, par exemple, qu'il ait déjà contacté ou visité plusieurs endroits sans succès.
Poser les questions pertinentes pour le parent et l'inviter à parler de l'enfant	▪ comprendre ses motivations, ses attentes, les motifs qui influencent son choix; ▪ le questionner sur la nature de la déficience de son enfant; ▪ lui demander s'il y a eu un diagnostic médical; si oui, quel est le nom du spécialiste et de l'endroit où il a eu lieu; ▪ vérifier si son enfant a droit à des services d'un organisme ou d'un professionnel de la santé et de l'éducation; ▪ lui demander si son enfant a besoin d'accessoires ou d'un aménagement particulier pour fonctionner; ▪ vérifier s'il accepte qu'il y ait des échanges d'information entre les professionnels (nécessité d'une signature de consentement pour l'obtention de renseignements au dossier de l'enfant); ▪ vérifier si l'enfant a un portfolio; sinon, suggérer au parent d'en constituer un; ▪ lui demander combien de temps l'enfant sera présent dans votre service.
Chercher à connaître ce qui motive son choix du service éducatif	▪ lui demander s'il choisit un service éducatif en fonction de sa philosophie, de son programme, de son intérêt à l'endroit des enfants ayant des besoins particuliers, de l'accueil.
Aider le parent à préciser ses attentes	▪ le questionner sur l'importance qu'il accorde à la socialisation de l'enfant et à la nature des activités auxquelles il s'adonne, par exemple.
Inviter le parent à visiter votre service	▪ lui indiquer les particularités de l'établissement et de son fonctionnement afin de l'aider à faire son choix.

Obtenir une rétroaction du parent après sa visite

Dans une perspective d'amélioration de la qualité de l'accueil et des services, un questionnaire (grille 3.2, à la page 64) pourrait être remis au parent à la fin de sa visite afin d'obtenir son appréciation.

▪ UNE GRILLE REPRODUCTIBLE SE TROUVE À LA PAGE 198 ▪

Grille 3.2 Appréciation de la visite par le parent

Dans le but d'améliorer la qualité de l'accueil et de mieux répondre aux besoins de notre clientèle, nous aimerions connaître votre appréciation de notre service.
Inscrivez un chiffre de 1 à 5, 5 correspondant à une excellente appréciation.

Date de la visite : ____________________

Nom de l'établissement : ____________________

Adresse : ____________________

Nom de la personne à qui j'ai parlé : ____________________

	1. L'accueil de la personne responsable était chaleureux.
	2. Elle a pris le temps de bien m'écouter et de répondre à mes questions.
	3. Elle m'a demandé si mon enfant avait un portfolio ou a pris connaissance du contenu du portfolio de mon enfant.
	4. Elle m'a accompagné pour visiter le service de garde.
	5. Le personnel du service de garde était accueillant.
	6. Lors de ma visite, les enfants étaient occupés à une activité.
	7. Les locaux sont attrayants (murs peints de couleur, murs affichant des œuvres d'enfants).
	8. Les ateliers (coin peinture, coin musique, coin de la maison) sont facilement repérables.
	9. Le matériel (les jeux, les livres, les cassettes, etc.) est varié, de qualité et en quantité suffisante.
	10. L'aire de jeux extérieure m'a semblé assez grande et sécuritaire.
	11. La cuisine était propre et bien rangée.

Pour l'interprétation des données de cette grille, se référer à la page 198.

Accueillir l'enfant en compagnie du parent

La visite de l'enfant exige, elle aussi, une bonne préparation pour être réussie. Pour ce faire, l'intervenante pourra identifier en équipe les éléments importants qui devraient composer une visite réussie. Voici quelques stratégies qui portent sur la préparation de la visite de l'enfant, la rétroaction après la visite, les outils d'observation de l'enfant lors de la visite, l'inscription et le suivi.

Planifier la visite : la préparation

Certains parents préfèrent venir seuls une première fois et attendre que l'enfant soit inscrit pour visiter l'établissement de nouveau avec lui. Pour que cette visite soit satisfaisante pour tous, il importe d'établir des modalités d'accueil pour l'enfant, d'abord avec l'intervenante qui l'accueillera dans son groupe, ensuite avec toutes les autres personnes et le parent. Que faut-il prévoir? Quels sont les aspects importants? Voici quelques suggestions susceptibles d'alimenter la discussion :

- Qui accueillera l'enfant et le parent?
- Comment préparer les autres enfants du service à cette visite?
- Avez-vous prévu des aménagements possibles qui tiennent compte de la déficience de l'enfant?
- Qui se chargera d'observer l'enfant lors de sa visite?
- Combien de temps sera alloué à la visite?

Faire une rétroaction avec les collègues

Après la visite, une discussion entre la direction et les intervenantes fournit l'occasion de faire le point. Il s'agit aussi de se rassurer quant à la décision d'accepter un enfant ayant des besoins particuliers, de calmer les appréhensions et les inquiétudes du personnel, ou encore de prévoir des aménagements supplémentaires. Les questions suivantes peuvent orienter cette discussion :

- Sommes-nous satisfaites du déroulement de cette visite ?
- Quelles sont nos observations des réactions de l'enfant et celles du parent ?
- Avons-nous des aménagements particuliers à prévoir avant son arrivée ?

Observer l'enfant pendant sa première visite

Lorsque le parent visite un service en compagnie de son enfant, c'est qu'il souhaite vérifier dans quelle mesure il se sentira bien dans ce nouvel environnement. L'intervenante peut profiter de cette occasion pour noter ses observations sur le déroulement de la rencontre en général et sur les conduites spécifiques de l'enfant. Toutefois, les données obtenues lors de cette première rencontre devront être confirmées par d'autres observations et échanges avec le parent. La grille 3.3 fournit quelques pistes d'observation de l'enfant.

▪ UNE GRILLE REPRODUCTIBLE SE TROUVE À LA PAGE 199 ▪

Grille 3.3 L'observation de l'enfant

1. Comment l'enfant réagit-il à son arrivée ?
2. Est-il intéressé par les autres enfants ? Comment se comporte-t-il avec eux ?
3. Est-il intéressé par les jouets ? Lesquels en particulier ?
4. Est-il à l'aise pour circuler dans ce nouveau milieu ?
5. Comment se comporte-t-il ?
6. S'intéresse-t-il à la personne qui l'accueille ?
7. Accepte-t-il de participer au petit jeu que vous avez préparé pour l'accueillir ? Quelle est sa réaction ?
8. Comment quitte-t-il les lieux ?

Pour l'interprétation des données de cette grille, se référer à la page 199.

Procéder à l'inscription de l'enfant

L'inscription officielle au service éducatif d'un enfant ayant des besoins particuliers permet à la direction de recueillir toutes les données susceptibles de favoriser l'adaptation de l'enfant. La direction peut ainsi choisir le groupe dans lequel l'enfant sera admis, l'intervenante qui en sera responsable et les ressources humaines et physiques à prévoir, la diminution du ratio intervenante-enfants, le matériel spécifique à se procurer ou à adapter, l'embauche d'un accompagnateur, par exemple. C'est aussi le moment d'inviter le parent à s'engager pleinement à soutenir tous les membres du service éducatif pour favoriser l'adaptation et les progrès de son enfant dans une attitude de collaboration.

Les premiers contacts avec l'enfant seront déterminants pour son intégration dans le service éducatif.

Au moment de l'inscription, la direction doit:

- obtenir du parent les renseignements les plus complets possibles sur l'enfant et sur ses besoins particuliers: évaluation médicale ou autre, accès à des services auprès de spécialistes, etc.;
- faire signer le formulaire de consentement qui autorise l'échange de renseignements entre le service éducatif et les spécialistes et les informer de la possibilité d'un échange d'information entre ces derniers;
- fixer une rencontre avec le parent, l'intervenante et les professionnels, s'il y a lieu, pour établir un plan d'intervention.

Assurer le suivi après l'inscription

Après l'inscription de l'enfant, la direction devra:

- prendre contact avec les professionnels qui ont la charge de l'enfant;
- consulter leurs rapports afin d'évaluer les besoins de l'enfant;
- rencontrer l'intervenante responsable afin de discuter des besoins de l'enfant;
- coordonner une rencontre pour mettre au point un plan d'intervention, s'il y a lieu.

Assurer la réussite de la première journée de l'enfant

Pour le parent comme pour l'enfant, spécialement l'enfant ayant des besoins particuliers, cette première journée est très importante. Pour un enfant, il peut s'agir d'une première journée en dehors du foyer familial; l'expérience peut donc être éprouvante. Le fait de se retrouver dans un endroit qui ne lui est pas familier avec des personnes inconnues peut créer chez lui un sentiment d'insécurité. Cependant, les réactions vont varier selon les enfants: le départ d'un parent pourra provoquer des larmes chez un enfant, alors qu'un autre l'acceptera facilement.

Pour sa part, le parent peut se sentir coupable ou mal à l'aise lorsque son enfant pleure au moment de son départ. C'est pourquoi il est nécessaire qu'une discussion ait lieu entre le parent et le personnel du service éducatif afin qu'ils s'entendent sur des modes d'intervention à privilégier dans de telles circonstances. Par exemple, la direction peut prévoir plus de disponibilité ce jour-là pour seconder l'intervenante ou le parent. Une préparation adéquate permet de rassurer tout le monde et favorise l'adaptation de l'enfant.

Quelques éléments de réflexion peuvent aider à la préparation de la première journée de l'enfant au préscolaire:

- les moyens à mettre en œuvre pour faciliter l'adaptation de l'enfant;
- l'aménagement physique à prévoir;
- l'établissement d'un système de communication avec le parent, si cela s'avère nécessaire;
- les jeux avec l'enfant pour favoriser sa venue dans le groupe, etc.

Après cette première journée, la direction et l'intervenante peuvent prévoir du temps pour rencontrer le parent pour le renseigner sur le déroulement de la journée, les modifications à apporter et pour le rassurer au besoin. Il serait également opportun que la direction et l'intervenante fassent ensuite le point sur la situation.

En conclusion

Ce chapitre a mis l'accent sur la démarche importante d'adhésion à la philosophie d'inclusion qui doit précéder l'accueil des enfants ayant des besoins particuliers. Il a précisé également les rôles et les responsabilités de l'intervenante, de la direction et des parents. Cette information complémentaire s'inscrit dans un continuum et marque le début de la phase concrète d'une action globale qui débouchera sur le développement optimal des enfants ayant des besoins particuliers.

Les stratégies proposées permettent de soutenir le personnel en milieu préscolaire dans l'accueil des enfants ayant des besoins particuliers, une étape déterminante pour les parents dans leur recherche d'un service qui reflète leurs valeurs éducatives et répond à leurs besoins. Ces stratégies responsabilisent tous les membres de la communauté éducative dans l'adoption de la philosophie de l'éducation inclusive.

Questions d'appropriation

1. En vous inspirant du témoignage de Magdalena, à la page 56, qui décrit le contexte d'accueil d'un enfant ayant une déficience multiple, décrivez quelle serait votre réaction s'il était question pour vous d'accueillir cet enfant dans votre service. Précisez les avantages d'une telle décision pour l'enfant, pour ses pairs et pour vous en tant qu'intervenante, de même que ses désavantages ou limites.

2. Dans cette même perspective, nommez et expliquez cinq démarches ou stratégies que vous devriez intégrer dans votre pratique pour réaliser harmonieusement l'accueil d'un tel enfant et l'appui à ses parents.

3. Quels seraient les quatre conseils pratiques à donner à des collègues qui souhaiteraient accueillir un enfant ayant des besoins particuliers dans leur service?

4. Avez-vous dans votre service un protocole précisant les manières d'accueillir et de soutenir un enfant ayant des besoins particuliers et ses parents? Si oui, comparez-le avec la démarche proposée dans ce chapitre et identifiez des améliorations que vous aimeriez y apporter.

5. Vous travaillez avec une enfant ayant une déficience intellectuelle qui fonctionne bien avec les autres enfants de votre groupe. Cependant, ses parents ont des attentes trop élevées sur le plan de son apprentissage. Vous les avez rencontrés à deux reprises, sans succès. Ils continuent à exiger que leur fille fasse ce que font les autres enfants, ce dont elle est parfois incapable. Comment allez-vous vous y prendre pour régler cette situation et faire en sorte que toutes les parties se sentent comprises?

6. Vous êtes dans un service éducatif où l'on ne discute jamais des valeurs liées à l'accueil d'enfants ayant des besoins particuliers. Que pouvez-vous faire pour amorcer une réflexion dans ce sens? Décrivez les actions que vous pouvez entreprendre.

Pour aller plus loin

Voici des références qui vous permettront d'approfondir vos connaissances ou d'aller plus loin dans votre réflexion.

À l'intention des intervenantes et de la direction

Livres

Panitch, M. *et al.* (1992). *Vers l'excellence des garderies : un guide d'intégration*, North York, Université York.

Sinclair, F. et J. Naud (2003). *ÉcoCPE. Programme de valorisation du développement du jeune enfant dans le cadre de la vie en milieux éducatifs préscolaires*, Montréal, Chenelière/McGraw-Hill.

Winzer, M. (1997). *Special education in early childhood : an inclusive approach*. Scarborough, Prentice Hall/Allyn & Bacon.

Sites Internet

Ces sites offrent des ressources en service de garde sur les programmes et les politiques

Gouvernement de l'Alberta, www.child.gov.ab.ca/whatwedo/childcare/page.cfm ? pg+Inclusive%20Child%20Care%20Program

Ministère de l'Emploi, de la Solidarité sociale et de la Famille du Québec, nommé auparavant ministère de la Famille et de l'Enfance du Québec. www.mfe.gouv.qc.ca/images/pdf/choisir_un_service

Ministère des Services à la collectivité, à la Famille et à l'Enfance de l'Ontario. www.gov.on.ca/CSS/page/services/ccf.html

Ministère des Services à la collectivité, à la Famille et à l'Enfance de l'Ontario, Site d'actualisation. Formation et édition en développement des ressources humaines. www.actualisation.com

Vidéos

Frenette, J., N. Rochette et P. Boudreault (1998). *Prêt, pas prêt, j'arrive !*, Hull, Université du Québec à Hull et le ministère de l'Éducation du Québec.

Rogers, S. (1989). *Bras dessus, bras dessous*, Ottawa, Allen Rogers Productions/Association canadienne de la paralysie cérébrale.

Autres ouvrages intéressants

Centre de la petite enfance *Les Petits Semeurs* (2002). *Protocole pour enfants à besoins spéciaux*, Saint-Hubert.

Ministère de la Famille et de l'Enfance (1998). *Choisir un service de garde*, Québec.

Poliquin, J. et M. Taillon (1996). *Guide pratique pour l'intégration sociale en service de garde*, Saint-Hyacinthe, Cégep de Saint-Hyacinthe.

Regroupement des centres de la petite enfance de la Montérégie (2002). *Enfants à besoins particuliers : état du dossier*, Saint-Hubert, Les publications du Regroupement des centres de la petite enfance de la Montérégie.

Chapitre 4

Le plan d'intervention personnalisé

Objectifs

La lecture de ce chapitre vous permettra :

- de comprendre les différentes étapes d'un plan d'intervention;
- de comprendre le rôle des participants aux différentes étapes d'un plan d'intervention;
- de mettre en place des stratégies qui favorisent la participation et la collaboration des parents.

Le plan d'intervention est un outil qui soutient autant l'enfant que l'adulte dans une démarche éducative.

Le plan d'intervention personnalisé s'impose comme une stratégie indispensable lorsque l'enfant ayant des besoins particuliers nécessite des mesures individualisées. Pour ce faire, la communauté éducative fera appel à toutes les ressources humaines, financières et matérielles qui pourront avoir une incidence considérable sur la réussite de l'inclusion des enfants ayant des besoins particuliers. Quant aux personnes proches de ces enfants, en particulier celles qui participeront à l'élaboration du plan d'intervention, elles mettront l'accent sur la planification et l'actualisation des conditions éducatives favorables à la réussite de l'inclusion des enfants.

Le concept de plan d'intervention personnalisé est né des courants éducatifs qui prônent une gestion éducative adaptée aux enfants ayant des difficultés ou une déficience. Le plan d'intervention personnalisé s'appuie sur la planification et la gestion du service éducatif où l'on intègre des mesures adaptées qui répondent aux besoins particuliers de l'enfant ayant des difficultés ou une déficience. Il émane en quelque sorte des lois, des politiques, des valeurs, des ressources et des programmes mis en place pour répondre à une orientation éducative inclusive.

Le modèle que nous vous proposons tient essentiellement compte des besoins éducatifs et pédagogiques de l'enfant, des attentes de sa famille et de son milieu éducatif. Il existe une variété de modèles : tous ne conviendront pas nécessairement à votre situation. Il s'agit de choisir celui qui convient le mieux aux besoins de l'enfant et au milieu éducatif. Vous trouverez les références sur ces modèles dans la rubrique « Pour aller plus loin », à la page 102.

L'objectif de ce chapitre consiste à présenter de façon détaillée les différents aspects qui permettent à l'intervenante, notamment l'éducatrice spécialisée, l'éducatrice à l'enfance ou l'enseignante, l'appropriation et l'actualisation d'une pratique de plan d'intervention personnalisé qui soit adaptée aux parents, au milieu de garde et à l'éducation préscolaire.

POURQUOI UN PLAN D'INTERVENTION ?

Le plan d'intervention (Beaupré, Roy et Ouellet, 2002 ; Boisvert, 1995 ; Goupil, 1997, 2004 ; OPHQ, 1993) s'élabore en équipe : parents, intervenantes, direction et autres professionnels jouant un rôle auprès de l'enfant. Le plan d'intervention devient nécessaire lorsque les besoins d'un enfant ne peuvent être satisfaits que par des mesures individualisées. Par conséquent, cette démarche n'est pas requise chaque fois qu'un enfant ayant des difficultés ou une déficience est accueilli dans un service éducatif.

On privilégie l'élaboration d'un plan d'intervention au préscolaire lorsque :

- Le besoin exprimé nécessite la mobilisation, autour de l'enfant, des différentes personnes qui l'accompagnent : les parents et les intervenantes, incluant la direction ou les autres personnes-ressources. Les objectifs visés sont de bien cerner la problématique, de concevoir des stratégies d'intervention, de les mettre en œuvre et de les adapter au besoin.
- Le besoin exprimé requiert, en plus des interventions préconisées par le programme éducatif du milieu, la mise en place de ressources spécifiques ou spécialisées.
- Le besoin exprimé implique des prises de décision qui auront des incidences sur le développement présent et futur de l'enfant.

Par ailleurs, le plan d'intervention repose sur la nécessité que chaque participant développe une vue d'ensemble des besoins et des forces de l'enfant. Cette perspective est indispensable si l'on veut fixer efficacement les objectifs à poursuivre dans des délais raisonnables et se donner les moyens pour les atteindre.

Il y a de nombreux avantages (Goupil, 1991, 1997, 2004) à établir un plan d'intervention. En voici quelques-uns :

- **Une meilleure communication**
  Le plan d'intervention constitue pour chacun des participants un temps d'arrêt permettant de discuter des besoins et des forces de l'enfant ayant des besoins particuliers. Son but est de faciliter aux parents l'expression de leurs besoins et de leurs attentes, et de leur fournir l'occasion de prendre connaissance de ceux de l'intervenante et de la direction. Ainsi, chaque participant connaîtra le point de vue des autres et sera en mesure de distinguer parmi les nombreuses attentes celles qui font consensus et celles qui sont plus ou moins divergentes.
- **Une coordination plus efficace**
  Établir un plan d'intervention permet d'éviter que les interventions auprès d'un enfant soient trop nombreuses au cours d'une même période de temps. Le plan d'intervention prévoit les rôles et les responsabilités de chacun afin d'assurer le meilleur soutien possible à l'enfant. Il aide également à déterminer quelles sont les attitudes qui doivent être adoptées autant par les parents que par l'intervenante pour stimuler le développement de l'enfant.
- **Des progrès mieux cernés**
  Le plan d'intervention permet aux parents et à l'intervenante de suivre les progrès de l'enfant. Il constitue un outil inestimable qui fournit l'occasion à tous les participants de réfléchir à l'évaluation de la situation observée, aux progrès réalisés et aux stratégies déployées pour réaliser ces progrès.
- **Une planification plus précise**
  L'élaboration d'un plan d'intervention aide l'intervenante et les parents à fixer les objectifs qu'ils désirent que l'enfant atteigne dans son milieu familial et éducatif. Une telle démarche permet de prévoir les interventions et les ressources nécessaires pour y arriver; elle sert également de guide pour choisir des priorités d'intervention et établir des délais de réalisation.

L'ÉLABORATION D'UN PLAN D'INTERVENTION

L'élaboration d'un plan d'intervention requiert beaucoup de temps et de ressources. Pour assurer la réussite de cette démarche, une planification rigoureuse s'impose avant la rédaction du plan afin que tous les participants puissent prendre les bonnes décisions lors de sa rédaction. Plusieurs participants sont impliqués dans cette démarche. Qui sont-ils et quels rôles ont-ils à jouer?

Les participants à l'élaboration d'un plan d'intervention

Habituellement, l'élaboration d'un plan d'intervention nécessite la participation des parents, de l'intervenante et de la direction. Peuvent s'ajouter également des personnes-ressources : orthophoniste, ergothérapeute, agente d'intégration ou autres personnes qui collaborent avec le milieu éducatif. Bien qu'il arrive que plusieurs professionnels interviennent auprès d'un même enfant, il importe de faire remarquer qu'ils ne participeront pas tous à

À propos...

Pour vous préparer à la réunion du plan d'intervention

Pour plusieurs personnes, il s'agit d'une nouvelle expérience qui génère des attentes et des préoccupations. En prenant soin de définir vos attentes, il vous sera plus facile d'en faire part aux autres membres de l'équipe et de trouver des moyens pour y répondre. Par ailleurs, le fait de prendre conscience de vos préoccupations vous permettra de trouver des pistes de solution pour vous en libérer. À ce sujet, il peut être judicieux de discuter avec une collègue ou un parent capable de vous soutenir dans cette démarche. Voici quelques questions pour vous permettre d'y réfléchir :

- Quelles sont mes attentes par rapport à cette réunion ?
- Quelles sont les stratégies ou les attitudes qui pourraient m'aider à me sentir plus à l'aise au cours de cette réunion ?

l'élaboration du plan d'intervention. Chaque situation s'adapte aux besoins particuliers d'un enfant et aux attentes ou aux besoins spécifiques exprimés par les personnes concernées.

Par ailleurs, il est possible que les parents souhaitent qu'une personne de leur entourage (grands-parents, oncle, gardienne, etc.) qui entretient de bonnes relations avec l'enfant soit aussi impliquée dans cette démarche. Cette personne pourrait contribuer de manière appréciable à l'élaboration du plan d'intervention. Si, en outre, sa présence rassure les parents ou augmente leur niveau de confiance, c'est toute l'équipe qui en profitera.

Les parents

Les parents sont les personnes qui connaissent le mieux leur enfant (Goupil, 2004). Plusieurs parents, entraînés dans le tourbillon des activités quotidiennes, ont tendance à oublier qu'ils sont de véritables mines d'information pour les professionnels de l'éducation et de la santé qui interviennent auprès de leur enfant.

Le rôle des parents ne se limite pas à celui d'informateur. Ces derniers interviennent aussi comme décideurs et sont donc invités à prendre position et à faire des propositions en ce qui a trait aux objectifs et aux moyens à prendre pour les atteindre. Leur opinion est nécessaire pour déterminer de quelle façon ils souhaitent contribuer aux apprentissages de leur enfant ou à la satisfaction des attentes ou des besoins exprimés par l'équipe.

Enfin, à ces deux rôles s'ajoute celui de gardien des droits et des intérêts de l'enfant. En endossant ce rôle de « représentant », les parents s'engagent en quelque sorte à veiller à ce que les adultes qui accompagnent leur enfant travaillent à la définition de ses différents besoins et à la mise en place des meilleures stratégies pour y répondre. Puisque ces dimensions sont au cœur de la démarche du plan d'intervention, leur participation s'avère indispensable. Ils seront à même de constater que plusieurs personnes influenceront la vie de leur enfant et, en acceptant de devenir eux-mêmes des participants à part entière à la démarche du plan d'intervention, ils deviendront, au fil des années, les meilleurs témoins des besoins, des forces et des progrès de leur enfant.

À propos...

Les recherches (Fine et Simpson, 2000 ; Brinckerhoff et Vincent, 1987) ont révélé que les parents qui ont participé à l'observation et à la collecte de données avant la rédaction du plan d'intervention collaborent plus activement et contribuent davantage à la définition des objectifs et aux prises de décision ; ils acquièrent une perception plus réaliste.

L'intervenante

L'intervenante, notamment l'éducatrice à l'enfance, l'éducatrice spécialisée ou l'enseignante, travaillant directement avec l'enfant, a un rôle clé à jouer dans la réalisation du plan d'intervention. Il est non seulement important, mais indispensable. Puisque, chaque jour, elle passe plusieurs heures avec l'enfant, elle est en mesure de vérifier ou de compléter les renseignements transmis par le parent ou par la direction.

Ses expériences et son savoir-faire sont complémentaires à la connaissance que les parents ont de leur enfant, ce qui lui permet d'adapter plus efficacement et rapidement ses interventions. Elle doit prendre position et proposer des orientations quant aux objectifs et aux moyens pour les atteindre. Son opinion est également précieuse pour déterminer de quelle façon les participants devraient s'y prendre pour contribuer aux apprentissages de l'enfant ou à la satisfaction des besoins exprimés.

La direction

La direction du milieu de garde ou de l'établissement préscolaire est la personne toute désignée pour assurer la coordination des différentes modalités de cette démarche. Par son expertise, elle contribue à développer la collaboration entre les parents et l'intervenante, à susciter l'engagement de tous, en incluant les autres personnes-ressources qui interagissent avec l'enfant, à favoriser une concertation efficace entre les membres de l'équipe afin de bien définir les forces et les besoins de l'enfant et à s'assurer de la qualité des services.

La direction d'un service éducatif joue un rôle important dans la préparation de la réunion pour l'établissement du plan d'intervention.

À la réunion du plan d'intervention, elle peut notamment, en tant qu'animatrice, faciliter le partage d'information entre parents et intervenantes. Au cours de cette même rencontre, elle doit aussi proposer des orientations en ce qui concerne les objectifs et les moyens pour les atteindre.

Enfin, comme la direction est la gardienne des droits et des intérêts des enfants en l'absence des parents, elle devra veiller à ce que les intervenantes qui accompagnent les enfants travaillent à répondre à leurs différents besoins. La participation de la direction est donc primordiale. Le tableau suivant résume le rôle des participants au plan d'intervention.

Tableau 4.1 Les participants au plan d'intervention et leur rôle

PARTICIPANTS	RÔLES
Les parents	▪ apportent une information éclairante de l'enfant; ▪ jouent un rôle complémentaire à celui de l'intervenante; ▪ participent à la prise de décision : prennent position et proposent des solutions.
L'intervenante	▪ exerce un leadership dans la réalisation du plan auprès des parents et de la direction : effectue la cueillette de l'information et la valide; ▪ prend position et propose des orientations pour atteindre les objectifs; ▪ développe la collaboration avec les parents; ▪ suggère aux parents des moyens pour accompagner l'enfant dans ses apprentissages à la maison.
La direction	▪ assure la coordination et le suivi de toutes les étapes du plan d'intervention, ou mandate une personne; ▪ prend en charge la planification et l'animation de la réunion pour établir le plan; ▪ s'assure que tous les participants respectent les consignes du déroulement; ▪ encourage la collaboration avec les parents et entre tous les participants; ▪ encourage la collaboration et la concertation entre tous les participants.

Témoignage d'une directrice

Il y a deux mois, dans mon service de garde, nous avons décidé d'élaborer un plan d'intervention pour un enfant ayant des besoins particuliers. Comme c'était la première fois que je planifiais ce type de démarche, je me suis questionnée sur les tâches à accomplir. Trois aspects ont retenu mon attention :

- les interactions avec les parents;
- la gestion de l'information à transmettre et à recevoir;
- le soutien à accorder à l'éducatrice.

Une rencontre avec les parents m'a fourni l'occasion, d'une part, d'insister sur l'importance d'observer leur enfant et, d'autre part, de soutenir l'éducatrice dans ses propres observations. La réunion du plan d'intervention représentait, pour l'éducatrice aussi, une première expérience. Durant la préparation pour cette rencontre, son rôle était d'observer l'enfant, tout comme les parents, afin de déterminer ses forces et les défis qu'il aurait à relever. Elle avait en tête certains outils d'observation, mais n'arrivait pas à choisir les plus appropriés pour obtenir une information valable et de qualité. Elle m'a fait part de ses difficultés pour que je puisse l'aider à effectuer un choix parmi les outils dont elle disposait.

Une fois ses observations effectuées, il lui a fallu choisir, parmi toutes celles qu'elle avait notées, celles qu'elle devrait partager en priorité. De toute évidence, elle avait trop à transmettre compte tenu du temps dont elle disposait. Nous avons donc effectué un tri afin de sélectionner ses observations les plus pertinentes en nous inspirant de la grille *Synthèse de mes observations* (se référer à la page 79) que nous avions remise aux parents. Cette grille leur a permis de noter les forces et les difficultés de leur enfant en se basant sur sa routine quotidienne. En choisissant d'utiliser la même grille, nous pourrions plus aisément analyser nos observations. De plus, le recours à un langage commun et compris de tous aurait l'avantage de susciter un sentiment de compétence chez les parents. Il nous a semblé aussi qu'un partage d'observations effectuées au cours de la routine de l'enfant constituait, tant pour les parents que pour nous, de précieux points de repère au cours de nos rencontres.

Après avoir identifié les principales forces et difficultés de l'enfant, nous les avons transposées sur cette grille. Puis, nous en avons remis une copie aux parents à la fin de la réunion afin qu'ils puissent la consulter à la maison et, ultérieurement, nous faire part de leurs réactions et commentaires.

En outre, sur mon invitation, l'éducatrice a pris soin de noter, à des fins personnelles, ses attentes et ses appréhensions par rapport aux interactions avec les parents et au déroulement de la réunion. Par la suite, nous en avons discuté ensemble dans le but de déterminer des stratégies à mettre en œuvre pour diminuer ses craintes et répondre à ses attentes. À mon tour, je me suis soumise à la même réflexion afin de mieux cerner mes attentes et mes appréhensions. J'en ai discuté avec une amie, également directrice dans un milieu de garde, ce qui m'a permis d'aborder sous un nouvel angle les difficultés que j'avais pu déceler jusque-là. Puis, dès que les différents aspects logistiques liés à l'organisation de la réunion ont été traités, j'ai réfléchi aux différentes fonctions qui m'incombent en tant qu'animatrice. Cette façon de faire m'a permis de me rassurer dans mon rôle et de connaître le point de vue des autres.

Céline, directrice d'un centre de la petite enfance

Les étapes de l'élaboration d'un plan d'intervention

L'élaboration d'un plan d'intervention s'inscrit dans une démarche où la rencontre entre les participants représente l'étape de prise de décision qui déterminera les objectifs, les moyens et les actions à privilégier.

La figure 4.1 présente les trois étapes de l'élaboration d'un plan d'intervention :

- La planification de la réunion : avant la rédaction du plan d'intervention
- La prise de décision : la réunion pour établir le plan d'intervention
- L'application, le suivi et la révision du plan d'intervention

Les sections suivantes reprennent en détail chacune des étapes de l'élaboration du plan d'intervention.

Figure 4.1 Les étapes de l'élaboration d'un plan d'intervention

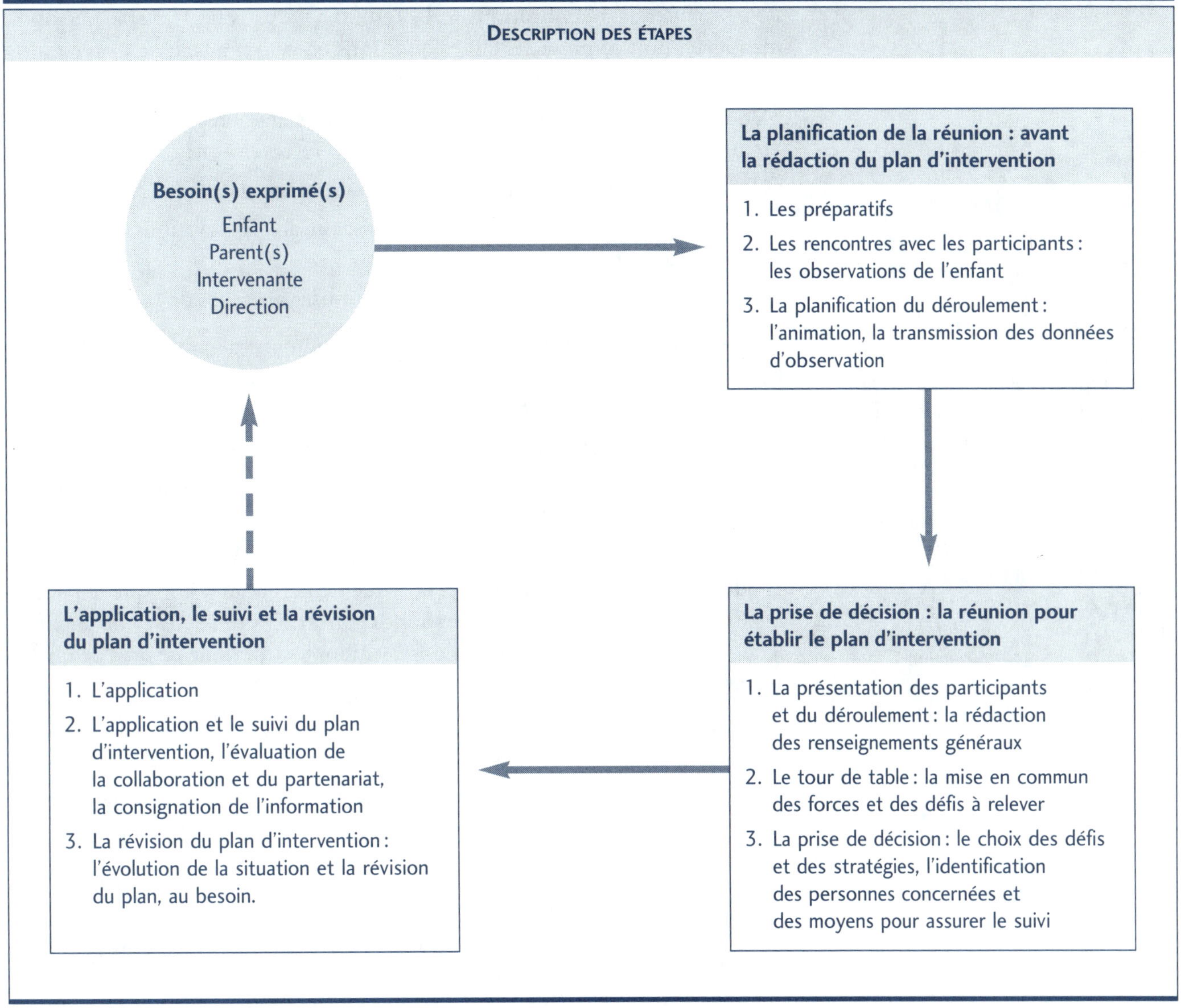

LA PLANIFICATION DE LA RÉUNION : AVANT LA RÉDACTION DU PLAN D'INTERVENTION

Le succès et l'efficacité de la rencontre ayant pour but de déclencher le plan d'intervention reposent en grande partie sur sa planification. Bien que cette responsabilité doive être partagée par toutes les personnes concernées par l'éducation de l'enfant, c'est la direction, ou la personne mandatée, qui en sera responsable. Cette préparation, telle qu'illustrée par le témoignage d'une directrice (voir p. 74), est d'une importance capitale pour la réussite du plan d'intervention.

La présente section se divise en trois parties :

- les préparatifs de la réunion ;
- les rencontres préparatoires : la collecte et la transmission des données ;
- la planification du déroulement de la réunion.

Les préparatifs de la réunion

Pour faciliter la planification de la réunion, la direction, ou la personne mandatée, doit se poser certaines questions en ce qui a trait aux préparatifs à mettre en branle pour cette démarche :

- Quels sont les aspects liés à l'observation dont les membres de l'équipe devront tenir compte pour la préparation du plan d'intervention ?
- Quelle est l'importance de faire participer les parents à l'observation ?
- Comment doit-elle organiser la transmission des observations aux parents au cours de la réunion ?
- Quelles stratégies d'animation doit-elle utiliser au cours de la réunion ?

Les réponses à ces questions orienteront les différentes actions qui vont suivre. Par ailleurs, la direction doit également s'assurer de l'accomplissement des tâches suivantes (Boisvert, 1995) :

- **Consulter les participants afin de choisir le moment de la rencontre**
  - Se rappeler que la matinée représente généralement une période propice aux discussions fertiles et efficaces.
  - Prévoir un délai raisonnable entre le moment où la décision d'élaborer le plan d'intervention est prise et la tenue de la réunion, afin que le parent, l'intervenante et les autres personnes concernées puissent avoir le temps de bien effectuer leur travail d'observation. Une période de plus de quatre semaines est nécessaire.
- **Choisir une salle propice aux rencontres**
  - Éviter les salles trop exiguës et exposées au bruit.
  - S'assurer que les membres de l'équipe ne seront pas importunés par le téléphone ou par le va-et-vient des autres personnes présentes au service de garde ou dans l'établissement préscolaire.
  - Prévoir un tableau ou de l'équipement audiovisuel.
  - Réserver la salle pour un délai plus long que prévu au cas où une prolongation serait nécessaire. Il peut être fort décevant de bousculer les participants lorsqu'une quinzaine de minutes supplémentaires sont requises pour bien échafauder le plan d'intervention.
- **Rédiger une note à l'intention des participants**
  - Prendre soin de remettre à chacun des participants un avis précisant la date, l'heure, la durée, le local, les participants présents, les objectifs de la rencontre, l'ordre du jour (présentation des étapes d'élaboration du plan d'intervention).
  - Faire une synthèse de l'information transmise par le parent au moment de l'inscription, telle que les renseignements courants (ex. : date de naissance, adresse, etc.) ; l'historique des services reçus ; l'environnement social actuel ; les personnes devant contribuer à la réalisation du plan d'intervention ; les faits significatifs, tels que déménagement, retour au travail de l'un des parents, etc. ; les professionnels effectuant un suivi auprès de l'enfant et leurs principales recommandations ; les forces et besoins définis par le parent au moment de l'inscription ; le portfolio de l'enfant, s'il y a lieu. Cette information (Boisvert, 1995) peut être remise à chacun des participants avant la rencontre pour établir le plan d'intervention afin qu'il puisse se remémorer certains faits ou détails. Cela évite au parent de répéter de l'information déjà transmise.

À propos…

Pourquoi inviter les parents à participer à l'observation de leur enfant ?

Les recherches menées dans le domaine de l'éducation inclusive (Sorel, Bouchard et Kalubi, 1995 ; Boudreault *et al.*, 1998) insistent sur l'importance de favoriser la participation des parents à la démarche d'observation de leur enfant. Les résultats révèlent que les parents dont la contribution est généreuse au cours de la démarche d'observation de leur enfant se sentent davantage engagés dans le plan d'intervention et participent plus activement à son élaboration.

Les rencontres préparatoires : la collecte et la transmission des données

L'une des premières tâches que la direction sera appelée à réaliser à l'étape de la planification du plan d'intervention est la convocation des participants (Boisvert, 1995; Goupil, 2004).

Après avoir tenu compte des différents aspects mentionnés précédemment, la direction va s'assurer d'obtenir toute l'information nécessaire auprès des participants : les données d'observation, les commentaires, les besoins de l'enfant et des participants, etc., lors des rencontres préparatoires.

La rencontre préparatoire avec le parent

La direction doit organiser une brève rencontre avec le parent afin de discuter des points suivants :

- les objectifs du plan d'intervention;
- l'importance accordée à sa participation aux observations;
- l'importance accordée à sa participation à l'élaboration du plan d'intervention;
- la composition de l'équipe : les personnes devant participer à la rencontre;
- le rôle que jouera la directrice au cours de la réunion, ainsi que celui de l'intervenante;
- le choix d'une date et la rédaction éventuelle d'une note de service afin de confirmer la date, le lieu, l'heure, la durée, etc.

La direction convient avec le parent de la possibilité de suspendre les discussions, à tout moment, au cours de la réunion, s'il souhaite obtenir un moment de réflexion avant de prendre une décision sur un problème ou un aspect spécifique. Cette entente peut s'avérer fort rassurante pour le parent qui désire consulter son conjoint, ou une autre personne absente à la rencontre.

La direction peut mettre fin à la réunion en réitérant au parent son soutien et en l'assurant de sa disponibilité à discuter avec lui de tout autre sujet préoccupant pour son enfant.

Cette réunion préparatoire peut se dérouler en présence de l'intervenante. La relation de confiance que cette dernière a pu développer avec le parent depuis l'accueil de son enfant au préscolaire saura atténuer des réticences.

Au cours de cette rencontre préparatoire, la direction remet au parent la grille 4.1, *Synthèse de mes observations*, à la page 79, et l'invite à la remplir à la maison. Dans l'éventualité où le parent aurait des questions ou des commentaires, il sera invité à la contacter ou à la rencontrer pour obtenir des précisions.

La rencontre préparatoire avec l'intervenante

La direction doit également organiser une brève rencontre avec l'intervenante afin de dresser une liste des tâches à accomplir avant et pendant l'élaboration du plan d'intervention. Elle prendra soin de :

- définir les rôles respectifs;
- discuter du soutien attendu de l'intervenante et de celui que la direction pourra lui offrir;
- préciser, s'il y a lieu, certains aspects reliés à l'observation de l'enfant;

À propos...

Êtes-vous prête à participer à la rédaction du plan d'intervention ?

Pouvez-vous :

- expliquer ce qu'est un plan d'intervention ?
- décrire les étapes d'un plan d'intervention ?
- nommer des avantages à élaborer un plan d'intervention ?
- identifier les personnes qui peuvent y participer ?
- expliquer pourquoi votre participation est importante ?

Si vous avez répondu « non » à l'une de ces questions, consultez les sections précédentes. Cela vous permettra de répondre à votre questionnement et de poursuivre plus aisément votre lecture.

- définir avec elle des stratégies pour amener le parent à participer à l'observation de son enfant;
- mentionner la collaboration des autres personnes-ressources du milieu à la collecte de données;
- discuter des modes de transmission des observations au cours de la réunion.

La collecte et la transmission des données

L'observation de l'enfant au préscolaire relève en tout premier lieu de l'intervenante. Toutefois, les parents et la direction devraient également participer à cette démarche.

Pour que les parents puissent jouer un rôle efficace dans la rédaction du plan d'intervention, ils doivent avoir observé leur enfant à la maison. Ces observations au cours des activités quotidiennes de l'enfant leur permettront de noter ses **forces** et ses difficultés afin de préciser les **défis** qu'il aura à relever. Ils ajouteront ensuite à ces notes leurs besoins ou leurs attentes personnelles par rapport à l'enfant (Boudreault, Kalubi et Moreau, 2000).

FORCE DE L'ENFANT Acquis de l'enfant qui peut se présenter sous différentes formes : compétence, habileté, qualité, intérêt, talent. Principale tâche qu'un enfant est en mesure de réaliser.

DÉFI À RELEVER Pris dans le sens de besoin, il désigne tout obstacle perçu par l'enfant, un écart entre sa situation actuelle et la situation souhaitée. Sur le plan pédagogique, un défi représente l'écart entre l'état actuel des connaissances et le nouvel objectif à réaliser.

L'intervenante détient le rôle principal dans le processus d'observation. Cependant, c'est dans la perspective d'un travail d'équipe que l'observation doit être considérée. Il importe de favoriser la collaboration des autres personnes intervenant auprès de l'enfant afin qu'elles contribuent à la collecte des données. Aussi, l'intervenante responsable de l'accueil et du départ de l'enfant et la suppléante occasionnelle durant les pauses ou les jours de congé, par exemple, devraient être invitées à communiquer à l'intervenante toute information intéressante concernant les besoins de l'enfant ou du milieu. Toutes les observations et les évaluations des besoins du milieu seront inscrites dans la grille 4.1, à la page 79, intitulée *Synthèse de mes observations*.

L'intervenante doit effectuer un travail d'observation parallèlement à celui des parents. Et, comme les parents, elle documentera ses observations en précisant, toujours par rapport à l'enfant, ses attentes et ses besoins personnels ainsi que ceux de son milieu éducatif.

La direction planifiera l'observation de l'enfant avec l'intervenante et précisera avec elle les délais ainsi que le soutien nécessaire au succès de cette collecte d'information. Elle encouragera la participation ou sollicitera le concours des autres professionnels du milieu qui, à l'occasion, travaillent aussi avec l'enfant. Elle leur demandera de faire connaître également leurs attentes et leurs besoins personnels par rapport à l'enfant. En outre, une bonne compréhension de cette démarche leur permettra, d'une part, de contribuer de façon efficace à la cueillette des données et, d'autre part, de favoriser, une meilleure concertation entre l'intervenante et les autres personnes travaillant dans le service éducatif.

Attention !

Pour obtenir davantage d'information sur l'observation, les méthodes et les outils d'observation, consultez le chapitre 5.

À la suite de la collecte des données, l'intervenante et la direction devront déterminer quelles données d'observation seront tranmises aux parents et aux autres participants. La quantité de renseignements recueillis nécessite de procéder à un tri. Le défi consiste alors à retenir l'information la plus pertinente en vue d'établir le plan d'intervention. Ce tri effectué, la direction doit élaborer avec l'intervenante une stratégie pour traiter les renseignements non retenus.

Comme il sera indispensable de définir au cours de la réunion du plan d'intervention les forces et les besoins de l'enfant, un accent devra être mis sur la précision des attentes et des préoccupations de tous les participants.

La grille 4.1 ci-après propose un modèle de synthèse des observations qui pourrait être utilisé par tous les participants au plan d'intervention : l'intervenante, la direction, les parents et les autres professionnels, s'il y a lieu. Cette grille peut être adaptée selon les contextes de vie de l'enfant : activités en famille ou en milieu éducatif. La page 80 propose une illustration concrète de la grille *Synthèse de mes observations.*

Ces observations pourraient se faire à partir des diverses activités qui composent la routine de l'enfant : l'arrivée en service éducatif, l'habillage et le déshabillage, l'heure des repas, les jeux, etc. Pour chacune de ces activités, l'intervenante précise :

- les actions que l'enfant est capable de réaliser : ses forces;
- les actions qu'elle souhaite qu'il réalise : les défis qu'il doit relever.

Attention !

Vous trouverez dans la section Annexes, à la p. 200, un outil d'observation conçu pour dresser les forces et les besoins de l'enfant.

▪ UNE GRILLE REPRODUCTIBLE SE TROUVE À LA PAGE 200 ▪

Grille 4.1 Synthèse de mes observations

- **Dans la section A « Forces », inscrivez vos observations faites au cours de la routine de l'enfant : ce qu'il est capable de faire, ce qu'il aime faire, ses habiletés particulières et ses principales qualités.**
- **Dans la section B « Défis à relever », inscrivez ce que vous estimez important qu'il apprenne à faire ou qu'il améliore.**
- **Dans la section C « Autres besoins importants », indiquez les besoins particuliers de l'enfant, vos propres besoins, ceux du milieu préscolaire et de votre groupe d'enfants.**

A - Forces	Contextes d'activités	B - Défis à relever
	Arrivée en milieu de garde ou préscolaire et départ Habillage et déshabillage Causerie et rassemblement Lorsqu'il joue : ▪ seul ▪ avec d'autres enfants ▪ avec un adulte Jeux extérieurs Participation au rangement Soins corporels (ex. : lavage des mains, brossage des dents, propreté...) L'heure des repas et des collations L'heure de la sieste	
A - Forces	**Contextes d'activités**	**B - Défis à relever**
	Transitions Activités en atelier	
A - Forces	**Habiletés**	**B - Défis à relever**
	Communication (réception et expression) Expression de ses émotions Habiletés sociales Motricité fine Motricité globale	

C- Autres besoins importants
Autre(s) besoin(s) de l'enfant
Mes besoins en tant qu'intervenante
Les besoins du milieu et de mon groupe d'enfants

À propos...

Pour que les éléments notés dans la *Synthèse de mes observations* correspondent à la réalité de l'enfant et de votre milieu, n'hésitez pas à la modifier. Vous pouvez ajouter des contextes d'activités, en enlever ou encore en modifier. Par la suite, complétez avec le parent la collecte des données en précisant les besoins spécifiques de l'enfant. Prenez soin également d'indiquer vos propres besoins et ceux de votre milieu éducatif.

Comment remplir la grille *Synthèse de mes observations*

A Forces

Que dois-je inscrire sous « Forces » ?

L'intervenante, en se référant à la routine de l'enfant, doit s'interroger sur ses forces, c'est-à-dire les principales actions que l'enfant est en mesure de réaliser, ses compétences, ses habiletés, ses qualités, ses intérêts et ses préférences, et les noter.

L'intervenante pourra se dire : « Oui, bien sûr, il peut faire ça, mais par rapport aux autres enfants de son âge, il devrait être rendu plus loin. Dois-je considérer ce comportement comme une force ? » Bien sûr ! Lorsqu'un enfant fait des apprentissages, c'est comme s'il montait un escalier. Il faut reconnaître l'effort qu'il a investi pour gravir chacune des marches et pour s'y maintenir, et ce, sans tenir compte de la position des enfants qui l'entourent. Bref, tout indice de développement mérite d'être souligné.

Pour définir les forces de l'enfant, l'intervenante doit le comparer à lui-même, en fonction de ses propres capacités. Les progrès réalisés par des enfants ayant des besoins particuliers sont parfois perçus par les adultes comme des « petits » progrès alors que pour ces enfants, il s'agit de progrès « énormes ». C'est en comparant les observations faites antérieurement qu'il sera possible de juger des progrès de l'enfant. L'intervenante ne doit pas se limiter aux apprentissages pour préciser les forces de l'enfant et doit inscrire également ses qualités, ses talents, etc.

Un rappel

Lorsque vous choisissez une force, commencez la rédaction par :

(Prénom de l'enfant) ____________ est capable de ____________.

Inscrivez des exemples concrets.

IMPORTANT Vous pouvez ajouter tout autre commentaire qui apporte des précisions sur les actions de l'enfant ou le comportement qu'il adopte.

A • Forces	Contextes d'activités	B • Défis à relever
William est capable de… **Déshabillage** ▪ Enlever son manteau, ses mitaines, sa tuque et son col. ▪ La présence des autres enfants l'encourage à se déshabiller seul. ▪ En hiver, l'éducatrice qui l'accueille le matin l'aide à enlever sa salopette. ▪ Au déshabillage, il se dépêche et collabore, car il a très hâte d'aller jouer. **Habillage** ▪ Mettre un manteau, un gilet, un tablier pour la peinture, etc. ▪ Attacher un bouton (grosseur moyenne). ▪ Remonter une fermeture éclair. **Commentaires** ▪ Pour accomplir ces tâches, William est patient et de bonne humeur. ▪ Il aime observer les autres enfants, imiter leurs gestes en écoutant des comptines, taquiner les autres enfants.	**Habillage et déshabillage**	

B Défis à relever

Que dois-je inscrire sous « Défis à relever » ?

Pour chaque contexte d'activités, l'intervenante vérifie si elle souhaite que l'enfant acquière une nouvelle habileté ou améliore une habileté qu'il a acquise. Il n'est pas nécessaire de trouver un défi pour chacun des contextes d'activités ; il suffit de considérer cette grille d'observation comme un aide-mémoire et un soutien dans la détermination des besoins de l'enfant. Ainsi, lorsqu'il n'y a rien à indiquer, il suffit d'inscrire « OK » dans la case appropriée.

Un rappel

Lorsque vous choisissez un défi, commencez par :

J'aimerais que (prénom de l'enfant) ____________ soit capable de ____________.

Présentez des exemples concrets.

IMPORTANT Vous pouvez ajouter tout autre commentaire qui apporte des précisions sur le comportement que vous désirez que l'enfant adopte.

A • Forces	Contextes d'activités	B • Défis à relever
	Habillage et déshabillage	**J'aimerais que William soit capable de…** ▪ Faire une demande verbale ou à l'aide de gestes lorsqu'il a besoin d'aide. **Déshabillage** ▪ Accrocher son manteau et ses autres effets personnels. **Habillage** ▪ Essayer d'enfiler un pied ou une jambe dans son pantalon. ▪ Effectuer une tâche par lui-même ou prendre des initiatives. Il a besoin de rappels et d'encouragements. **Commentaires** ▪ Je comprends que je pourrais promouvoir davantage l'autonomie de William en le laissant effectuer seul les gestes qu'il est en mesure d'accomplir. Par exemple, pour mettre son pantalon, il peut le placer dans le bon sens et tirer dessus, etc. Ordinairement, c'est moi qui le fais pour lui.

C Autres besoins importants

Que dois-je inscrire sous « Autres besoins importants » ?

Pour clore cette démarche, l'intervenante inscrit les besoins spécifiques de l'enfant. Il s'agit ici d'un besoin que l'enfant n'a pas manifesté au moment d'activités éducatives. S'il n'y a aucun besoin à ajouter, l'observateur inscrit « OK » dans l'espace réservé à cette fin.

Ensuite, l'intervenante définit ses propres besoins. À cette fin, il peut être utile de préciser les comportements ou les situations qui l'agacent. En mettant l'accent sur les éléments irritants, on parvient à gérer sainement temps et énergie. Ces éléments, qui sont habituellement générateurs de stress, peuvent nuire aux interactions adulte-enfant ou enfant-enfant et au bon fonctionnement de son programme pédagogique.

Enfin, l'intervenante ajoute aux divers besoins répertoriés ceux du milieu familial et du service éducatif et, selon le cas, ceux de son groupe d'enfants. En service éducatif, la consultation des collègues qui travaillent aussi avec l'enfant ou avec le groupe est nécessaire. Les intervenantes responsables de l'accueil, du départ, du remplacement durant les pauses ou les congés, de même que la directrice, représentent autant de personnes pouvant fournir de précieuses indications sur les besoins de l'enfant. C'est donc en équipe que doit s'effectuer cette démarche.

	C • Autres besoins importants
Autre(s) besoin(s) de l'enfant	▪ À l'occasion de sorties à l'extérieur du service, il faut s'assurer de la disponibilité du matériel adapté et parfois de la présence d'une personne accompagnatrice. Des activités comme des promenades en forêt et des visites au zoo risquent d'être épuisantes pour William qui doit se déplacer à l'aide de prothèses.
Mes besoins en tant qu'intervenante	▪ Obtenir du soutien pour communiquer plus efficacement avec William. La tâche se révèle parfois si ardue que je ressens du découragement et de la culpabilité. Les parents semblent saisir plus facilement ses demandes. Cette situation est frustrante, autant pour William que pour moi. Depuis quelques jours, quand je n'arrive pas à comprendre ce qu'il me dit, il se fâche, crie et jette tout par terre.
Les besoins du milieu et du groupe d'enfants	**Milieu** ▪ Mon milieu éducatif aurait besoin des conseils professionnels, d'un ergothérapeute ou d'un physiothérapeute, par exemple, pour l'achat ou l'adaptation de matériel qui favorise le développement de la motricité fine et globale. Une discussion avec l'orthophoniste est également souhaitable. **Groupe d'enfants** ▪ Communiquer avec plus de facilité avec William. Actuellement, certains enfants interagissent peu avec William parce qu'ils ne disposent pas de stratégies de communication efficaces.

Il va de soi que ce même exercice peut être réalisé par les parents de même que par tous les autres participants au plan d'intervention (Boudreault, Kalubi et Moreau, 2000).

La planification du déroulement de la réunion

Le succès de la réunion servant à établir le plan d'intervention repose également sur la planification de son déroulement.

Les principales étapes de la planification du déroulement (Ouellette, 1989; Goupil, 2004) de la réunion du plan d'intervention consistent à:

- **Rassembler l'information concernant les aspects suivants:**
  - le degré de connaissance entre les participants;
  - les attentes des participants par rapport à la réunion;
  - le degré d'expérience qu'ont les participants de ce type de rencontre et de ses différentes étapes;
  - la durée prévue de la réunion.
- **Planifier le début de la réunion et l'organisation matérielle**
  Il s'agit de répondre à la question suivante: «Comment allons-nous commencer la rencontre?». Le début de la réunion a souvent une influence déterminante sur son déroulement et sur la motivation des participants, d'où l'importance de bien la planifier. Les éléments suivants sont à considérer dans vos préparatifs:
  - permettre aux participants de prendre contact entre eux;
  - distribuer l'ordre du jour;
  - présenter au groupe les objectifs poursuivis tels que les trois temps associés à la démarche du plan d'intervention (se référer à la page 90);
  - proposer certaines règles de fonctionnement ayant trait au droit de parole, à la durée des interventions et au respect des opinions;
  - clarifier votre rôle et celui de toute autre personne dans le groupe dont la présence pourrait être une source de malentendu.
- **Planifier une démarche, étape par étape, pour faire des choix d'objectifs**
  Afin que l'équipe puisse travailler de façon efficace à l'atteinte de l'objectif, à titre d'exemple, la direction peut inscrire : «Dressez une liste des défis que devrait relever l'enfant.» La direction peut planifier l'animation de la réunion comme suit:
  - Je mentionne qu'à cette étape aucune idée n'est rejetée ou discutée pour fin de consensus.
  - J'invite les participants à présenter à tour de rôle les défis notés au cours de la période d'observation.
  - J'inscris chacune des idées émises par les participants.
  - Après chaque présentation, je convie les participants à poser des questions de clarification.
- **Planifier la fin de la réunion**
  La question à laquelle il faut répondre ici est la suivante: «Comment allons-nous terminer la rencontre?». Il n'est pas rare que cette étape soit escamotée dans des réunions, surtout lorsque le temps prévu pour aborder les différents points se révèle insuffisant. Une fin de réunion précipitée ne permet pas aux participants d'apprécier le travail accompli ni de préciser les améliorations à apporter.

La direction devrait alors considérer les éléments suivants dans sa planification :

- résumer les principaux points discutés et les principales décisions prises ;
- évaluer la rencontre sur le plan des objectifs poursuivis et sur celui du fonctionnement du groupe ;
- planifier le suivi, c'est-à-dire fixer la date de la prochaine rencontre, expliquer les objectifs qui seront poursuivis et établir les tâches et les responsabilités de chacun d'ici là.

Les sections suivantes suggèrent un cheminement pour réaliser efficacement la planification du déroulement de la réunion. Pour assurer la réussite de la rédaction du plan d'intervention, la direction devra accorder une importance aux aspects suivants :

- les différentes attentes des participants ;
- l'adoption d'attitudes propices à la collaboration et au partenariat ;
- l'animation de la réunion.

Les différentes attentes des participants

Pour favoriser des échanges constructifs entre les participants, il importe de comprendre les attentes des différents participants.

Les attentes des participants sont généralement associées à des craintes, des attitudes ou des sentiments qu'ils éprouvent. Or, certaines personnes développent manifestement des habiletés à aider les participants à dissiper leurs réserves. Le tableau 4.4, à la page 86, propose des exemples d'attitudes et décrit des stratégies à adopter pour favoriser un soutien mutuel, en tenant compte que ces craintes et attitudes sont différentes selon que l'on est un parent, une intervenante ou un membre de la direction.

Pour plusieurs personnes, il s'agit d'une nouvelle expérience qui génère des attentes et des préoccupations. Lorsque les participants prennent soin de définir leurs attentes, il devient plus facile d'en faire part aux autres membres de l'équipe et de trouver des moyens pour y répondre. Par ailleurs, le fait de prendre conscience de ses préoccupations permettra de trouver des pistes de solution pour s'en libérer. À ce sujet, il peut être judicieux de discuter avec une collègue ou un parent afin d'obtenir un soutien dans cette démarche. Le tableau 4.2, à la page 83, résume des attentes formulées par des participants.

À propos...

Votre participation au plan d'intervention

Pour clarifier vos attentes par rapport à la réunion de rédaction du plan d'intervention, vous pourriez inscrire spontanément les idées qui vous viennent à l'esprit :

- Quelles sont vos attentes par rapport à cette réunion ?
- Quelles sont vos préoccupations par rapport à cette réunion ?
- Quelles sont les stratégies ou les attitudes qui pourraient vous aider à vous sentir plus à l'aise au cours de cette réunion ?

L'adoption d'attitudes propices à la collaboration et au partenariat

Au moment de la rencontre du plan d'intervention, les interactions entre les participants et la qualité des relations qui s'établissent entre eux sont des aspects importants du travail de collaboration et de partenariat.

Demeurer à l'écoute

En prenant soin d'écouter les participants, chacun manifeste son intérêt et son engagement à considérer les membres de l'équipe comme partenaires dans l'éducation de l'enfant. Pour atteindre cet objectif, il importe de pratiquer l'écoute active qui, tout en permettant d'être plus empathique, communique aux autres le respect et les encourage à participer activement aux diverses prises de décision.

Tableau 4.2 Les attentes des parents, de l'intervenante et de la direction

LES PARTICIPANTS	LEURS ATTENTES
Des attentes que pourraient avoir les parents	▪ Que l'on trouve des solutions pour aider mon enfant. *Nancy, mère de Karianne* ▪ Que l'on prenne en considération mes idées. *Marc-André, père de Jason* ▪ Que l'on me dise ce qui va bien chez mon enfant, s'il fait des progrès. *Cynthia, mère de Coralie* ▪ Que les mesures pour régler un problème ne soient pas déjà prises au moment où on m'informe que mon fils a un problème. *Yannick, père de William* ▪ Que je me sente à l'aise de m'exprimer. Il y a des gens avec qui c'est facile, d'autres moins. *Mario, père de Jacob* ▪ Que l'on m'explique de nouveau le programme éducatif du milieu de garde. J'ai beaucoup de questions à ce sujet. *Marie-José, mère de Mathieu*
Des attentes que pourrait avoir l'intervenante	▪ Que les parents participent activement aux discussions et aux décisions. *Julie* ▪ Que je puisse expliquer aux parents mon rôle et mes limites. *Nicole* ▪ Que le parent m'informe davantage des intérêts et des comportements de son enfant. *Roxanne* ▪ Que la réunion favorise l'expression de nouvelles idées afin d'améliorer mes interventions. *Louise* ▪ Que je puisse présenter au parent les stratégies que j'ai développées auprès de son enfant. *Robert*
Des attentes que pourrait avoir la direction	▪ Que les parents participent activement aux discussions et aux décisions. *Chantal* ▪ Que je puisse expliquer aux parents mon rôle et mes limites. *Martine* ▪ Que la réunion favorise l'expression de nouvelles idées afin d'améliorer le travail des intervenantes de notre équipe. *Louise* ▪ Que nous puissions présenter aux parents les stratégies que nous avons expérimentées avec leur enfant. *René*

Il se peut que le parent éprouve encore des difficultés à accepter que son enfant ne soit pas comme les autres. Il doit « faire le deuil » de l'enfant idéal dont il avait tant rêvé. Connaître le processus de deuil peut aider les participants à expliquer des comportements ou des attitudes du parent. Le tableau 4.3, à la page 85, résume le processus d'adaptation lié au deuil.

Considérer la confiance comme un élément essentiel de la relation

C'est sur une confiance partagée que repose la relation parent-direction ou parent-intervenante. Une personne qui se méfie d'une autre est peu encline à aborder avec elle l'éducation de l'enfant. Pour que naisse cette confiance si précieuse et pour qu'elle puisse se maintenir, le parent, l'intervenante et la direction doivent miser sur les conditions suivantes (Fine et Simpson, 2000) :

- manifester le désir de participer activement au processus d'éducation;
- reconnaître que l'autre a une responsabilité partagée vis-à-vis de l'enfant;
- manifester sa volonté à défendre les intérêts de l'enfant;
- adopter une attitude positive;
- encourager l'autre à discuter de ses idées, à exprimer sa pensée;
- être sensible aux besoins particuliers de l'autre et à ses émotions;
- acquérir la confiance de l'autre.

Attention !

Dans la rubrique « Pour aller plus loin », à la page 102, vous trouverez des ressources pour accroître vos connaissances sur les étapes du processus d'adaptation.

Tableau 4.3 Le processus d'adaptation (Bhérer, 1993)

LES ÉTAPES	RÉACTIONS ET ÉMOTIONS TYPES
Première étape : le choc	▪ confusion ▪ émotions intenses ▪ ou absence apparente d'émotion
Deuxième étape : la négation	▪ déni ▪ anxiété ▪ consultation de divers spécialistes à des fins de comparaison
Troisième étape : le désespoir	▪ chagrin intense ; ▪ épuisement, attitudes dépressives
Quatrième étape : le détachement	▪ étape intermédiaire où les émotions deviennent peu à peu moins intenses et moins envahissantes
Cinquième étape : l'acceptation	▪ réalisme ▪ adaptation ▪ retour à l'équilibre

À propos...

Certaines attitudes peuvent avoir un impact important sur le déroulement de la réunion. Si, par exemple :

- vous avez le sentiment de ne pas être compris ;
- vous avez l'impression d'avoir oublier de dire quelque chose d'important ;
- vous avez de la difficulté à formuler ce que vous voulez dire ;
- vous appréhendez certaines émotions de la part d'une personne ;
- vous sentez les émotions vous envahir ;
- vous aimeriez susciter un esprit de collaboration, etc.

Il serait préférable d'en discuter à un moment opportun avec les personnes concernées afin de dissiper tout malaise pouvant entraver le bon déroulement de la réunion.

Découvrir et reconnaître les valeurs personnelles des autres

Les valeurs déterminent bon nombre de décisions et d'actions. À l'étape de l'élaboration du plan d'intervention, alors que diverses décisions doivent être prises en commun, des participants peuvent être tentés de croire que leurs valeurs sont plus acceptables que celles d'un autre participant. Évidemment, une telle attitude risque de créer des tensions. Chacun des participants doit non seulement être capable de reconnaître ses valeurs, mais encore d'accepter qu'elles puissent différer de celles des autres. Ces divergences de croyances et de buts ne devraient pas empêcher une personne de participer au débat.

Accepter l'autre comme un participant à part entière

L'intervenante, ou un membre de la direction, doit promouvoir et accepter la participation à part entière du parent dans l'éducation de son enfant. Ses paroles, ses gestes et ses attitudes doivent entièrement le refléter.

Afin d'aider le parent à prendre une part active aux diverses décisions, l'intervenante et la direction doivent lui offrir leur soutien, d'une part, en évitant d'escamoter, par inadvertance ou par ignorance, les étapes essentielles aux processus de prise de décision en équipe, d'autre part, en adoptant des attitudes qui favorisent l'engagement du parent à chacune des étapes de ce processus. Les attitudes à privilégier dépendent d'obstacles qui surviennent au cours d'une telle réunion. Le tableau 4.4, à la page 86, en illustre quelques-unes.

Tableau 4.4 Situations vécues par des participants et pistes de solution

Situations vécues	Commentaires	Pistes de solution
«J'ai le sentiment que certaines personnes ne saisissent pas ce que je dis.»	Des situations d'incompréhension engendrent régulièrement des problèmes dans les relations entre parents, intervenantes et direction. La plupart sont causés par le fait que les participants n'ont pas le même vocabulaire pour exprimer leurs attentes. Par exemple, un médecin ou un physiothérapeute utilise très souvent certains termes techniques reliés à leur profession. Il ne se rend pas compte que la grande majorité des gens en ignorent la signification. Lorsqu'un parent ne connaît pas la signification d'un terme ou s'inquiète de ne pas saisir le sens d'un mot, il finit par perdre le fil de la conversation. Cette situation risque d'affecter sa participation.	Pour éviter de vivre une situation aussi contraignante, la meilleure stratégie consiste à miser dès le départ sur la prévention. Il s'agit tout simplement, au début de la réunion, d'aborder cette difficulté avec les participants. Par exemple, avant d'amorcer la discussion, l'animatrice peut rassurer les parents de la façon suivante : *Il nous arrive d'utiliser des termes techniques avec lesquels vous pouvez ne pas être familiers. Nous allons essayer d'utiliser un langage clair et éviter les expressions trop techniques. Toutefois, si certains détails vous paraissent obscurs, n'hésitez pas à nous demander des éclaircissements. Il est tout à fait normal que certains mots que nous employons vous soient inconnus.* Certains participants hésitent à intervenir pour réclamer des précisions, craignant d'être mal perçus. L'animatrice a donc tout intérêt à faire de courtes pauses au cours des discussions pour décoder les messages non verbaux des participants et observer les expressions sur leur visage. À l'aide de ces indices, elle pourra mesurer leur compréhension. Lorsque l'animatrice décèle des signes d'incompréhension, elle ne doit pas hésiter à demander : *Nous avons dit plusieurs choses. Y a-t-il des aspects que vous souhaiteriez que je précise ou des questions que vous aimeriez poser ?*
«Je constate qu'un participant ne prend pas la parole ou ne répond que par "oui" ou par "non".»	Nombre de personnes ne se sentent pas à l'aise au moment de s'exprimer en groupe. Elles ont alors tendance à adopter une attitude «d'observateurs» au moment des rencontres. D'autres, qui en sont à leur première participation au plan d'intervention, sont anxieuses et n'osent pas intervenir de peur de commettre des maladresses. D'autres enfin, plus discrètes de nature, s'attendent à ce que les autres participants mènent entièrement la rencontre et leur indiquent clairement ce qu'ils attendent d'elles.	Pour susciter un dialogue constructif, l'animatrice pourrait amorcer la rencontre sur une note amicale. Pour établir un climat de confiance qui favorise la participation de chacun, elle devrait : ▪ s'assurer que le local est adéquat ; ▪ éviter les interruptions, de quelque nature que ce soit, au cours des discussions ; ▪ effectuer la présentation de chacun des participants ; ▪ créer une ambiance accueillante en offrant un café, un jus ou un verre d'eau ; en amorçant la discussion par un sujet neutre ; en présentant et en commentant des photographies de l'enfant prises au cours de diverses activités ; en remettant et en expliquant quelques travaux significatifs réalisés par l'enfant ; ▪ remettre une copie de l'ordre du jour et prendre le temps de répondre aux questions. Une autre stratégie à privilégier au cours de la réunion est d'inviter les participants à réagir à ce qu'une personne vient de dire, par exemple : *On vous a expliqué comment on voit les choses. J'aimerais savoir ce que vous pensez de tout cela…* *Quelles sont vos réactions par rapport à ce qui vient d'être dit ou proposé ?*

Tableau 4.4 Situations vécues par des participants et pistes de solution (suite)

Situations vécues	Commentaires	Pistes de solution
«J'ai oublié de dire…, j'aurais dû dire…»	Il n'est pas rare qu'après la réunion un participant constate qu'il a oublié de discuter d'un sujet ou de poser des questions.	Quelques jours avant la réunion, prenez soin de noter les questions qui vous préoccupent. Au début de la réunion, prenez le temps de préciser vos attentes, par exemple: *J'aimerais que nous discutions de…* Au cours de la réunion, notez vos questions et les points que vous souhaitez préciser. Si vous constatez que le sujet qui vous préoccupe n'a pas été abordé, demandez aux participants de vous accorder quelques minutes pour en discuter. N'hésitez surtout pas à prendre le temps de revoir vos notes ou vos outils d'observation. Enfin, il n'est jamais trop tard pour discuter de sujets préoccupants. Si un participant oublie de discuter d'un sujet, il doit planifier une brève rencontre pour le faire avec la personne concernée.
«Le parent ne comprend pas mon point de vue ou je ne saisis pas le sien.»	Au cours de la réunion, l'animatrice ou l'intervenante constate que le parent ne saisit pas son point de vue. Elle répète son explication sans plus de succès. Elle sent l'impatience la gagner. À l'inverse, l'animatrice ou l'intervenante n'arrive pas à comprendre le point de vue du parent qui, pour l'aider, reprend ses mêmes explications. Ce genre d'imbroglio se produit fréquemment dans des réunions.	Si vous avez le sentiment que l'on ne comprend pas votre point de vue, vous devez le mentionner. Toutefois, au lieu de le répéter, demandez au parent de vous expliquer ce qu'il en a compris. Cette stratégie permet de clarifier rapidement les ambiguïtés. Vous distinguerez ainsi plus facilement les éléments qui exigent des éclaircissements. De même, si vous ne saisissez pas le sens des propos de votre interlocuteur, dites-lui ce que vous en avez compris.
«Je sens les émotions envahir le parent.»	Le fait de discuter des besoins ou des difficultés de leur enfant éveille chez plusieurs parents des émotions de tristesse, de peur, de découragement ou de colère. Elles sont tout à fait normales, voire inévitables, et leurs manifestations (inquiétudes, pleurs, etc.) le sont tout autant. Ce qui importe, c'est la manière dont les parents réagissent par rapport à leurs émotions. Les nier ou les réprimer exige de l'énergie; il vaut mieux les encourager à les exprimer afin qu'ils puissent s'en libérer et poursuivre plus aisément la discussion.	Lorsqu'un parent est envahi par ses émotions, l'animatrice peut l'aider à en discuter avec les participants ou avec des proches. Sachant qu'il pourra partager ses inquiétudes, ses peurs, sa colère ou sa tristesse, il se sentira libéré durant la réunion. Par ailleurs, cela permettra aux participants de mieux le comprendre et d'agir en fonction de ce qu'il vit. Les participants doivent être sensibles à ce que les parents vivent et ne doivent pas les juger. Il importe de respecter leurs émotions au même titre que l'on respecte les émotions de ses proches.
«J'aimerais susciter un esprit de collaboration et de partenariat.»	Différents facteurs influencent le niveau de participation des participants lors d'une démarche de plan d'intervention. Le développement d'une meilleure collaboration et d'un meilleur partenariat entre parents, intervenantes et direction est un facteur déterminant (Fine et Simpson, 2000).	L'intervenante, ou un membre de la direction, qui souhaite accroître l'esprit de collaboration, a avantage à intégrer les quatre facteurs interpersonnels (Fine et Simpson, 2000) qui le favorise, c'est-à-dire: ▪ être à l'écoute; ▪ considérer la confiance comme un élément essentiel de la relation; ▪ connaître et accepter les valeurs personnelles des participants; ▪ accepter le parent ou toute autre personne comme un participant à part entière.

Tableau 4.4 Situations vécues par des participants et pistes de solution (suite)

Situations vécues	Commentaires	Pistes de solution
« En tant qu'intervenante ou membre de la direction, je ne comprends pas certaines réactions des parents. »	L'intervenante et la direction savent mieux que quiconque à quel point le parent est sensible aux commentaires portant sur les difficultés, les forces ou le développement de son enfant. Cette sensibilité se trouve considérablement accrue dans le cas d'un parent d'un enfant ayant des besoins particuliers. En effet, le parent a dû faire le deuil de l'enfant dont il a rêvé, de la famille et de la vie telles qu'il les concevait avant la découverte de sa déficience. Au cours de la démarche du plan d'intervention, le processus d'adaptation dans lequel il s'est engagé est générateur d'émotions et de perceptions qui influencent ses relations avec la direction et l'intervenante.	La connaissance et la compréhension de ce processus d'adaptation s'avèrent précieuses pour amorcer une bonne collaboration avec le parent et pour lui permettre de s'adapter à son état émotionnel. Les attentes à son égard seront en effet plus réalistes et les interventions plus adaptées à ce qu'il ressent.
« En tant que parent, j'aimerais être accompagné par une personne autre que mon conjoint. »	Il arrive qu'un parent souhaite participer à la réunion avec une autre personne, membre de sa famille, ami, gardienne, etc.	Pour certains parents, la présence d'un proche est réconfortante et sécurisante. De plus, selon le rôle que joue cette personne dans la vie de l'enfant, elle peut apporter des commentaires très pertinents. Le parent doit cependant en informer à l'avance l'intervenante ou la direction en précisant brièvement la nature des liens qui l'unissent à cette personne.
« En tant qu'intervenante ou membre de la direction, je désire favoriser la participation des parents aux décisions. »	L'intervenante considère-t-elle les parents comme des personnes à informer ? à consulter ? à écouter ? Les parents sont parfois perçus par les professionnels de l'éducation et de la santé comme des personnes à informer. Ainsi, dans le processus de prise de décision, ils se contentent fréquemment d'exposer leur vision des difficultés de l'enfant, sans solliciter l'opinion des parents. Comment réagissent les parents insatisfaits dans ces conditions ? Parce qu'ils se sentent tenus à l'écart du processus de prise de décision et qu'ils ne sont pas invités à exprimer leurs opinions ou à influencer la discussion, certains parents hésitent à participer aux réunions du plan d'intervention.	Les parents auraient tout avantage à obtenir du soutien afin de pouvoir participer avec plus d'enthousiasme à des réunions de prise de décision (Boudreault *et al.*, 1998 ; Fine et Simpson, 2000). De telles réunions visent à déterminer une position commune par rapport à une problématique ; cette position doit recevoir l'approbation de chacun des participants. La réunion de prise de décision (Boisvert, Cossette et Poisson, 1998) inclut un processus qui s'appuie en alternance sur la résolution de problèmes et la recherche de solutions. Le modèle généralement utilisé s'articule autour des quatre étapes suivantes (Solar, 2001 : 118) : ▪ la définition du problème (ou du besoin ciblé) ; ▪ l'inventaire des solutions ; ▪ la prise de décision ; ▪ la mise en œuvre du plan choisi.

L'animation de la réunion

En tant que membre de la direction, la directrice est la personne toute désignée pour exercer le rôle d'animatrice à la réunion du plan d'intervention. D'une part, elle est déjà habile dans la gestion d'équipe et, d'autre part, son niveau d'engagement auprès de l'enfant la rend capable d'adopter une attitude de neutralité. Il faut noter, toutefois, que son rôle, au cours de la réunion, ne se limite pas à celui d'animatrice. Elle est également une participante qui, à certaines étapes, doit exposer son point de vue et participer aux prises de décision. Ce double rôle exige qu'elle concilie avec soin ses attentes et ses tâches en tant que participante et animatrice.

> **À propos...**
>
> Afin de peaufiner vos techniques d'animation et d'accroître votre compréhension du fonctionnement d'une équipe de travail, consultez la rubrique « Pour aller plus loin », à la page 102.

Une réunion de plan d'intervention fonctionne comme une réunion d'équipe de travail; elle tient compte de la procédure et des relations socioaffectives entre participants. À chacune de ces dimensions correspondent une fonction d'animation et des tâches qui en facilitent l'exercice. Voici une brève description de chacune de ces fonctions suivie du tableau 4.5 qui expose les différentes tâches qui y sont associées.

La fonction de production : la procédure

Lorsqu'un participant exerce cette fonction, sa préoccupation est d'orienter les discussions selon les tâches à effectuer.

La fonction de facilitation : les relations socioaffectives

Dans l'exercice de cette fonction, ses tâches consistent à susciter et à contrôler la participation des membres de l'équipe.

La fonction de régulation : le respect du droit de parole

Lorsqu'un participant assume cette fonction, son objectif est d'assurer aux membres de l'équipe l'établissement et le maintien d'une ambiance de travail agréable permettant à chacun de prendre la parole de façon équitable.

Tableau 4.5 L'animation d'une réunion

LES TROIS DIMENSIONS D'UNE RÉUNION		
LA PROCÉDURE	LES RELATIONS SOCIOAFFECTIVES	LE RESPECT DU DROIT DE PAROLE
Fonction de production	**Fonction de facilitation**	**Fonction de régulation**
Tâches de production durant la réunion ▪ Présenter le thème de la réunion ▪ Préciser les objectifs ▪ Effectuer des synthèses ▪ Lier les idées entre elles ▪ Augmenter le rythme des discussions ▪ Reformuler les propos émis ▪ Questionner ▪ Clarifier les points de vue ▪ Faire le point sur le plan de travail ▪ Évaluer l'atteinte des objectifs **Tâches de production après la réunion** ▪ Rédiger, si nécessaire, un compte rendu ▪ Maintenir le contact et effectuer le suivi (planification de la prochaine réunion)	**Tâches de facilitation durant la réunion** ▪ Faire accepter les objectifs, le thème et l'ordre du jour ▪ Susciter les discussions et obtenir l'opinion des participants ▪ Accorder le droit de parole ▪ Stimuler la participation de certains membres ▪ Refréner les bavards ▪ Obtenir et vérifier l'accord de tous sur les décisions ▪ Utiliser et faire utiliser les moyens appropriés, ex. : recourir au processus de résolution de problèmes, présenter une vidéocassette ou le portfolio de l'enfant. ▪ Rappeler le temps disponible	**Tâches de régulation durant la réunion** ▪ Présenter et faire présenter les participants ▪ Assurer la prise de parole de tous les participants ▪ Accueillir l'expression des sentiments ▪ Gérer les moments de tension ▪ Rationaliser les conflits ▪ Encourager les participants

Attention!

Pour les fins de cette section, vous pouvez vous référer aux grilles reproductibles proposées en Annexes, aux pages 201 à 203.

LA PRISE DE DÉCISION : LA RÉUNION POUR ÉTABLIR LE PLAN D'INTERVENTION

La rédaction du plan d'intervention correspond à l'inscription au plan des décisions prises lors de la réunion. La rédaction du plan d'intervention peut être terminée par l'intervenante après la réunion.

Le modèle de plan d'intervention que nous proposons comprend six sections distinctes réparties en trois temps :

Premier temps : la présentation des participants et du déroulement

Section A : renseignements généraux

Deuxième temps : le tour de table

Section B : définition des forces de l'enfant

Section C : remue-méninges sur les défis à relever

Troisième temps : la prise de décision

Section D : choix de quelques défis à relever

Section E : élaboration des stratégies pour chacun des défis

Section F : discussion autour de la participation et de la planification du suivi

La rédaction d'un plan d'intervention permet à tous les participants de contribuer à la prise de décision et de mettre de l'avant un véritable partenariat.

Il est à souligner que le troisième temps de la réunion représente la raison d'être du plan d'intervention. C'est à ce stade que sont prises les décisions qui influenceront tant le développement de l'enfant que les interventions des adultes. Ces décisions sont ensuite inscrites dans une grille qui représente un plan d'action destiné au parent, à l'intervenante et à la direction. Comme participante, l'intervenante aura un rôle à jouer et une tâche à effectuer pour chacun des temps.

Pour avoir une idée concrète de la réunion pour établir le plan d'intervention, chacun des temps de cette démarche est présenté dans les sections qui suivent.

Le premier temps : la présentation des participants et du déroulement

L'animatrice de la rencontre, la directrice ou l'intervenante mandatée à cette fin, accueille les participants. Les présentations effectuées, elle définit clairement son rôle et rappelle à chacun l'importance de sa participation à ce travail d'équipe. Par la suite, elle expose les objectifs du plan d'intervention et explique le déroulement (Boisvert, 1995) de la réunion. En terminant, elle insiste sur le mandat du groupe et s'assure que chaque participant en a la même compréhension. Cette étape est essentielle puisqu'elle mène à une collaboration immédiate, active et loyale de tous les participants.

Au premier temps de la réunion, les participants doivent remplir la section intitulée « Section A-Renseignements généraux », à la page 91. Le rôle de l'animatrice consiste à s'assurer de la précision des renseignements inscrits. Cette précaution est nécessaire puisque ce document constituera pour tous les participants un précieux point de repère dans l'évolution de l'enfant.

Le deuxième temps : le tour de table

Au deuxième temps de la réunion, les participants établissent le portrait le plus complet possible de l'enfant et de ses forces (compétences, talents, qualités, intérêts et préférences), ce qui implique une bonne connaissance de celles-ci. C'est ainsi que les participants pourront élaborer les meilleures stratégies pour répondre aux besoins de l'enfant et à ceux des milieux éducatif et familial.

▪ UNE GRILLE REPRODUCTIBLE SE TROUVE À LA PAGE 201 ▪

Grille 4.2a Renseignements généraux

PLAN D'INTERVENTION SECTION A ▪ RENSEIGNEMENTS GÉNÉRAUX	
Nom du service de garde ou de l'établissement préscolaire :	
Nom de l'enfant :	
Date de naissance :	
Groupe :	
Intervenante :	
Date d'entrée de l'enfant au service éducatif :	
Déficience(s), brève description (s'il y a lieu) :	
Date de la réunion du plan d'intervention :	
Date de la dernière réunion :	
Personnes présentes :	
Nom :	Fonction :
______________________	______________________
______________________	______________________
______________________	______________________
______________________	______________________
______________________	______________________
Nom de l'animatrice de la réunion du plan d'intervention :	

Un autre grand avantage de cet exercice est de fournir une évaluation exacte et objective de l'enfant, laquelle doit reposer autant sur ses forces que sur ses besoins. Cependant, il arrive souvent que les obligations et les préoccupations liées à ses besoins ou à ses difficultés amènent les participants à sous-estimer le potentiel de l'enfant. Pour favoriser l'estime de soi chez un enfant, rien ne vaut une bonne discussion entre les adultes qui l'accompagnent. Ils peuvent alors prendre conscience de ressources personnelles de l'enfant, jusque-là insoupçonnées, et les faire connaître.

Les défis des enfants de même groupe d'âge sont parfois très différents.

Afin de mettre en lumière le potentiel de l'enfant, les participants sont invités à remplir la « Section B-Forces de l'enfant » (inspirée de : Royer et Brisson, 1990), présentée ci-dessous. À l'intérieur des sept rayons du soleil de cette grille, les participants prendront soin de noter :

- ce que l'enfant aime faire ;
- ce qu'il est capable de faire ;
- ses habiletés particulières ;
- ses principales qualités.

▪ UNE GRILLE REPRODUCTIBLE SE TROUVE À LA PAGE 202 ▪

Grille 4.2b Les forces de l'enfant

PLAN D'INTERVENTION

SECTION B ▪ FORCES DE L'ENFANT

À tour de rôle, les participants présentent les forces qu'ils ont notées durant la période d'observation. L'animatrice les inscrit à l'intérieur des rayons du soleil. Elle utilise le pronom « je » pour personnaliser chacun des énoncés.

________________________________, **un soleil aux mille rayons**

(Prénom de l'enfant)

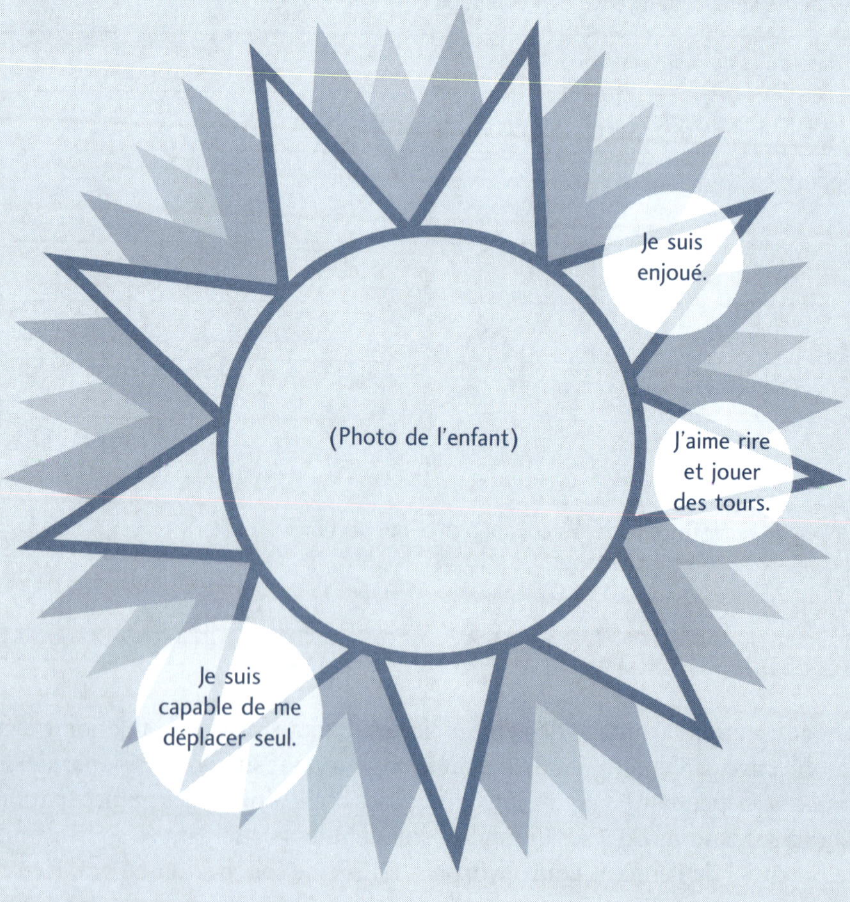

En procédant ainsi, les forces que l'enfant manifeste à la maison s'additionnent à celles dont il fait preuve dans son milieu éducatif. Parce que cet outil sera remis à l'enfant, il est conseillé d'utiliser le pronom « je » afin de personnaliser chacune des phrases qui y seront inscrites. En pensant à l'enfant qui prendra connaissance du contenu de son « soleil », les participants pourraient, par exemple, inscrire :

- J'ai une très bonne mémoire ;
- J'adore la présence des autres enfants, etc....

Tous les participants devraient en obtenir une copie à la fin de la réunion. Le parent pourra ainsi discuter avec son enfant de ses différentes forces et choisir un endroit stratégique pour afficher son soleil, par exemple le réfrigérateur, sa chambre, etc. Par la suite, il pourrait inviter l'enfant à le décorer et à y ajouter sa photo au centre. Ce document pourrait être conservé dans le portfolio de l'enfant. L'intervenante l'affichera dans son local, bien à la vue de l'enfant. Enfin, tout en s'inspirant du modèle, le parent et l'intervenante pourront décider de concevoir, avec l'enfant, un soleil plus coloré et plus attrayant.

À propos...

Les parents qui effectuent leur propre collecte de données peuvent, au moment de l'établissement du plan d'intervention, fournir des renseignements ou présenter des arguments pertinents au même titre que l'intervenante ou la direction. Ils font ainsi bénéficier toute l'équipe de leur savoir en partageant leurs observations sur l'histoire de leur enfant, les capacités et les habiletés dont il fait preuve à la maison, les stratégies qu'il a développées pour résoudre certains problèmes, etc. (Sorel, Bouchard et Kalubi, 1995 ; Boudreault *et al.*, 1998).

Des forces à inscrire dans les rayons du soleil

- Je suis capable de me déplacer avec mes prothèses, sans aide.
- J'adore être en présence d'autres enfants.
- Je suis capable de m'amuser seul : construire un château, utiliser la pâte à modeler, choisir un livre.
- J'ai une très bonne mémoire. Je suis capable de me rappeler un mot, les sons différents, les endroits que j'ai visités, les parcours en automobile, etc.
- J'adore écouter de la musique.
- Je suis persévérant.
- Je suis enjoué.
- J'aime rire et jouer des tours.
- Je m'affirme de plus en plus. Si je veux quelque chose, je trouve un moyen pour me faire comprendre.
- Je suis souriant.
- J'essaie d'utiliser des gestes pour exprimer certains mots et expressions, tels que : « encore », « merci », « je t'aime », etc.

Un remue-méninges sur les défis à relever

À cette étape, l'animatrice invite les participants à présenter à tour de rôle les défis notés au cours de l'observation de l'enfant. Pour ce faire, les participants se référeront à la grille *Synthèse de mes observations* qu'ils auront déjà remplie. Chaque participant présente sa perception des besoins de l'enfant et, s'il y a lieu, ceux des professionnels ou de l'entourage de l'enfant. L'animatrice inscrit les différents défis soumis à la « Section C-Les défis à relever », telle qu'illustrée à la page 94.

À ce stade de la réunion, l'objectif n'est pas de faire consensus. Les participants sont plutôt conviés à écouter les points de vue de chacun sans les évaluer. Toutefois, ils peuvent demander des précisions afin de s'assurer de la compréhension des idées proposées.

Un rappel

La grille *Synthèse de mes observations* est présentée à la page 79.

Un remue-méninges sur les défis à relever permet de responsabiliser toutes les personnes qui joueront un rôle dans l'application du plan d'intervention.

▪ UNE GRILLE REPRODUCTIBLE SE TROUVE À LA PAGE 203 ▪

Grille 4.2c Les défis à relever

PLAN D'INTERVENTION

SECTION C ▪ DÉFIS À RELEVER

À tour de rôle, les participants présentent les défis notés durant la période d'observation.
- L'animatrice note chacune des idées émises.
- Les participants sont invités à poser des questions de clarification.
- Aucune idée n'est discutée pour fin de consensus.

____

____

____

____

Voici des exemples de défis qui pourraient être proposés par les différents participants.

Des défis à relever présentés par un parent

- Que William parvienne à se vêtir ou à se dévêtir sans aide.
- Qu'on trouve des moyens communs à la maison et au service éducatif afin qu'il soit capable de manger sans aide.
- Que l'intervenante rédige des notes évolutives sur les séances d'exercices visant le renforcement de sa musculature. Ces notes sont à remettre à l'ergothérapeute.
- Que l'intervenante effectue quotidiennement avec l'enfant des exercices de prononciation.
- Qu'on lui fournisse une accompagnatrice pour ses sorties.

Des défis à relever présentés par l'intervenante

- Que je puisse expérimenter de nouvelles stratégies pour communiquer efficacement avec William.
- Que les enfants du groupe puissent communiquer plus facilement avec lui.
- Que William fasse preuve de plus d'autonomie au cours des périodes d'habillage et de déshabillage.
- Que je puisse réaliser des activités de développement global adaptées à ses besoins.
- Que William puisse utiliser les différents modules de jeux extérieurs.
- Que je puisse fournir des réponses adéquates aux questions des enfants du groupe en ce qui a trait aux différences de William.

Des défis à relever présentés par la direction

- Que l'intervenante et les autres personnes-ressources du service préscolaire puissent bénéficier d'activités de formation liées aux besoins de William.
- Qu'une évaluation du milieu physique soit effectuée afin de vérifier ou de mesurer l'accessibilité des lieux pour William: les aires de son local, les escaliers, les modules de jeux extérieurs, le vestiaire, la toilette, etc.
- Qu'on identifie des organismes qui peuvent offrir des ressources financières ou humaines nécessaires pour faciliter l'inclusion de William.

Le troisième temps : la prise de décision

Une fois la liste des défis ou des besoins rédigée, les participants doivent sélectionner ceux qui à leurs yeux sont des priorités. Il faut éviter l'erreur fréquente d'élaborer un plan d'intervention qui repose sur un trop grand nombre de défis à relever. Il ne s'agit pas ici de faire l'inventaire des apprentissages que l'enfant doit réaliser ou des besoins auxquels il est possible de répondre. L'important, c'est de préciser quelques priorités d'intervention à effectuer durant les mois qui suivront et, si possible, au cours de l'année.

Choix de défis ou de besoins : quelques stratégies

À tour de rôle, les participants seront invités à présenter les défis qu'ils privilégient ainsi que les raisons de leurs choix. Cette période de discussion libre permet à chacun de soumettre et de défendre ses choix. Ces discussions débouchent généralement sur un consensus. Il est à noter que le nombre de priorités retenues est déterminé par le temps de réponse requis par chacune d'elles et par l'importance des ressources disponibles (« Section D-Défis ou besoins, ci-dessous). Enfin, il faut se rappeler que les défis qui n'ont pas été retenus pourront l'être ultérieurement, au cours des prochains mois.

Par la suite, la formulation d'une stratégie indique aux participants ce qu'ils peuvent faire pour réaliser le ou les défis à relever en priorité. À noter qu'à un même défi peuvent être associées une ou plusieurs stratégies. En outre, lors de l'élaboration d'une stratégie, les participants peuvent proposer plusieurs façons de faire pour la mettre en œuvre. Ces différentes façons de faire deviennent des pistes à explorer. Bien que la réunion ait pu permettre d'en déterminer quelques-unes, ce travail doit se poursuivre tout à fait naturellement dans les activités de tous les jours. Ainsi, chaque fois que survient une nouvelle piste qui mérite d'être explorée, les participants sont invités à la partager entre eux (voir l'exemple aux pages 96 et 97).

Attention !

Il serait intéressant d'utiliser la grille reproductible 4.3, intitulée « Mon défi ! », à la page 204, pour formuler avec l'enfant ses défis.

▪ UNE GRILLE REPRODUCTIBLE SE TROUVE À LA PAGE 203 ▪

Grille 4.2d Défis ou besoins, stratégies et personnes concernées

PLAN D'INTERVENTION SECTION D ▪ DÉFIS OU BESOINS	SECTION E ▪ STRATÉGIES	SECTION F ▪ PERSONNES CONCERNÉES
À partir des défis ou besoins énumérés dans la grille 4.2c, inscrivez ceux que vous avez retenus dans la case appropriée.	▪ Pour chaque défi ou besoin, inscrivez le ou les stratégies à expérimenter. ▪ Pour chaque stratégie à mettre en œuvre, proposez différentes façons de faire (pistes à explorer).	▪ Pour chaque stratégie identifiée, l'équipe cible la ou les personnes concernées par son application.
Défis ou besoins de l'enfant : (les inscrire dans la grille 4.3, à la page 204)		
Défis ou besoins des enfants du groupe :		
Défis ou besoins de l'intervenante :		
Défis ou besoins des parents :		
Défis ou besoins de la direction :		

Des exemples de défis, de besoins et de stratégies

DÉFIS OU BESOINS DE L'ENFANT

Durant les périodes d'habillage et de déshabillage, William fera preuve d'autonomie. Voici quelques indices :

- Faire des choix
- Prendre des initiatives
- Persévérer
- Enlever
- Mettre

STRATÉGIE 1 Stimuler William à prendre des initiatives et à réaliser des petites tâches durant les périodes d'habillage et de déshabillage. Voici quelques pistes à explorer :

- Chaque matin, à la maison, William enfile seul le dernier vêtement. S'il effectue des progrès rapidement, un autre vêtement est ajouté.
- Au service éducatif, demander à William de choisir un vêtement pour lequel il souhaite obtenir de l'aide. Il enlèvera les autres seul. Note : il reçoit de l'aide pour le pantalon de neige à cause de ses prothèses.

STRATÉGIE 2 Adapter l'horaire et l'environnement physique pour favoriser la réussite d'un apprentissage ou d'une activité. Voici une piste à explorer :

- À l'occasion d'une sortie, demander à William et à deux autres enfants d'apporter leurs vêtements à l'entrée de la salle de jeux et de commencer à s'habiller. Note : espace trop restreint dans le vestiaire, difficulté à bouger avec les prothèses.

STRATÉGIE 3 Prendre les autres enfants comme modèles. Voici quelques pistes à explorer :

- Effectuer différentes activités de motricité fine en présence d'enfants du groupe : enfilage de perles, pâte à modeler, etc.
- S'habiller et se déshabiller en même temps que des enfants du groupe.

DÉFIS OU BESOINS DES ENFANTS DU GROUPE

Familiariser les enfants du groupe à des stratégies efficaces de communication. Voici quelques indices :

- Entrer en relation avec William ;
- Lui faire des demandes ;
- Distinguer les différents gestes que fait William.

STRATÉGIE 1 S'inspirer des stratégies de l'orthophoniste pour élaborer des activités liées au développement du langage. Voici une piste à explorer :

- À déterminer lors de la discussion avec l'orthophoniste.

STRATÉGIE 2 Apprendre la signification des gestes que fait William. Voici des pistes à explorer :

- Chaque semaine, l'intervenante demande à William de mentionner un geste qu'il fait pour exprimer une demande. Avec le groupe d'enfants, elle effectue diverses activités afin de reconnaître ce geste.
- Lorsqu'un ami comprend sa demande, William lève le pouce pour signifier son accord.

DÉFIS OU BESOINS DE L'INTERVENANTE

Expérimenter de nouvelles stratégies pour communiquer efficacement avec William.

STRATÉGIE 1 Expérimenter les stratégies proposées par l'orthophoniste. Voici une piste à explorer :

- À déterminer lors de la discussion avec l'orthophoniste.

STRATÉGIE 2 Miser sur les intérêts et les compétences de William. Voici une piste à explorer :

- Il adore jouer avec les figurines de dinosaures et faire des constructions avec des blocs.

DÉFIS OU BESOINS DES PARENTS

Être informés des réactions et des progrès de William pendant la période d'exercices destinés à tonifier sa musculature.

STRATÉGIE 1 Utiliser un journal de bord. Voici une piste à explorer :

- Carnet avec feuilles détachables qui sera remis aux parents. Utilisation de pictogrammes à encercler afin de procéder à une évaluation rapide.

DÉFIS OU BESOINS DE LA DIRECTION

Offrir de la formation ou du soutien aux diverses personnes intervenant auprès de William. Les objectifs sont, entre autres, d'aborder leurs questions et de bien faire connaître les besoins de William et les stratégies pour les satisfaire.

STRATÉGIE 1 Demander aux personnes œuvrant auprès de William de déceler ses besoins et de formuler les stratégies pour les satisfaire. Voici des pistes à explorer :

- Organiser une rencontre de groupe.
- Organiser des rencontres individuelles.

STRATÉGIE 2 Présenter un résumé des besoins de William et des stratégies correspondantes. Voici une piste à explorer :

- Rédiger un résumé en se basant sur les renseignements transmis durant la rencontre du plan d'intervention par les autres personnes-ressources intervenant auprès de William, l'orthophoniste, par exemple.

Les personnes concernées par le plan d'intervention prennent soin de noter les apprentissages et les progrès de l'enfant.

L'engagement des participants

Pour chaque stratégie retenue, l'animatrice fait un rappel des personnes concernées par sa réalisation. Par « personnes concernées », nous entendons les adultes qui interagissent avec l'enfant durant l'application de la stratégie. Ces personnes doivent également veiller à l'adaptation de la stratégie s'il y a lieu, c'est-à-dire à sa révision. En effet, il est possible qu'une stratégie retenue exige certaines modifications. Dans ce cas, les personnes concernées en informent les autres membres de l'équipe qui devront rajuster leurs interventions en conséquence. C'est dans un esprit de collaboration et de soutien mutuel que cette tâche doit être effectuée, ce qui signifie que le choix de personnes davantage concernées dans l'application d'une stratégie n'exclut nullement la participation des autres. La « Section F-Personnes concernées », à la page 95, aide à accomplir cette tâche. Enfin, il va sans dire que cette collaboration sera considérablement facilitée par le recours à des moyens de communication durant cette période d'expérimentation.

La planification de la période d'application du plan est le dernier point de la réunion à discuter. Il s'agit d'indiquer le nombre de semaines qui seront nécessaires à l'expérimentation du plan et de choisir une date pour en effectuer la révision. Même si le plan a une durée approximative d'un an, c'est le niveau global d'atteinte des objectifs, au cours de l'année, qui déterminera l'arrêt ou la poursuite de son application. Pour cette raison, il importe de prévoir des périodes de révision au cours desquelles l'intervenante ou la direction pourra apporter les modifications nécessaires.

L'APPLICATION, LE SUIVI ET LA RÉVISION DU PLAN D'INTERVENTION

Le plan d'intervention est maintenant rédigé. Les priorités au niveau des besoins et défis de l'enfant y ont été consignées; les stratégies pour y répondre, les personnes concernées par ces dernières et la durée d'application du plan ont été déterminées.

L'application

Les participants sont maintenant prêts à amorcer l'application du plan d'intervention. Au cours de cette période dite d'expérimentation, l'ouverture aux changements, la persévérance et la flexibilité contribueront grandement à l'obtention des progrès souhaités. De telles attitudes amèneront à accepter de modifier ses façons de faire, ce qui peut se révéler plus complexe que prévu.

Si l'application du plan semble difficile voire impossible à réaliser pour l'un des participants, il ne doit pas hésiter à en discuter avec les autres membres de l'équipe. Il pourra ainsi recourir à de nouvelles solutions pour appliquer le plan initial ou prévoir l'introduction de modifications en vue d'adapter le plan d'intervention à la réalité de l'enfant et des adultes concernés.

Il faut se rappeler que la communication entre adultes tout au long de cette période d'essai est nécessaire pour créer un climat propice à un encouragement mutuel et pour entretenir la persévérance. Les moyens de communication à privilégier sont les notes jointes au carnet de l'enfant ou insérées dans une enveloppe à l'intention du parent, les conversations téléphoniques avec celui-ci, les brèves rencontres planifiées ou les courtes conversations à l'arrivée de l'enfant au service éducatif et à son départ. Concernant ce dernier moyen, les chances de réussite sont peu élevées, surtout si l'information à transmettre ou à recevoir est trop abondante. La direction se trouve sollicitée au moment du va-et-vient des enfants et des parents et elle doit venir en aide à l'intervenante. Il revient donc à l'équipe du service éducatif de décider des moyens de communication qui sont les plus efficaces compte tenu de la disponibilité et des contraintes de chacun.

Le suivi et la révision

Pendant l'application du plan, toutes les personnes concernées prennent soin de noter les progrès ou les réactions de l'enfant. La mémoire étant une faculté qui oublie, l'intervenante devrait écrire ses observations sur un calendrier, dans un journal de bord ou sur une grille qu'elle aura conçue. L'important est de consigner ces renseignements de manière à obtenir un tableau précis de l'évolution de la situation, ce qui facilitera le suivi et la révision du plan, s'il y a lieu. Certaines de ces données sont signifiantes pour l'enfant et peuvent être consignées dans le portfolio de l'enfant. Il incombe à chaque personne responsable de l'application du plan de s'entendre sur la nécessité d'observer l'enfant et d'assurer le suivi des stratégies retenues, de même que de choisir le moyen qu'elle considère le plus approprié pour elle.

Pour assurer le bon fonctionnement de l'application du plan, l'intervenante devra également prévoir, en cours d'application, des rencontres réunissant des participants afin de reconsidérer les défis et les stratégies retenus. Chacun est alors invité à présenter les réactions et les progrès qu'il a observés ainsi que les difficultés éprouvées :

- les progrès et les réactions de l'enfant,
- la pertinence des stratégies choisies,
- la nécessité de poursuivre l'application de certaines stratégies,
- les réactions des personnes concernées par l'application des stratégies retenues,
- la nécessité d'ajouter de nouveaux défis,
- la pertinence de poursuivre ou de mettre un terme à la démarche.

> **À propos...**
>
> « Dois-je inscrire quotidiennement mes commentaires ? » Plusieurs parents et intervenantes s'interrogent à ce sujet. En fait, une telle stratégie s'avère, premièrement, irréaliste et, deuxièmement, fastidieuse au point de créer un essoufflement chez les adultes concernés. Nous vous suggérons plutôt de ne noter que les progrès réalisés ou les réactions inhabituelles de l'enfant.

La réalisation de cette étape exige que les participants aient avec eux les notes qu'ils ont prises au cours de la période d'application du plan. À tour de rôle, les participants présentent leurs observations, en discutent et décident ensemble :

- de poursuivre le plan d'intervention en y apportant, s'il y a lieu, les modifications nécessaires,
- de mettre fin à la démarche lorsque les défis ont été réalisés.

La dynamique de collaboration et de partenariat

La rédaction du plan d'intervention en équipe est essentielle, car la relation de confiance qui se crée à ce moment est un indice de la collaboration et du partenariat qui pourra se poursuivre. Au cours du suivi du plan, la direction devrait se questionner sur la qualité de la dynamique de collaboration et de partenariat établie entre les intervenantes et les parents. La grille 4.4, à la page 100, propose une façon de mesurer le niveau de satisfaction des participants par rapport aux rencontres préparatoires et à la réunion pour établir le plan.

▪ UNE GRILLE REPRODUCTIBLE SE TROUVE À LA PAGE 205 ▪

Grille 4.4 Évaluation de la dynamique de collaboration et de partenariat

- **Répondre par « oui » ou « non » aux affirmations qui suivent.**
- **Additionner ensuite le nombre de « oui » et le nombre de « non ».**

Lors des rencontres préliminaires et de la réunion de rédaction du plan d'intervention	**Oui**	**Non**
1. On a pris en considération les observations des forces et des difficultés de l'enfant que j'ai mentionnées.		
2. Au cours de discussions ou rencontres concernant les services offerts à l'enfant, j'ai pu m'exprimer et comprendre les interventions des autres participants.		
3. Tous les participants se sont montrés attentifs ou ont souligné mon apport dans l'éducation de l'enfant.		
4. J'ai eu le sentiment que tous les participants ont été sensibles aux problèmes que vivent l'enfant et la famille.		
5. Après la réunion, j'ai gardé le sentiment d'être : contrarié, ignoré, ridiculisé, remis en question, rejeté ou forcé d'accepter une décision.		
6. On a pris en note les défis ou les besoins retenus lors des discussions.		
7. Au cours de la réunion, je pouvais exprimer mon accord ou mon désaccord avec certaines des positions des participants.		
8. Je suis toujours intéressé à participer à des rencontres afin de discuter des services offerts à l'enfant.		
9. J'ai l'impression d'être encouragé lorsque je fais des propositions ou lorsque je demande de l'aide en fonction de mes responsabilités.		
10. Au cours de la réunion, j'ai senti que chacun des participants pouvait exposer librement son point de vue.		

Pour l'interprétation des données de cette grille, se référer à la page 205.

Si un participant ressent de l'insatisfaction à la suite de la réunion, la direction ou l'intervenante peut l'aider à en déceler les raisons et à les exprimer à l'aide ce cette grille. Le participant pourrait aussi prendre contact avec les personnes concernées afin de discuter des aspects qui l'irritent. C'est grâce à la persévérance de tous les participants que seront surmontés les obstacles qui risquent de survenir à tout moment du développement d'une telle collaboration.

En conclusion

Ce chapitre aura permis à l'intervenante et à la direction de saisir tous les éléments importants pour la planification de la réunion d'établissement du plan d'intervention personnalisé et son déroulement. Les différents tableaux et grilles proposés auront suscité une réflexion sur les attitudes et les manifestations qui peuvent survenir durant les discussions et pour lesquelles une attention immédiate doit être accordée. Par ailleurs, ce chapitre a fourni des pistes pour enrichir les relations entre les participants et pour développer des liens de collaboration de qualité. Ces dimensions constituent des aspects déterminants dans la réussite du plan d'intervention.

Le plan d'intervention personnalisé place vraiment l'enfant au cœur de la démarche devant faciliter son développement intégral. En permettant à tous les participants de se concerter et de collaborer dans le cadre d'un partenariat dynamique, productif et orienté vers les intérêts de l'enfant, le plan d'intervention personnalisé se révèle un outil efficace d'émancipation sociale et une remarquable mise en application de la philosophie de l'éducation inclusive.

Questions d'appropriation

1. Vous êtes une intervenante au préscolaire et devez expliquer en quoi consiste le plan d'intervention. Identifiez, par des titres ou expressions, la démarche d'implantation du plan d'intervention. Pour chacun des titres, décrivez en quelques lignes en quoi consistent ces étapes.

2. Vos collègues vous font part de leur désaccord à l'idée de mettre sur pied un plan d'intervention visant des enfants de votre service éducatif. La direction vous demande de préciser le contexte dans lequel il sera approprié d'établir un plan d'intervention. Pour souligner l'importance de cette démarche, expliquez les raisons qui le justifient. Quelles sont ces raisons ? Précisez-en les avantages.

3. Pour faciliter la compréhension du plan d'intervention, il vous paraît souhaitable de préciser votre rôle. Pour ce faire, identifiez les rôles et les tâches associés à chacune des étapes du plan.

4. Après avoir expérimenté ou réfléchi à l'application du plan d'intervention personnalisé, vous entrevoyez différents problèmes ou difficultés à l'étape de l'implantation. Formulez cinq problèmes et décrivez comment vous comptez les résoudre.

5. La lecture de ce chapitre vous incite à présenter la démarche d'un plan d'intervention personnalisé à un groupe de parents. Pour bien préparer cette rencontre, identifiez cinq questions que les parents pourraient vous poser. Quelles sont ces questions ? Quelles seront vos réponses ?

6. Un plan d'intervention personnalisé ou une planification de services éducatifs comporte différentes dimensions : politiques, législatives, ressources humaines et financières, organisation et gestion de services ou formation. Le présent chapitre aborde la dimension pédagogique de la réalisation d'un plan d'intervention. Comment feriez-vous pour aller plus loin dans votre compréhension de cette démarche ?

Pour aller plus loin

Voici des références qui vous permettront d'approfondir vos connaissances ou d'aller plus loin dans votre réflexion.

Livres

Plan d'intervention

Boisvert, D. (1995). *Le plan de services individualisé : participation et animation*, Cap-Rouge, Presses Inter Universitaires.

Goupil, G. (2004). *Plans d'intervention, de services et de transition*, Montréal, Gaëtan Morin éditeur.

Articles

Bouchard, J.-M., D. Pelchat et P. Boudreault (1996). « Les parents et les intervenants, où en sont leurs relations », *Apprentissage et socialisation*, 17(3), p. 41-48.

Sorel, L., C.R. Le Bouclier, J.-M. Bouchard et J.-C. Kalubi (2000). « Évaluation des (in)capacités de l'enfant à besoins spéciaux ». Dans J.-P. Pourtois et H. Desmet. *Le parent éducateur*, p. 209-241, Paris, Presses universitaires de France.

Sites Internet

Modèles de plan d'intervention au Canada

Québec

Ministère de la Famille et de l'Enfance

Publications du MFE : www.mfe.gouv.qc.ca/publications/publications.asp?thematique=ServGarde&currentPage=2 (consulter les quatre documents disponibles à la rubrique 17, « Dossier pour l'intégration d'un enfant handicapé en service de garde »)

Ontario

Ministère des Services à la collectivité, à la famille et à l'enfance

Garde d'enfants : www.cfcs.gov.on.ca/cfcs/fr/programs/children/ChildCare/default.htm (consulter la section « Les ressources pour besoins particuliers »)

Enfants ayant des besoins particuliers : www.cfcs.gov.on.ca/CFCS/fr/programs/children/ChildrenWithSpecialNeeds/default.htm

Alberta

Alberta Children's Services

About Resources for Children with Disabilities (formerly know as HCS) : www.child.gov.ab.ca/whatwedo/disabilities/page.cfm?pg=index

Nouveau-Brunswick

Ministère des Services familiaux et communautaires

Services communautaires destinés aux enfants ayant des besoins spéciaux : www.gnb.ca/0017/Children/communitybased-f.asp

Colombie-Britannique

Government of British Columbia

Services for Children and Youth with Special Needs and their Families : www.mcf.gov.bc.ca/special_needs.htm

Infant Development Program of BC

When your baby needs extra help... : www.idpofbc.ca/

Nouvelle-Écosse

Nova Scotia Canada

Family and Children's Services : www.gov.ns.ca/coms/files/FCS.asp (consulter la section « Nova Scotia Child Care Funding Review »)

Vidéos

Plan d'intervention

Archambault, J. (1993). *Le plan de services de Patrick*, Montréal, Service audiovisuel de l'Université du Québec à Montréal.

Observation de l'enfant

Royer, F. et V. Brisson (1990). *Le développement de l'estime de soi et de la volonté*, Lévis, Commission scolaire Pointe-Lévy.

Chapitre 5

L'observation de l'enfant ayant des besoins particuliers

Objectifs

La lecture de ce chapitre vous permettra :

- de vous familiariser avec les méthodes et les outils d'observation qui peuvent être utilisés au préscolaire ;
- d'être plus efficace dans vos activités d'observation ;
- de vous approprier une stratégie pour observer l'enfant ayant des besoins particuliers afin d'assurer un meilleur suivi de ses progrès.

Dans une perspective d'éducation inclusive, les techniques d'observation et d'évaluation doivent être maîtrisées par tous les partenaires de la communauté éducative. L'enfant, les parents et toutes les personnes responsables de son éducation doivent développer des habiletés à observer, à analyser et à évaluer dans le but d'assurer un meilleur suivi des progrès de l'enfant et de procéder à des ajustements si nécessaire. Les données recueillies lors de l'observation et de l'évaluation guideront avantageusement l'intervenante, notamment l'éducatrice à l'enfance, l'éducatrice spécialisée ou l'enseignante, dans la mise en œuvre du programme éducatif de l'enfant et son intégration au préscolaire.

En contexte d'interaction sociale, l'observation et l'évaluation font partie des activités pédagogiques qui vont permettre aux partenaires de la communauté éducative d'adapter leurs actions aux besoins de l'enfant, d'objectiver les changements et de valoriser les progrès.

LA PRATIQUE D'OBSERVATION

Pourquoi est-ce si important de perfectionner ses habiletés à observer les enfants? Pourquoi est-ce nécessaire de suivre une méthode rigoureuse lors de l'observation? Quelles sont les règles pour obtenir une observation efficace? Quelles sont les étapes à suivre après la collecte des données? Voilà autant de questions dont les réponses permettront de développer une meilleure pratique de l'observation.

À propos...

Observer n'est pas évaluer! L'observation est la première étape de la démarche d'évaluation. L'observation consiste avant tout à effectuer une collecte de données et les consigner, afin de garder des traces et de pouvoir porter un jugement ultérieurement.

Observer, c'est...

Observer consiste en une action volontaire et planifiée de considérer une situation afin de mieux la connaître et de la comprendre. Quatre règles doivent être respectées lorsqu'une personne observe:

- tenir compte du contexte et le définir;
- faire un compte rendu détaillé de la situation;
- sélectionner l'information pertinente en faisant confiance à son jugement et à ses connaissances;
- classer les données et les analyser.

Il importe de suivre ces règles tout en s'assurant de ne pas orienter ou modifier la situation observée. Les observations doivent être effectuées à l'intérieur d'une démarche éducative.

Observer, ce n'est pas...

L'action éducative doit être soutenue par un objectif d'apprentissage ou de développement et l'observation doit tenir compte de ce contexte d'apprentissage. Il faut donc éviter de faire des observations ponctuelles et tout à fait étrangères au contexte ou à la situation d'apprentissage.

Ainsi, il peut s'avérer inefficace d'accorder une trop grande attention à des conduites inadéquates sans faire une observation et une analyse de la situation. Il ne suffit donc pas de démontrer que l'enfant présente des difficultés. Il faut pousser plus loin l'observation et l'analyse de l'information. Aussi, est-il important d'éviter:

- de dresser, en dehors d'un contexte d'observation, une liste de mots et de gestes inadéquats de l'enfant;

- de décrire, en l'absence d'un objectif éducatif, les comportements non désirés ou inadéquats de l'enfant;
- d'utiliser des qualificatifs pour décrire un enfant sans en préciser le sens exact: «bon dans…», «super pour…».

À propos…

On dit d'un enfant qu'il s'autoobserve lorsqu'il exprime spontanément ses propres observations sur une action qu'il vient d'accomplir en imitant sa mère, par exemple: «Maman, as-tu vu ce que j'ai fait?».

Qui est l'observateur?

Les processus d'observation et d'évaluation des progrès de l'enfant sollicitent la collaboration de l'enfant et des adultes de son environnement, qu'il s'agisse des parents ou des membres de la communauté éducative. Tous ont un rôle important à jouer et doivent se positionner en tant qu'observateur. Observer, c'est prendre un temps d'arrêt pour examiner attentivement une situation et noter de l'information. Une fois obtenue, cette information est analysée afin de déterminer si une intervention est nécessaire.

L'enfant observateur

L'enfant est-il en mesure de s'observer lui-même et d'accompagner l'adulte dans la démarche d'observation? Dans un contexte d'éducation inclusive, l'enfant développe des compétences d'**autoobservation** s'il joue un rôle actif dans cette démarche. L'une des principales tâches de l'intervenante est de réfléchir à la participation de l'enfant à cette démarche. Chez l'enfant, le développement de compétences d'autoobservation lui permet de s'adapter à des situations différentes et d'anticiper les apprentissages qu'il doit réaliser.

AUTOOBSERVATION Chez un enfant, l'autoobservation désigne la capacité à porter une attention à ses réalisations et à ses apprentissages, et à les décrire. L'enfant qui s'autoobserve peut fournir une appréciation de ses acquis et autoréguler ses activités. L'autoobservation est la première étape de l'autoévaluation.

Les compétences d'autoobservation ne sont pas innées, mais avec de l'entraînement, de telles habiletés peuvent être développées. L'objectif est d'encourager l'enfant:

- à se questionner sur ses actions, sur ses apprentissages, sur ses perceptions de lui-même et des autres;
- à décrire ses actions et ses apprentissages;
- à porter un jugement sur ses observations;
- à se fixer de nouveaux défis.

La figure 5.1 présente les différentes étapes du processus d'autoobservation de l'enfant.

Figure 5.1 Le processus d'autoobservation de l'enfant

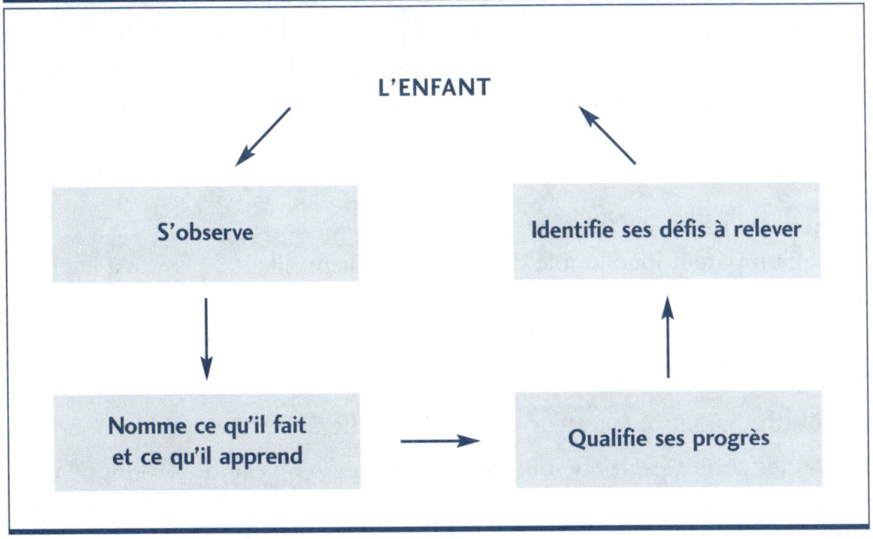

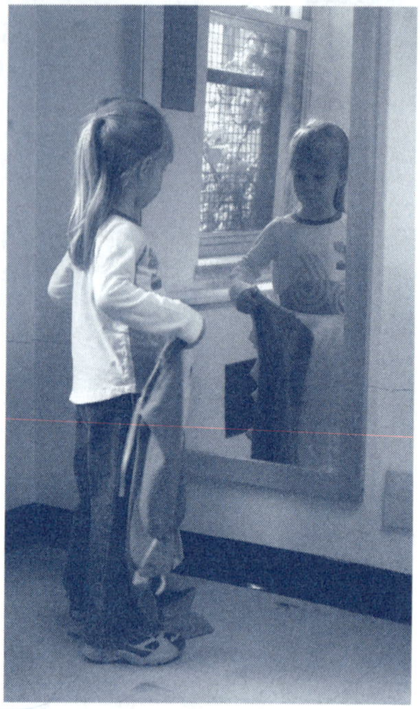

L'enfant peut s'autoobserver dans différentes situations de jeux en se regardant, en s'interrogeant, en se décrivant…

Certaines conditions favorisent le développement d'habiletés d'autoobservation chez l'enfant. L'enfant qui réussit à faire la différence entre ce qui relève de lui et ce qui relève de son environnement, qui peut établir des liens entre ses actions et leurs résultats et qui parvient à communiquer est déjà bien disposé à l'apprentissage de l'autoobservation. Si, par contre, l'intervenante croit que l'enfant n'est pas en mesure de réfléchir sur ses apprentissages, elle peut à partir d'un modèle lui poser des questions ou lui suggérer des réponses dans le but de l'aider à construire sa pensée.

Dès un très jeune âge, l'enfant manifeste sa curiosité et a une propension à poser des questions. Pour encourager l'enfant à s'autoobserver, il convient de choisir des moments propices à la formulation de questions sur ses actions, ses apprentissages, ses émotions, etc. :

- Que fais-tu ?
- Comment as-tu fait cela ?
- Qui t'a appris à le faire ?
- Comment t'y es-tu pris ?
- Peux-tu me montrer comment tu l'as fait ?
- Qu'as-tu appris de nouveau quand tu l'as fait ?
- Qu'as-tu aimé quand tu l'as fait ?
- Comment te sens-tu quand tu fais… ?
- Qu'aimerais-tu faire de plus ?
- Qu'est-ce que tu aimerais apprendre d'autre ?
- Crois-tu que tu pourrais apprendre à… ?

Ce type d'interrogations va stimuler son propre questionnement et ainsi favoriser son autoobservation. L'autoobservation témoigne de la capacité d'un enfant à se décrire et à porter un jugement sur son développement et ses progrès. L'enfant a donc un rôle important à jouer dans la démarche d'observation : se questionner, nommer ses actions et ses apprentissages, qualifier ses progrès et identifier les défis qu'il doit relever.

Le parent observateur

Les recherches sur la collaboration des parents à la démarche d'observation de leur enfant font ressortir l'importance de leur rôle dans ce processus (Boudreault, Kalubi et Moreau, 2000). En contexte d'inclusion, le parent d'un enfant ayant des besoins particuliers peut être appelé à jouer différents types de rôles d'observateur selon les contextes éducatifs. On distingue quatre types de rôles d'observateurs et chacun présente un niveau différent de participation pour le parent. Ces rôles sont illustrés dans la figure 5.2, à la page 107.

L'observateur bienveillant

Lorsqu'un parent joue le rôle d'observateur bienveillant, il assure à l'enfant, à chaque instant de sa vie, un environnement sécurisant. Ce rôle peut varier selon le degré d'autonomie démontré par l'enfant ou la confiance accordée par le parent à son égard.

Le rôle du parent observateur bienveillant diffère :

- selon les contextes, les besoins immédiats ou le niveau de développement de l'enfant ;

Figure 5.2 Les quatre rôles d'observateurs du parent

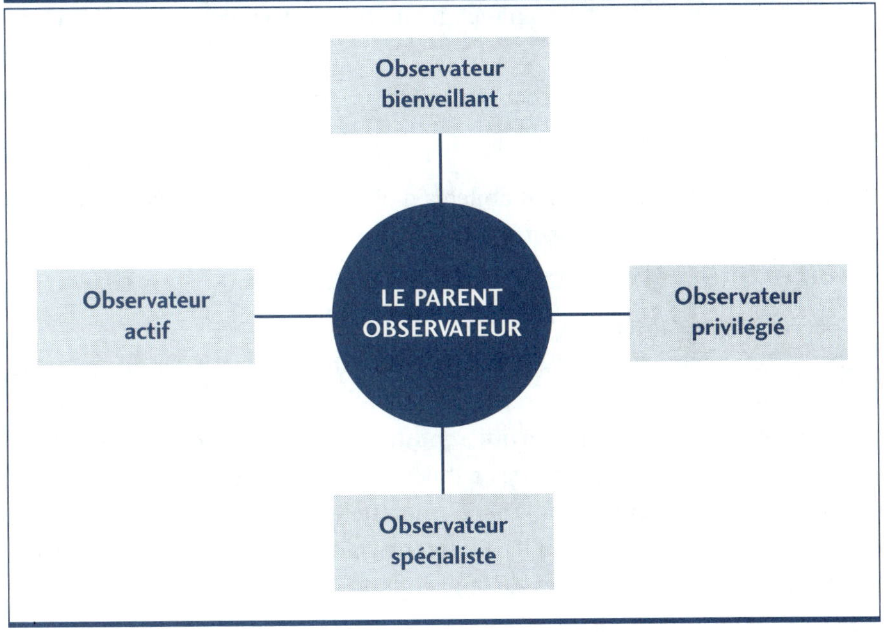

- selon la vigilance et le degré d'alerte nécessaires dans une situation donnée telle que :
  - quand l'enfant se retrouve dans des situations qui le mettent en danger,
  - quand l'enfant est dans une situation de vulnérabilité : quand il a faim, froid, chaud ou lorsqu'il est fatigué,
  - quand il vit une étape importante de sa vie comme l'entrée en service de garde.

L'observateur privilégié

Comme le parent côtoie son enfant dès les premiers instants de sa vie, il bénéficie de connaissances sur l'enfant que personne d'autre possède. Le parent est alors un observateur privilégié qui peut recueillir de l'information qu'aucune autre personne ne peut obtenir. À ce titre, il se doit, par exemple :

- de consigner l'information sur les antécédents médicaux de l'enfant : traitements reçus, médication ;
- de conserver des « traces » des différentes étapes de la vie de l'enfant : naissance, premiers pas, premiers mots, fratrie, amis, etc. ;
- d'utiliser différents outils permettant de conserver ces traces : photographies, enregistrements audiovisuels, documents écrits, rapports d'évaluation de professionnels. Le portfolio, qui réunit des éléments signifiants de la vie de l'enfant, peut également être utilisé à cette fin (voir à la page 124).

Ces renseignements sur l'enfant sont autant d'indices de développement qui pourront s'avérer utiles ultérieurement, notamment pour marquer des événements spéciaux ou pour décrire le parcours de son développement.

L'observateur actif

En tant qu'observateur actif, le parent procède avec méthode : il prend en note de l'information détaillée afin d'avoir une idée précise du développement et des progrès de l'enfant.

Un rappel

Le portfolio de l'enfant peut être amorcé par le parent ou l'intervenante, mais d'autres adultes qui côtoient l'enfant peuvent aussi contribuer à son élaboration.

Un rappel

Pour aider les parents dans leur rôle d'observateur spécialiste, vous pouvez :

- leur décrire vos façons d'observer et d'enregistrer vos observations ;
- leur proposer de participer à la démarche d'observation en leur fournissant un outil ;
- leur expliquer comment faire leur propre bilan des forces et des besoins de leur enfant ;
- souligner l'importance de leur participation dans la démarche d'observation et dans l'établissement du plan d'intervention.

Être observateur actif permet :

- de déceler chez l'enfant les changements qui, autrement, ne seraient pas perceptibles ;
- de donner à l'enfant des rétroactions plus précises et plus efficaces ;
- d'être plus cohérent dans le processus d'observation.

Le parent peut développer des habiletés d'observation et de collecte de données à l'aide des outils présentés à la section « Le choix des outils d'observation », à la page 116.

L'observateur spécialiste
L'observateur spécialiste est décrit dans certaines recherches dont celle de Fine et Simpson (2000). Ces recherches révèlent que les parents d'enfants ayant des besoins particuliers acquièrent un grand nombre de connaissances sur leur enfant et développent des habiletés très utiles au développement de leur enfant. Ces parents témoignent, en général, d'un haut niveau d'autodétermination, c'est-à-dire qu'ils acceptent volontiers d'être des partenaires lorsqu'ils interviennent auprès de leur enfant.

Comme l'enfant ayant des besoins particuliers requiert un soutien considérable dans différents domaines, le rôle d'observateur spécialiste est de première importance.

Dans le contexte d'une démarche d'observation, le parent observateur spécialiste possède plusieurs compétences. Il peut :

- partager son expertise avec les autres personnes-ressources en apportant des réponses aux différentes questions qui concernent son enfant ;
- apprendre à réaliser une démarche d'observation systématique en recourant, lui aussi, à des instruments d'observation et en faisant son propre bilan des observations recueillies ;
- observer les progrès de son enfant et lui donner des rétroactions ;
- participer à des activités de formation, individuelles ou de groupe, sur des techniques spécifiques de rééducation ;
- participer à la validation d'une démarche d'évaluation professionnelle ;
- effectuer la coordination des activités d'observation et d'intervention réalisées auprès de son enfant.

Attention !

Pour de l'information sur les outils d'observation, se référer à la page 116.

La participation des parents à la démarche d'observation de leur enfant leur fournit l'occasion de connaître la perception de l'intervenante en ce qui concerne le développement de leur enfant, de bénéficier de ces expériences d'apprentissage, de prendre des décisions quant à leur rôle de parents dans le mieux-être de leur enfant et d'enrichir la qualité de la démarche d'observation.

L'intervenante observatrice
En milieu inclusif, les compétences d'observation et d'évaluation de l'intervenante doivent être utilisées dans un contexte de différenciation, selon les besoins particuliers de l'enfant. L'intervenante est appelée à relever de nouveaux défis, à apprendre de nouvelles façons de faire et à accroître ses compétences d'observation et d'évaluation en vue d'améliorer l'efficacité de ses interventions.

Le rôle d'observatrice de l'intervenante est donc primordiale. À ce titre, elle doit:

- poursuivre sa formation dans un cycle continu d'activités d'approfondissement ou de recherche pour connaître et mettre en application les nouvelles pratiques éducatives;
- utiliser des méthodes ou des outils pour observer le développement et les progrès des enfants;
- communiquer aux parents et à l'équipe les données de ses observations;
- solliciter la participation des parents à la démarche d'observation;
- partager son expertise d'observatrice;
- relever les défis inhérents à son rôle d'observatrice d'enfants ayant des besoins particuliers.

Observer: pourquoi et quand?

Différents motifs peuvent justifier une démarche d'observation. Il est important de définir et de bien cerner les raisons pour lesquelles une telle démarche est entreprise afin de permettre une plus grande précision dans les observations et dans les interventions. Par exemple, un parent et une intervenante remarquent qu'un enfant prend l'initiative de jouer avec son groupe de pairs dès son arrivée au préscolaire. Ces deux observateurs peuvent avoir des raisons différentes de vouloir procéder à une démarche d'observation.

On peut observer pour:

- comprendre une conduite de l'enfant dans des situations quotidiennes d'interaction: activités de jeux, routines de vie;
- décrire les acquis de l'enfant: bilan, portrait, profil ou style d'apprentissage;
- déterminer les besoins particuliers de l'enfant: indices des difficultés;
- préciser les progrès de l'enfant après une séquence d'activités de stimulation;
- modifier l'environnement éducatif et développer de nouvelles stratégies d'intervention.

Trois contextes d'observation peuvent répondre aux besoins d'observation:

- l'observation spontanée et ponctuelle;
- l'observation du développement et des progrès;
- l'observation et l'évaluation des caractéristiques et des besoins particuliers.

Toutes les démarches offriront une bonne compréhension de l'enfant.

Un rappel

Vous ferez appel à l'observation lorsque vous désirez:

- vous rassurer sur le déroulement d'une activité ou sur les agissements d'un enfant;
- donner une rétroaction sur les apprentissages réalisés par l'enfant;
- avoir une idée précise du développement, des apprentissages et des progrès d'un enfant;
- évaluer certaines caractéristiques ou difficultés qu'éprouve l'enfant.

L'observation spontanée et ponctuelle

L'intervenante ou le parent peut observer un enfant pour s'assurer qu'il a tout ce qu'il lui faut pour fonctionner et s'adapter à une situation donnée. Il s'agit dans ce cas d'une observation spontanée qui vise habituellement à atténuer la préoccupation de l'adulte par rapport au fonctionnement de l'enfant dans un contexte spécifique. Le parent ou l'intervenante obtient par le biais de ce type d'observation des renseignements sur le fonctionnement de l'enfant dans une situation particulière. Ils peuvent alors transmettre cette information ponctuelle aux autres adultes engagés dans l'éducation de l'enfant.

L'observation du développement et des progrès

L'intervenante ou le parent peut observer pour en apprendre davantage sur le développement et les progrès de l'enfant. La figure 5.3 illustre les différents domaines dans lesquels l'enfant peut réaliser des progrès et faire des apprentissages. Ces observations, qui visent les modes de développement et d'apprentissage de l'enfant ainsi qu'à souligner ses progrès, s'inscrivent dans une démarche planifiée reliée à un programme éducatif ou d'intervention spécifique.

Les observations permettent principalement d'informer l'enfant au sujet de ses apprentissages et les adultes au sujet de leur capacité à influencer l'enfant. Elles jouent un rôle de **régulation** des conditions d'apprentissage (MÉQ, 2002a), c'est-à-dire l'ensemble des facteurs et des actions permettant d'adapter ou de créer de nouvelles stratégies d'intervention pour atteindre les objectifs visés.

La **RÉGULATION** peut prendre différentes formes selon le contexte. Lorsqu'il s'agit d'une intervention pédagogique et d'apprentissage, elle fournit des renseignements à partir d'une évaluation formative ou d'une rétroaction afin de soutenir l'enfant dans ses efforts pour apprendre et lui faire réaliser ses apprentissages. La régulation en contexte d'observation vise à donner une rétroaction à l'enfant et à apporter les ajustements nécessaires à la planification d'une intervention et à l'organisation de l'environnement éducatif.

Figure 5.3 Les domaines de développement

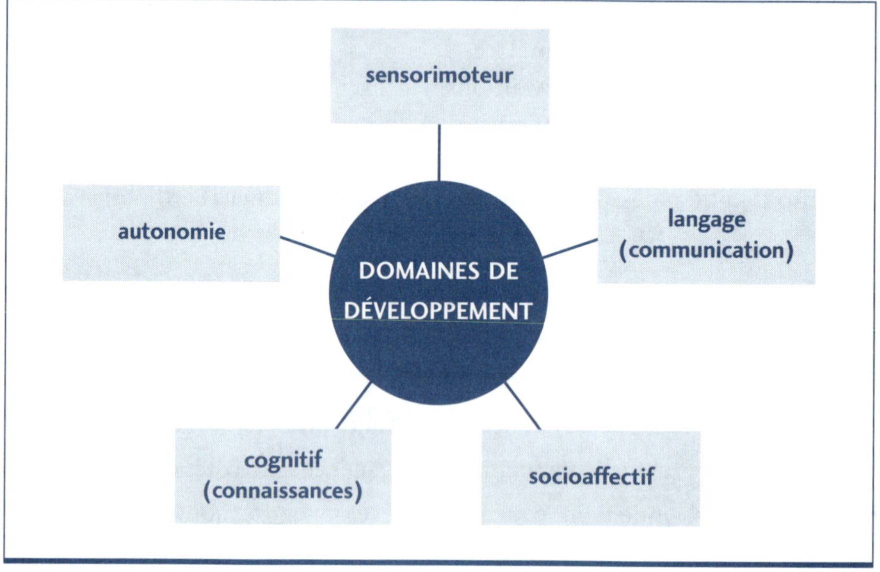

L'observation et l'évaluation des caractéristiques et des besoins particuliers

L'intervenante ou le parent observe l'enfant à risque ou ayant une déficience pour connaître son rythme et son niveau de développement, de même que ses acquis, afin de préciser ses besoins. Le fonctionnement de l'enfant ayant des besoins particuliers incite les adultes à s'interroger sur ses difficultés ou ses retards. Ce contexte leur fournit l'occasion de remettre en question leurs propres méthodes d'évaluation et les facteurs de l'environnement qui créent ces difficultés ou des situations de handicap.

Habituellement, les parents et l'intervenante veulent dépasser le cadre de leurs observations. Ils peuvent solliciter la participation des professionnels de la santé et de l'éducation pour obtenir une évaluation. Les besoins de l'enfant seront définis conformément au diagnostic posé. La section suivante propose une démarche d'observation qui s'inscrit dans un contexte d'inclusion de l'enfant ayant des besoins particuliers.

UNE DÉMARCHE CONCERTÉE D'OBSERVATION : L'OBSERVATION PARTICIPANTE

Dans le contexte d'une démarche de planification-intervention concertée, l'observation permet de connaître le rythme de développement de l'enfant ayant des besoins particuliers, de souligner ses progrès, ses besoins et de préciser les actions éducatives et les conditions qui répondent à ses besoins.

Les études sur le développement de l'enfant, entre autres celle de Nilsen (2001), fournissent des indications très utiles pour décrire et comprendre l'enfant dans son évolution. Certains concepts et outils d'observation proposés dans ce chapitre, inspirés des travaux de Nilsen, permettent, à la fois, de mieux situer le développement de l'enfant et de mieux soutenir l'intervenante dans l'application d'un plan d'intervention.

Observer, analyser et interpréter les données collectées sont des activités complexes, mais essentielles. Ces activités permettent d'obtenir des renseignements sur le développement, les progrès, les facteurs de l'environnement éducatif d'un enfant ainsi que les interactions entre ces divers éléments. Plusieurs méthodes d'observation permettent d'apprécier le développement d'un enfant dans différents contextes d'activités de jeux et de routines de vie. L'observation participante est la méthode privilégiée dans ce chapitre, car elle permet un meilleur suivi des progrès de l'enfant ayant des besoins particuliers.

Un rappel

L'information recueillie lors de l'observation prend tout son sens lorsque l'observateur agit dans le cadre d'un plan d'intervention personnalisé (voir le chapitre 4 à ce sujet); elle oriente son action.

L'observation participante

L'observation participante s'inscrit dans une démarche de plan d'intervention. La nature des problèmes de l'enfant ayant des besoins particuliers exige que les participants discutent entre eux, se concertent et collaborent à la collecte d'information qui sert, entre autres, à préciser les besoins de l'enfant.

Il s'agit d'un processus de concertation au cours duquel les parents et les intervenantes entreprennent une démarche commune afin de connaître et de décrire l'enfant dans son développement, ses progrès et la nature de ses interactions.

L'observation participante n'est ni une évaluation diagnostique ni une évaluation de la qualité des programmes ou des services. Elle s'appuie sur le principe que les activités d'observation doivent d'abord s'effectuer dans une perspective de soutien au développement et aux progrès de l'enfant pour ensuite soutenir les adultes dans leurs actions éducatives.

À propos...

Le soutien au développement et aux progrès de l'enfant doit être pris dans un sens général. Il vise autant les relations interpersonnelles que l'aménagement et l'organisation de l'environnement physique et structurel du service éducatif.

L'origine de l'observation participante

L'observation participante s'inspire de l'approche par le jeu et du modèle écologique.

Le modèle écologique (Nilsen, 2001) place l'enfant au centre de toute planification d'actions éducatives. Ce modèle tient compte de l'ensemble des milieux et des facteurs qui influencent le développement et les progrès de l'enfant. Il permet non seulement de décrire les conditions et les interactions entre les différents facteurs, mais également d'analyser et d'interpréter les situations observées. Il fournit donc l'occasion de connaître l'enfant et les différents milieux où il évolue, de prendre en compte les diverses composantes de ces milieux, de préciser les besoins de l'enfant et d'orienter les interventions futures.

Le modèle écologique privilégie les situations familières ou naturelles de vie, qui sont le reflet des conditions culturelles, économiques, sociales et politiques de la collectivité au sein de laquelle l'enfant grandit. Plusieurs facettes de ces conditions peuvent être analysées : le niveau socioéconomique, l'aspect culturel, les types de programmes, les approches éducatives, les orientations des services ou des interventions. La figure 5.4 illustre l'environnement éducatif de l'enfant selon une perspective écologique.

Figure 5.4 L'environnement éducatif de l'enfant selon une perspective écologique

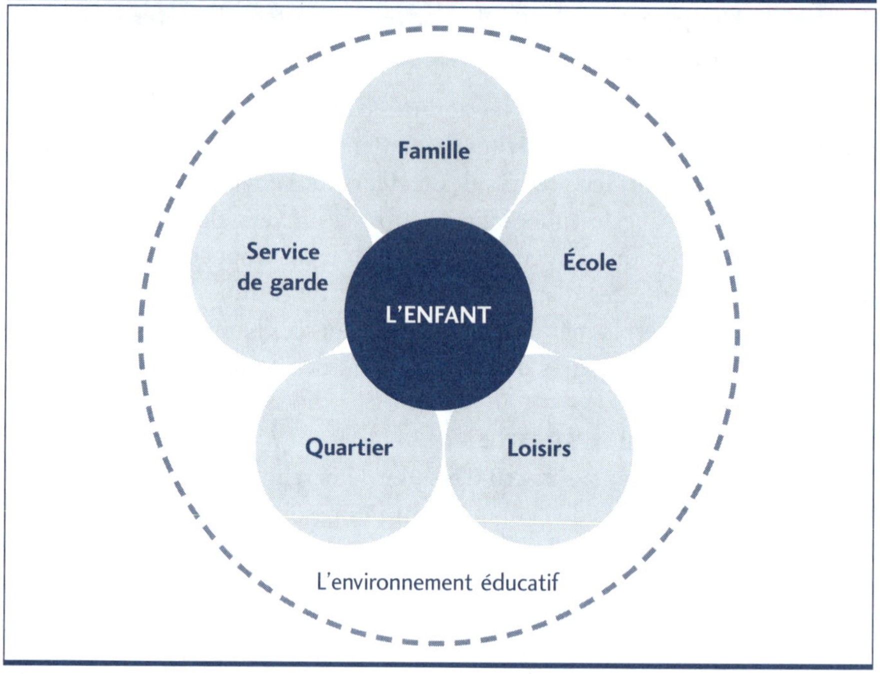

Les jeux et les routines de vie sont des contextes privilégiés pour observer l'enfant dans son développement.

Les contextes propices à l'observation participante : le jeu et les routines de vie

L'observation participante en milieu naturel de vie focalise sur les habiletés déployées par l'enfant dans les activités courantes liées aux routines de vie et aux activités de stimulation : le jeu (Berthiaume, 2004). Ces activités permettent d'observer une gamme variée d'habiletés dans différents domaines de développement : le langage (la communication), le sensorimoteur, l'autonomie, la cognition (les connaissances) et le socioaffectif.

Le jeu occupe une place de choix dans le quotidien de l'enfant et devient donc une situation toute indiquée pour observer le développement de l'enfant. L'approche par le jeu (Berthiaume, 2004 ; Schicke Athanasiou, 2000) est d'ailleurs la méthode la plus utilisée par les professionnels de l'éducation. Le jeu est l'activité que privilégie spontanément l'enfant pour interagir, communiquer, s'amuser ou développer la coordination de ses mouvements corporels. Il peut prendre différentes formes :

- jeux à l'extérieur avec différents objets : balle, ballon ou cerceau ;
- jeux de manipulation : comme l'emboîtement ;
- jeux symboliques : habillage, marionnettes.

Les routines de vie sont des situations propices au développement du savoir pratique de l'enfant. L'enfant établit plus facilement des liens signifiants entre les habiletés qu'il développe et ces contextes de vie. Ces habiletés sont dites fonctionnelles puisqu'elles s'inscrivent dans les routines de l'enfant et peuvent lui être utiles durant une grande partie de sa vie. Ce type d'habiletés assure le maintien de la motivation et de l'autonomie.

Les situations naturelles d'observation offrent de nombreux avantages que les situations inventées n'offrent pas. Elles permettent, d'une part, de percevoir plus facilement l'utilité des habiletés observées chez l'enfant et, d'autre part, de faire des liens entre ces habiletés et les facteurs existant dans son milieu de vie qui facilitent l'apprentissage. Par ailleurs, les situations naturelles d'observation fournissent de l'information sur différents aspects du développement de l'enfant et les conditions de vie liées à l'environnement. Ainsi, il devient possible de prendre en compte les éléments environnementaux à modifier ou à enrichir.

Les avantages de l'observation participante

L'observation participante permet:

- de collecter les indices de développement de l'enfant, de suivre ses progrès et, selon le cas, de déceler ses difficultés ou ses retards;
- de soutenir l'enfant dans ses efforts de développement et d'apprentissage;
- de susciter chez les adultes qui font partie de l'entourage de l'enfant des échanges sur leurs perceptions et de valider leur propre démarche d'observation;
- de favoriser chez les adultes une prise de décision commune quant aux interventions à privilégier;
- d'encourager la participation des différents partenaires en leur permettant d'être plus autonomes dans leurs interventions auprès de l'enfant.

Les conditions de réussite de l'observation participante

Les recherches en éducation inclusive (Boudreault, Kalubi et Moreau, 2004; Nilsen, 2001) identifient les conditions qui contribuent au succès d'une telle démarche d'observation:

- l'intégration de l'observation participante à une démarche planifiée;
- la mise en place de stratégies appropriées;
- l'adoption d'attitudes favorables;
- l'identification d'indices sur le développement, les progrès et les besoins de l'enfant;
- l'échange et le partage de l'information.

L'intégration de l'observation participante à une démarche planifiée

L'observation participante s'inscrit dans une démarche planifiée dont la première étape est la formulation d'un objectif d'observation. L'objectif fixé oriente le choix d'une stratégie d'observation. L'observation participante comporte plusieurs étapes:

- le choix d'un objectif;
- l'observation;
- l'analyse;
- le questionnement;

À propos...

La participation des parents au processus d'observation (Sorel, Bouchard et Kalubi, 1995) leur permet, au cours de la réunion du plan d'intervention:

- d'évoluer dans un véritable esprit de partenariat. Les parents ne se considèrent plus comme des simples observateurs ou témoins du développement de leur enfant, ils s'engagent dans la prise de décision;
- d'améliorer la qualité et la fiabilité de l'information qui circule au sujet de leur enfant et de susciter des discussions plus productives avec les intervenantes;
- de nourrir des attentes réalistes qui tiennent compte des capacités de leur enfant, et ce, tout en ayant leur propre opinion quant au développement de ce dernier. Cette perception de la réalité les aide à miser sur des stratégies mieux adaptées et plus facilement applicables;
- de profiter de cette occasion pour expérimenter des méthodes d'observation spécifiques.

- l'échange des données issues des observations;
- la consultation auprès de professionnels pour obtenir des évaluations spécifiques;
- l'interprétation des données;
- la communication des observations.

La mise en place de stratégies appropriées

La mise en place de stratégies de participation est déterminante dans le processus d'observation. Plusieurs stratégies contribuent à la réussite d'une observation participante:

- l'identification des objectifs et la planification de la démarche d'observation en collaboration avec les autres adultes qui côtoient l'enfant;
- le partage de l'expertise de l'intervenante avec les autres adultes de l'environnement de l'enfant: les moyens et les outils d'observation;
- la sollicitation de la participation active des membres de la famille et des personnes qui interviennent auprès de l'enfant;
- la création d'un environnement qui favorise la communication avec les parents en choisissant des moments et des moyens d'échange.

L'adoption d'attitudes favorables

Dans une démarche d'observation participante, l'intervenante ou le parent observateur doit constamment être à l'écoute et doit décrire les éléments observés en se gardant de les commenter. Pour accomplir ces tâches, l'observateur doit prendre du recul et adopter des attitudes qui lui permettront de préserver son objectivité. Il s'agit d'adopter les attitudes suivantes:

- avoir un objectif qui oriente son observation et déterminer les moments et les situations propices aux observations;
- observer en utilisant une technique sûre pour inscrire les données: méthode ou outil permettant de prendre en note les résultats des observations;
- noter les observations et toute information susceptible d'aider la compréhension;
- établir un mode de communication qui permet à l'enfant de maintenir son attention et son intérêt;
- s'assurer que l'enfant observé bénéficie de conditions favorables à la démonstration de ses capacités ou de ses compétences: susciter son intérêt, respecter sa capacité d'attention (observer des temps d'arrêt, si nécessaire) et mettre à sa disposition du matériel approprié;
- éviter les interventions ou les verbalisations susceptibles de perturber la situation observée.

Attention!

Quelques exemples d'instruments d'observation et de programmes sur le développement de l'enfant sont proposés dans la rubrique «Pour aller plus loin», à la page 130.

L'identification d'indices sur le développement, les progrès et les besoins de l'enfant

Observer un enfant, c'est, entre autres, chercher à déceler chez lui les conduites qui correspondent à son âge chronologique. Le parent ou l'intervenante peut s'appuyer sur ses connaissances pour juger si les habiletés observées chez l'enfant correspondent à son âge. Le cas échéant, il peut se servir d'instruments d'observation ou consulter les programmes sur le développement de l'enfant qui présentent les indices d'habiletés attendus à différents âges.

Dans une démarche d'intervention, qui comprend une séquence d'observations, l'enfant est évalué selon ses propres habiletés. Ce processus permet d'identifier les indices de son développement et de ses progrès. Toutefois, l'absence d'indices de progrès ou de nouveaux acquis chez un enfant peut suggérer un besoin de stimulation. Lorsque l'intervenante constate un retard important chez l'enfant, elle doit faire appel à un spécialiste du domaine de la santé ou du domaine de l'éducation.

L'échange et le partage de l'information

L'observation participante comporte une étape dite de diffusion ou de communication des observations. Pour communiquer les renseignements recueillis lors de l'observation, les professionnels de l'éducation peuvent recourir à divers moyens. Comme les pratiques éducatives sont sujettes à de fréquents changements, ils doivent s'efforcer de communiquer les résultats des observations au fur et à mesure qu'ils les obtiennent. Il est conseillé de maintenir une régularité dans les échanges pour favoriser la communication entre les diverses personnes de l'entourage de l'enfant et la collaboration dans les actions éducatives.

À propos...

Les spécialistes du développement de l'enfant disposent d'instruments qui permettent de faire une évaluation du développement de l'enfant. L'éducatrice spécialisée, la psychoéducatrice ou la conseillère à l'inclusion peuvent guider l'éducatrice à l'enfance ou l'enseignante dans le choix des instruments à utiliser.

UNE STRATÉGIE D'OBSERVATION DE L'ENFANT AYANT DES BESOINS PARTICULIERS

Puisqu'il existe différentes situations d'observation liées aux routines de vie et aux jeux, la planification d'une stratégie d'observation est nécessaire (Berthiaume, 2004). Une stratégie d'observation planifiée permet d'atteindre les objectifs visés. Cette stratégie peut comprendre un ensemble de procédures, de méthodes et d'outils qui répondent à une ou à plusieurs situations d'observation. Après avoir précisé ses objectifs, l'intervenante peut planifier une stratégie d'observation qui permettra de réaliser l'ensemble des activités du plan d'intervention. Une telle stratégie s'inscrit dans une démarche continue d'observation et d'intervention. Elle est reliée à la planification et à la réalisation des activités de stimulation personnalisées telles que spécifiées dans le plan d'intervention. Pour établir cette stratégie d'observation, l'intervenante fera appel à:

- des méthodes d'observation;
- des outils d'observation;
- des outils de communication des observations.

Le choix des méthodes d'observation

L'enfant ayant des besoins particuliers demande une attention soutenue de la part de l'adulte lors de ses observations et un souci du détail lors de sa collecte de données. Accroître ses compétences à observer permet de mieux percevoir les acquis ou les progrès de l'enfant. Il est conseillé de planifier toute stratégie d'observation, particulièrement dans le cas d'enfants présentant des besoins particuliers ou des difficultés persistantes.

L'utilisation de l'observation participante

Dès le début de la démarche, une solide collaboration doit être établie entre le parent et l'intervenante. L'intervenante doit assurer la participation du parent et celle des autres personnes-ressources pendant tout le processus de l'observation. Par exemple, le parent peut participer à l'évaluation en utilisant une grille d'observation du développement global de l'enfant, et collaborer à l'interprétation des résultats et à la prise de décision. Les professionnels du domaine de la rééducation, l'éducatrice spécialisée, par exemple, peuvent aussi prendre part au processus.

L'utilisation de l'observation par le jeu

Les situations familières de jeux (Schicke Athanasiou, 2000) sont des moments privilégiés pour observer l'enfant. Les situations d'interaction de jeux (enfant seul, enfant-parents ou enfant-pairs), dans lesquelles sont utilisés les objets préférés de l'enfant, fournissent des renseignements précis sur les habiletés de l'enfant et les conditions éducatives. L'observation par le jeu peut se faire à la maison, en milieu clinique ou dans un contexte éducatif. La figure 5.5 ci-dessous illustre les différentes situations de jeux favorables à l'observation de l'enfant.

Figure 5.5 Les différentes situations de jeux favorables à l'observation de l'enfant

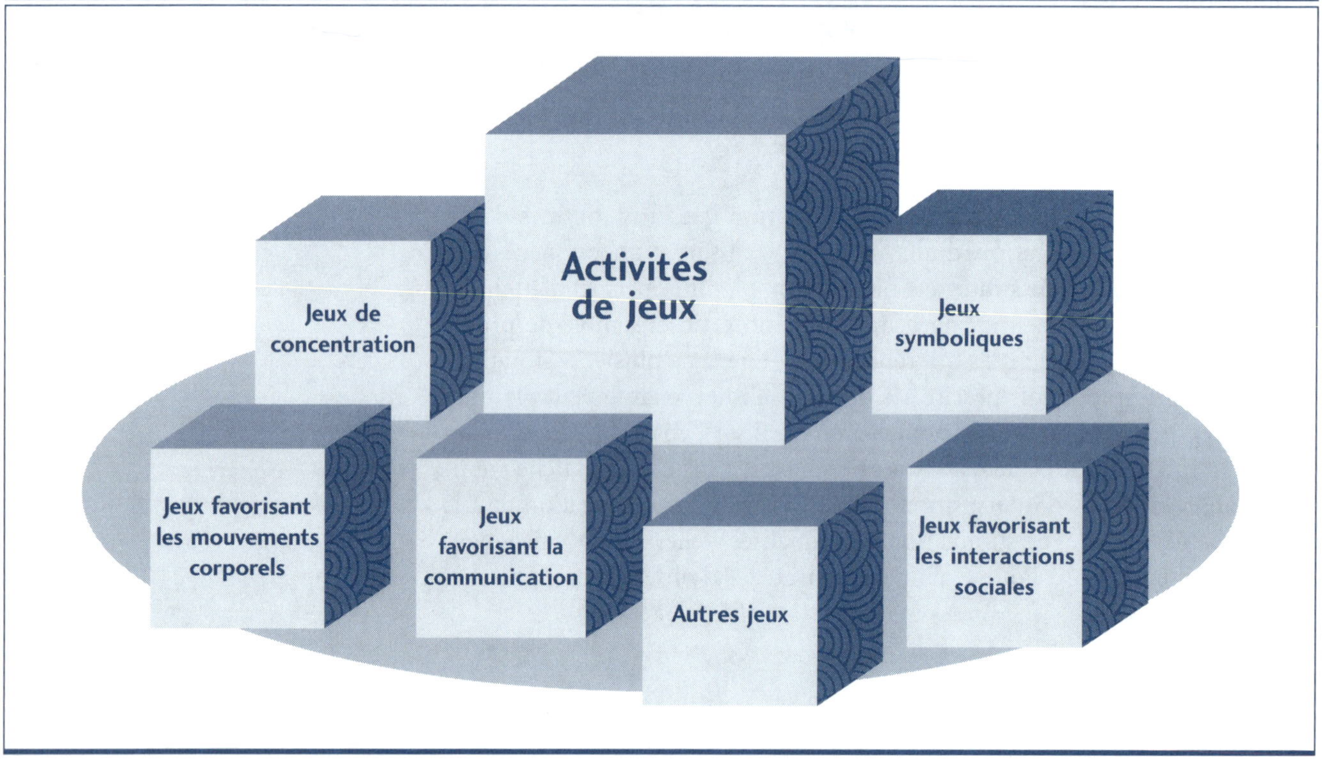

Le choix des outils d'observation

En plus de faire appel à des méthodes d'observation, la stratégie adoptée doit tenir compte d'outils d'observation qui servent à collecter les données désirées. Les instruments d'observation du développement de l'enfant sont des outils à privilégier pour situer l'enfant dans son développement global.

Par ailleurs, en contexte d'observation continue, l'intervenante peut adapter sa stratégie en fonction de ses objectifs d'intervention. Elle peut alors utiliser ses propres grilles d'observation afin de réaliser des observations continues au moment des activités de stimulation prévues dans le plan d'intervention. Ces grilles lui permettront de noter les progrès réalisés par l'enfant.

Attention !

À la page 207, on trouve un modèle de grille d'observation du développement global de l'enfant.

Avant de rédiger un plan d'intervention, les parents, l'intervenante et la direction planifient une démarche d'observation en précisant les éléments tels que l'objectif visé, le moment, le lieu, la durée, les moyens et les outils nécessaires. Voici des exemples d'outils d'observation qui peuvent être utiles pour évaluer le développement et les progrès d'un enfant :

- les faits saillants ;
- les grilles d'observation et de vérification ;
- le journal de bord ;
- l'entrevue par le jeu.

Un rappel

Le chapitre 4 est entièrement consacré au plan d'intervention. Il précise notamment le rôle des participants, les différentes étapes de l'établissement d'un plan d'intervention ainsi que son application et sa révision.

Les faits saillants

Plusieurs situations peuvent nécessiter l'utilisation de l'outil d'observation dit des faits saillants. L'exemple ci-dessous illustre une situation qui exigerait d'y avoir recours.

L'observation de Louis et les faits saillants

Depuis quelque temps, Louis, un petit garçon de 3 ans ayant des difficultés d'adaptation et des comportements de retrait, fait fréquemment des crises au service de garde. Ses parents ainsi que Monique, son éducatrice, n'arrivent pas à expliquer ce changement soudain. Ils voudraient bien savoir ce qui provoque les crises de Louis afin d'orienter et de coordonner leurs interventions. Monique propose d'utiliser l'outil des faits saillants pendant une semaine. Chaque fois que Louis fera une crise, elle notera ses observations. À la fin de la semaine, elle rencontrera les parents de Louis afin de procéder à une analyse des observations recueillies.

À la fin de la période d'observation, l'intervenante peut déterminer plus précisément la nature des crises et apporter les changements nécessaires pour remédier à la situation. Il a été déduit que les conduites inappropriées de Louis étaient habituellement fréquentes quand ses routines étaient changées. Les parents ont convenu de faire une consultation auprès d'un médecin à titre de prévention.

De quoi s'agit-il ?

Il s'agit d'un outil d'observation s'inspirant du rapport anecdotique et de l'événement annoté. Il permet de consigner une brève description lors :

- d'un événement, tel un enfant qui dessine sur un mur ;
- d'une action isolée, telle qu'un enfant qui s'isole du groupe ;
- d'une séquence détaillée d'actions, comme le fonctionnement d'un enfant durant ses moments libres.

Comment l'utiliser ?

Cet outil peut être utilisé dans deux situations distinctes :

- pour décrire un incident ;
- pour décrire une action précise chaque fois qu'elle se produit. Dans ce cas, l'utilisation de l'outil doit être planifiée. L'intervenante déterminera l'objectif visé, le moment, le lieu ainsi que la durée de l'observation.

Attention !

À la page 206, on trouve un modèle de l'outil d'observation dit des faits saillants reproductible.

Pour observer des progrès chez l'enfant, il est nécessaire de prévoir plusieurs périodes d'observation. Les résultats de l'observation doivent être présentés aux parents et à la direction dans un délai raisonnable.

Attention !

Pour obtenir plus de renseignements sur l'outil d'observation des faits saillants, consultez la rubrique « Pour aller plus loin », à la page 129.

À la fin de ses observations, l'intervenante doit inscrire les données pertinentes dans la grille des faits saillants, comme les événements, le contexte, le moment, le lieu, ses observations et ses commentaires. En remplissant la grille, l'intervenante doit s'assurer de décrire les faits de façon objective.

Pourquoi l'utiliser?
Au cours du développement d'un enfant, plusieurs événements peuvent survenir. Il est difficile de se rappeler chacun de ces événements en détail, d'où l'importance d'en conserver des traces.

Quelques avantages
L'utilisation de l'outil des faits saillants constitue un précieux aide-mémoire. Cet outil permet :

- de souligner une réalisation ou une action inusitée de l'enfant;
- d'interpréter certaines conduites de l'enfant en vue de les modifier;
- de conserver des traces des incidents ou des actions qui pourront être utiles à l'occasion de rencontres avec les parents ou lors de la rédaction d'un plan d'intervention;
- d'orienter ses interventions en fonction de la similitude entre certains événements;
- de faire ressortir les besoins de l'enfant et les contextes dans lesquels ils se manifestent.

Lorsque les descriptions inscrites sur la grille sont précises et détaillées, il est plus facile d'y revenir ultérieurement et de se représenter mentalement les événements. Il importe de faire une bonne sélection de l'information par contre; évitez donc d'indiquer des informations non pertinentes.

Quelques inconvénients
Comme cet outil sollicite la mémoire, si l'intervenante tarde à remplir la grille, elle risque d'omettre des renseignements importants. Si elle note une suite d'actions ou la fréquence de répétition d'une même action, elle doit s'assurer de prendre des notes tout au long de la période d'observation. Elle doit s'assurer également de décrire et de nuancer ses impressions.

Les grilles d'observation et de vérification

Les grilles d'observation et de vérification sont très utiles pour recueillir de l'information au sujet d'un enfant.

Attention !

À la page 207, on trouve un modèle de grille d'observation reproductible.

De quoi s'agit-il?
Les grilles d'observation et les grilles de vérification présentent plusieurs caractéristiques communes et seront décrites conjointement. À titre d'exemple, les grilles d'observation comportent des listes de conduites ou d'habiletés à observer qui permettent une appréciation du développement ou des apprentissages. Trois types de notations sont intégrées à ce type de grilles :

- la fréquence d'apparition : souvent, parfois, rarement, jamais;
- la qualité : remarquable, très satisfaisant, satisfaisant, à améliorer;
- la facilité d'exécution : facilement, avec un peu de difficulté, difficilement, très difficilement (inspiré du MÉQ, 2002a).

L'intervenante doit s'assurer d'utiliser la notation qui correspond au type d'observation qu'elle désire faire. Par exemple, elle peut noter la fréquence à laquelle l'enfant adopte une conduite lorsqu'il va aux toilettes, lorsqu'il est en relation avec ses pairs ou encore lorsqu'il se sert adéquatement d'une paire de ciseaux.

L'observation peut se faire durant les périodes de jeux libres ou d'activités quotidiennes. L'exemple de Lauralie, ci-dessous, montre comment les grilles d'observation peuvent être utilisées.

Le cas de Lauralie : les grilles d'observation

Dès que Lauralie, une fillette de 2 ans, se joint à son groupe, Hélène, son éducatrice, soupçonne un retard de développement. Au cours de ses 15 années d'expérience en tant qu'éducatrice, elle a côtoyé plusieurs enfants de cet âge et connaît très bien les habiletés associées à un enfant de 2 ans. Elle constate que Lauralie n'a pas certains acquis de base correspondant à son âge. Comme les parents n'expriment pas d'inquiétudes, Hélène utilise une grille d'observation afin de situer les habiletés de Lauralie dans le cadre du développement normal d'un enfant. Lorsqu'elle abordera le sujet avec les parents de la fillette, elle pourra s'appuyer sur l'information inscrite sur la grille d'observation pour expliquer aux parents quels sont les retards de l'enfant.

Les grilles de vérification sont constituées également d'une suite d'énoncés décrivant une série de conduites ou d'habiletés. Généralement, au lieu de donner une appréciation, l'intervenante n'a qu'à cocher les cases appropriées, représentant des capacités ou des incapacités de l'enfant. Les grilles sont construites de façon à ce que l'on obtienne un portrait représentatif d'un domaine de développement de l'enfant.

Attention !

À la page 208, on trouve un modèle de grille de vérification reproductible.

Par exemple, on peut y retrouver un ensemble d'habiletés nécessaires pour accomplir une tâche complexe. Voici ce à quoi ressemble une liste d'habiletés sur une grille de vérification.

Grille de vérification

Tâche : Se brosser les dents	
√	**Description de la tâche**
	Se laisse brosser les dents.
	Tient lui même la brosse à dents.
	Met le dentifrice sur la brosse à dents.
	Se brosse les dents seul.
	Sait comment le faire

Comment les utiliser?
Il existe de nombreux outils d'observation et de vérification validés que l'intervenante peut utiliser tels quels, c'est-à-dire sans avoir à les modifier. Les outils validés aideront à sélectionner les habiletés particulières visées par l'observation. L'intervenante peut par contre créer ses propres grilles si elle désire répondre à des objectifs spécifiques. Dans ce cas, il est recommandé de s'inspirer des programmes de stimulation existants (voir, entre autres, MFE, 1998a et b) qui ont été conçus justement pour aider l'intervenante à adapter ses propres grilles au contexte et à l'objet de son observation. Lorsque vient le temps de rédiger une liste d'habiletés à observer, il faut que l'intervenante se fie à son expérience et aux connaissances qu'elle a acquises au cours de sa pratique. L'intervenante doit s'assurer qu'elle tient compte, dans le choix des habiletés, de l'âge de l'enfant, de la nature de ses difficultés, de sa déficience, etc.

Attention !

Pour obtenir plus de renseignements sur les grilles d'observation et les grilles d'évaluation, consultez la rubrique « Pour aller plus loin », à la page 129.

Pourquoi les utiliser?
Les grilles d'observation et de vérification permettent de reconnaître les indices de développement et d'apprentissage et de déceler un retard dans le développement d'un enfant. Elles aident surtout à adapter ses objectifs pédagogiques aux besoins de l'enfant. Pour évaluer les apprentissages ou les progrès de l'enfant, l'intervenante doit procéder à plus d'une séance d'observation. La première séance sert à dresser un portrait global de l'enfant; les séances subséquentes servent à comparer les résultats et à apprécier ses progrès.

Lorsqu'un enfant présente un retard dans le développement d'une habileté ou adopte un comportement inadéquat, les grilles d'observation et d'évaluation se révèlent particulièrement utiles. En décelant chez un enfant un retard dans l'acquisition d'une habileté, l'intervenante peut identifier les domaines de développement qui devraient être stimulés davantage.

Quelques avantages
Les grilles d'observation et de vérification sont simples à utiliser et nécessitent peu de temps de la part de l'intervenante. L'intervenante peut les adapter en fonction de l'enfant observé ou des activités prévues dans le cadre de la démarche. Plus d'un observateur peut faire des commentaires sur une même grille, ce qui permet de dresser rapidement un portrait des habiletés observées chez l'enfant dans différentes situations. Si l'intervenante prend en note ses observations à des périodes distinctes, elle peut, en un bref coup d'œil, constater les progrès de l'enfant. Il est conseillé d'utiliser une couleur différente d'encre pour les commentaires correspondant à chacune des périodes d'observation.

Quelques inconvénients
Avant d'opter pour une grille en particulier, il importe de préciser l'objectif de l'observation et de formuler clairement les conduites ou les compétences à observer. Il est à noter que cette démarche ne donne pas une vue d'ensemble du développement de l'enfant. Pour l'obtenir, il faut utiliser un outil d'évaluation reposant sur de solides bases méthodologiques.

Le journal de bord

Le journal de bord est un outil d'observation qui favorise les échanges entre les parents et l'intervenante. Il est parfois difficile de trouver le temps d'échanger des renseignements importants sur l'enfant. Pourtant, ce partage d'information est indispensable, surtout lorsqu'il s'agit d'un enfant ayant des

Élizabeth et son journal de bord

Lorsque M. et Mme Fontaine conduisent ou vont chercher Élizabeth au service de garde, ils sont parfois pressés. Ils n'ont pas toujours le temps de discuter avec Christine, son éducatrice. De son côté, Christine est souvent occupée auprès des enfants ou des parents. Cependant, le couple Fontaine ainsi que Christine pensent qu'il serait important d'échanger des renseignements sur Élizabeth. Lorsque Christine fait part de ce problème à sa directrice, celle-ci lui propose l'utilisation d'un journal de bord. Cet outil permettra aux parents d'Élizabeth et à Christine d'échanger par écrit de l'information importante sur l'enfant et leur procurera de bonnes indications sur les interventions éducatives.

Après quelques semaines, Christine et les parents d'Élizabeth se rendent compte qu'ils ont tous intérêt à poursuivre l'utilisation du journal de bord parce qu'il leur permet d'avoir une continuité et d'effectuer les ajustements nécessaires dans les interventions.

besoins particuliers. L'exemple d'Élizabeth, présenté ci-dessus, illustre un cas où l'utilisation d'un journal de bord est toute désignée.

Attention !

À la page 209, on trouve un modèle de journal de bord reproductible.

De quoi s'agit-il?

Le journal de bord sert de complément au portfolio. Il donne aux parents un aperçu du déroulement de la journée de l'enfant au préscolaire et fournit à l'intervenante de précieux renseignements sur le comportement de l'enfant à la maison.

Le journal de bord peut prendre différentes formes, par exemple un carnet, un agenda ou un calendrier. Son efficacité dépend du niveau d'engagement des parents et de l'intervenante.

Comment l'utiliser?

Le journal de bord doit être simple à utiliser. Pour qu'il soit réellement utile, il faut que les renseignements qu'on y inscrit soient concis. Par ailleurs, il est nécessaire que son utilisation se fasse sur une base quotidienne.

Le journal de bord peut être utilisé suivant une modalité précise :

- À l'arrivée de l'enfant au service éducatif, l'intervenante prend connaissance des notes inscrites par le parent dans le journal de bord.
- À la fin de la journée, l'intervenante y inscrit à son tour ses notes sur l'enfant, c'est-à-dire :
  - son fonctionnement général au cours de la journée : humeur, comportement, etc. ;
  - ses relations avec ses pairs ;
  - sa conduite durant des périodes précises : période de repas, sieste, activités extérieures et intérieures ;
  - sa participation aux différentes activités ;
  - tout autre renseignement jugé pertinent.
- Les parents, de retour à la maison, prennent connaissance des notes de l'intervenante dans le journal de bord. Le matin, les parents inscrivent à leur tour leurs observations dans le journal de bord qui sera remis de nouveau à l'intervenante.

Observer consiste également à interroger l'enfant lors de ses activités. Les questions ouvertes stimuleront davantage l'enfant à s'exprimer.

Pourquoi l'utiliser?

Le journal de bord suscite la discussion entre les parents et l'intervenante sur les événements marquants de la journée d'un enfant et les rassure sur l'évolution et les progrès de celui-ci. Il constitue un moyen efficace de soutien mutuel entre adultes : concertation, cohésion et continuité des interventions.

Quelques avantages

Il facilite le suivi. Le fait que les parents et l'intervenante écrivent leurs observations dans le journal de bord tous les jours permet d'adapter leurs interventions aux besoins de l'enfant.

De plus, prendre connaissance des événements qui ont ponctué la journée de l'enfant aide les parents à mieux saisir ses humeurs, le sens de ses actions ou de ses réactions. Par exemple, si l'enfant n'a pas dormi pendant la sieste, les parents vont comprendre pourquoi il est fatigué à l'heure du repas. À l'inverse, l'intervenante peut orienter ses actions en fonction de ce que lui indiquent les parents. Par exemple, si la nuit de l'enfant a été agitée, l'intervenante comprendra pourquoi il est d'humeur maussade et ajustera ses actions à son égard.

Quelques inconvénients

Le journal de bord répond à un objectif précis. Il est donc nécessaire de déterminer, dès le départ, la durée de son utilisation et de préciser les raisons qui justifient son emploi de manière à ne pas alourdir la tâche des parents et de l'intervenante. Il faut éviter d'insister sur les aspects négatifs des actions de l'enfant; il faut plutôt faire ressortir ses forces, ses qualités. Dans le cas où survient un problème, il est primordial de proposer des pistes d'intervention. L'enfant ne doit pas être puni par ses parents pour un incident survenu au cours de la journée au service de garde ou à l'école. Si l'enfant a adopté un comportement inadéquat, l'intervenante a sans doute pris les sanctions nécessaires. Toutefois, les parents peuvent discuter avec l'intervenante de la nécessité de faire un retour avec l'enfant sur les événements problématiques de la journée.

L'entrevue par le jeu

L'entrevue par le jeu constitue un outil d'observation fréquemment utilisé pour soutenir l'enfant dans sa recherche de sens et pour observer ses façons de raisonner et de concevoir le monde. L'entrevue fournit également l'occasion d'intervenir et de le stimuler à apprendre. Elle est généralement semi-dirigée, c'est-à-dire que certaines questions sont déterminées à l'avance, mais, dans l'ensemble, la progression de l'entrevue s'adapte au contexte et aux réponses obtenues de l'enfant. Il convient donc de prévoir des questions cibles et de se préparer convenablement. Le cas d'Isaac, à la page 123, illustre une situation où l'entrevue par le jeu peut être utilisée.

De quoi s'agit-il?

L'entrevue par le jeu est un outil qui conjugue le jeu et l'entretien avec l'enfant. Par des questions, l'intervenante amorce et maintient l'interaction entre l'enfant et elle. Les questions sont préparées pour orienter la conversation dans le sens des objectifs fixés ou pour obtenir des indices précis sur le développement ou l'apprentissage de l'enfant. Les questions s'intègrent aux interactions de jeux sans toutefois les prédominer. Les questions ne doivent pas être un prétexte à l'arrêt du jeu ou un obstacle à sa poursuite.

Isaac et l'entrevue par le jeu

Isaac s'isole souvent. Il ne communique que par quelques phrases et peut réagir négativement au contact de ses pairs. Il se fâche facilement et refuse parfois de participer aux activités de groupe. Michèle, son enseignante, décide d'utiliser l'entrevue par le jeu pour faciliter son intégration dans le groupe. Avant de rencontrer Isaac, elle prépare des exemples de questions et choisit quelques jeux qu'Isaac aime bien. Elle profite de ses temps libres pour participer aux jeux d'Isaac et introduit prudemment quelques questions lorsque la relation est bien amorcée. En alternance, elle pose quelques questions, puis lui fait part de quelques commentaires ou appréciations…

Cette façon d'interagir avec Isaac en situation de jeu a permis à Michèle d'obtenir une meilleure qualité d'interactions avec Isaac ainsi qu'une plus grande participation et davantage de réactions de sa part.

Comment l'utiliser?

Comme l'entrevue par le jeu permet d'évaluer les connaissances de l'enfant ainsi que ses habiletés à raisonner, à résoudre des problèmes, à concevoir le monde et à communiquer, son utilisation fréquente poussera l'enfant à interagir et facilitera le développement de son langage. Il est suggéré d'y consacrer régulièrement du temps, soit de courtes périodes de 5 à 20 minutes quotidiennement. Les entrevues par le jeu peuvent se faire individuellement ou en petit groupe dans un endroit calme et agréable.

Pendant l'entretien, l'intervenante favorise les questions qui permettent à l'enfant de développer ses capacités à interagir, à penser et à enrichir son vocabulaire. Les questions ouvertes sont privilégiées; elles inciteront l'enfant à formuler une réponse plus élaborée au lieu de répondre par « oui » ou « non ». Le tableau 5.1, à la page suivante, illustre un modèle d'entrevue par le jeu.

Quelques avantages

L'entrevue par le jeu met en œuvre différentes fonctions pédagogiques: observer, soutenir la réflexion, développer la curiosité, intervenir sur les plans cognitif, langagier, socioaffectif, etc. Comme l'entrevue par le jeu permet de recueillir un grand nombre de données, l'intervenante pourra mieux connaître l'univers intérieur de l'enfant, sa pensée, ses émotions, ses connaissances, etc., ce qui pourra consolider ses liens avec l'enfant. L'entrevue par le jeu peut également l'aider à comprendre un changement dans l'attitude de l'enfant, lorsqu'il a des réactions inhabituelles, par exemple.

Quelques inconvénients

Il est parfois difficile de trouver le temps pour faire des entrevues. De plus, l'enfant peut se sentir intimidé en se retrouvant seul avec l'intervenante. Dans ce cas, il se peut qu'elle ait plus de difficultés à obtenir des réponses à ses questions. Si la situation se présente, l'intervenante ne doit pas hésiter à modifier son approche.

Il est nécessaire de valider ce que l'enfant dévoile par son langage verbal et corporel pour comprendre sa perception de la réalité. La validation exige de vérifier la pertinence des données recueillies auprès des adultes de son entourage ou de répéter l'entretien dans des situations similaires de jeux.

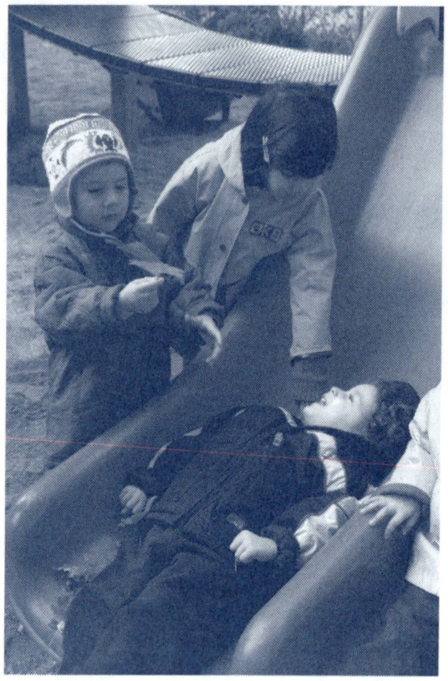

Lors de l'entrevue par le jeu, l'intervenante doit favoriser l'expression des émotions.

Tableau 5.1 Un modèle d'entrevue par le jeu

Faire le choix d'un jeu favorisant les interactions et les échanges : jeu faisant appel à l'imaginaire (poupées, marionnettes…), jeu de construction, livres, etc. ;
Observer et répondre aux initiatives de l'enfant ;
Imiter l'enfant dans son jeu ;
Formuler des questions ouvertes qui débutent par : ▪ Qui ? ▪ C'est quoi… ? ▪ Pourquoi ? ▪ Comment ?
Lorsque l'enfant ne répond pas, lui donner un choix de réponses ou formuler un début de phrase, puis faire une pause pour le laisser poursuivre ;
Utiliser les mimiques, les gestes et varier le ton de la voix pour favoriser le maintien de l'attention ou pour susciter les tours de rôle : « Ah oui… ! » et « Ouf… ! » ;
Avec les enfants ayant un vocabulaire plus développé, il est possible de modifier les questions en fonction de leur niveau de compétence pour : ▪ enrichir leur vocabulaire : notions de temps, espace, lieu, chiffres, nouveau vocabulaire et phrases plus complexes ; ▪ leur permettre de réfléchir sur leurs actions ou de résoudre des problèmes : • Que se passe-t-il quand… ? • Comment as-tu fait… ? • Que fais-tu quand… ? • Qu'est-ce que cela veut dire quand… ?
Favoriser l'expression de leurs émotions : ▪ Comment te sens-tu lorsque… ? ▪ Comment as-tu réagi… ?
Développer le concept du soi : ▪ Comment es-tu lorsque tu… ? ▪ Peux-tu te décrire quand… ?

Le choix des outils de communication des observations

La communication des données d'observation et la conservation des productions de l'enfant sont des aspects très importants de la démarche d'observation (Nilsen, 2001). Divers outils de communication peuvent être utilisés :

- le portfolio ;
- le bilan des acquis.

Ces outils s'ajoutent aux outils d'observation et permettent d'appuyer les résultats de la démarche d'observation, liée au plan d'intervention et aux activités de stimulation.

Le portfolio

Le portfolio est de plus en plus utilisé, en particulier dans les interventions auprès d'enfants ayant des besoins particuliers.

De quoi s'agit-il?

Le portfolio est un outil qui permet de conserver des productions d'un enfant ou des renseignements sur celui-ci qui témoignent de ce qu'il peut faire. Les productions de l'enfant constituent de précieux indices de son développement. Elles fournissent de l'information sur ses efforts, ses réussites et ses progrès. Pour que les apprentissages de l'enfant puissent être appréciés, le portfolio doit comporter plusieurs pièces qui démontrent la progression de l'enfant.

Un même portfolio peut être utilisé d'une année à l'autre. Il ne suffit que de remettre le portfolio à la nouvelle intervenante lorsque l'enfant change de groupe. En procédant ainsi, on parvient à conserver des traces du cheminement de l'enfant dans ses différents milieux de vie.

Attention !

À la page 210, on trouve un modèle reproductible d'une fiche de présentation (inspirée de : Doré, Michaud et Mukarugagi, 2002).

Le portfolio de l'enfant

Ce que l'enfant peut ajouter	Ce que le parent ou l'intervenante peut ajouter
▪ des productions : dessins, peintures, bricolages; ▪ une cassette audio ou vidéo; ▪ des souvenirs; ▪ un autoportrait; ▪ une fiche de présentation.	▪ des photographies de l'enfant et de ses productions tridimensionnelles; ▪ des commentaires sur ses productions; ▪ une liste de défis à relever; ▪ une liste de ce qu'il aime faire; ▪ des fiches ou des grilles d'observation; ▪ son journal de bord; ▪ une liste de ce que l'enfant est capable de faire; ▪ des renseignements écrits sur sa maladie, sa déficience ou sa condition particulière; ▪ une liste des services qu'il reçoit : le nom des établissements et des professionnels qui l'accompagnent; ▪ le nom d'organismes pouvant fournir des ressources humaines et financières; ▪ le bilan des acquis.

Comment l'utiliser?

Tous les enfants devraient avoir un portfolio, en particulier les enfants ayant des besoins particuliers. Les parents et l'intervenante devraient ajouter régulièrement à ce portfolio de l'information pertinente sur le développement de l'enfant.

La sélection des éléments ajoutés au portfolio devrait se faire en collaboration avec l'enfant, sous la forme d'entretiens périodiques. Cette façon de faire permet à l'enfant d'apprécier ce qu'il a fait et de réfléchir à ce qu'il aime et à ce qu'il a appris. À l'occasion de ces entretiens, l'intervenante peut poser des questions à l'enfant de façon à l'amener à faire des choix qui reflètent ce qu'il est, son

Attention !

À la page 212, on trouve un modèle de code imagé reproductible.

développement ou ses apprentissages. L'enfant peut ajouter des éléments à son portfolio ou en enlever. L'intervenante l'invitera à réfléchir au contenu de son portfolio en commentant ses productions et ses méthodes de travail. Elle lui demandera d'expliquer les difficultés qu'il a éprouvées, les raisons de ses choix et son degré de satisfaction. Par ailleurs, l'enfant peut justifier ses choix en apposant une image sur les éléments qu'il a retenus. Un code imagé peut être utilisé par l'enfant pour indiquer son appréciation d'une production. Cette démarche pousse l'enfant à prendre conscience de ses réussites. Pour que l'enfant soit en mesure de porter un jugement sur ses progrès, il est indispensable de dater les productions et de les classer par ordre chronologique.

L'intervenante doit inviter les parents à enrichir le portfolio de l'enfant. À certains moments, l'enfant apportera son portfolio à la maison et discutera de son contenu avec ses parents. Ils pourront alors y inclure de nouvelles productions.

Voici quelques exemples de questions à poser à l'enfant pour susciter sa réflexion sur ses productions :

- Lorsque tu regardes ton portfolio, que ressens-tu ?
- Dans ton portfolio, qu'est-ce que tu préfères ?
- Pourquoi as-tu décidé de conserver cette production ?
- Lorsque tu consultes ton portfolio, remarques-tu des choses que tu pourrais améliorer ? Si oui, lesquelles ?
- Quel défi aimerais-tu te lancer pour les prochaines semaines ?
- Quels sont, selon toi, tes principaux progrès ?
- As-tu eu des problèmes ? Comment les as-tu résolus ?

L'intervenante aurait avantage à noter les commentaires et les réflexions de l'enfant à propos de ses propres productions.

À propos...

Un service éducatif peut également créer son propre portfolio électronique. On pourrait y retrouver, outre des éléments qui retracent la vie du service, des portfolios des enfants qui le fréquentent (MÉQ, 2002b ; Fitzpatrick, 2004).

Le portfolio peut prendre la forme papier ou la forme électronique, par exemple un site Internet (MÉQ, 2002b ; Fitzpatrick, 2004). Il peut être conservé dans :

- un cartable ;
- un sac-cadeau ;
- une chemise à dossier.

Chaque portfolio est unique. Il doit être personnalisé et correspondre à la personnalité de l'enfant. L'intervenante peut utiliser le portfolio que les parents ont commencé à la maison. Elle peut même inviter l'enfant à le présenter lui-même. L'exemple de Hugo, à la page 127, illustre des situations pouvant justifier son utilisation.

Pourquoi l'utiliser ?
Le portfolio informe les parents et l'intervenante des progrès de l'enfant. La comparaison des réalisations permet d'apprécier concrètement ses progrès.

Quelques avantages
Pour l'enfant, le portfolio :

- constitue un repère pour réfléchir et analyser ses progrès ;
- l'incite à s'autoévaluer ;
- lui apprend à faire des choix et à les justifier ;

Le portfolio de Hugo

Hugo a 4 ans et fréquente un milieu de garde depuis un an. Malgré le fait qu'il soit atteint de paralysie cérébrale, il se déplace avec une facilité surprenante au moyen de son quadripode. Par contre, il éprouve de grandes difficultés à réaliser les activités qui exigent une motricité fine telles que dessiner, découper, coller, manger, etc. Un jour, ses parents font remarquer à Linda, l'éducatrice de Hugo, que leur garçon progresse peu dans ce domaine. Linda est pourtant convaincue du contraire. Elle leur propose donc de travailler en étroite collaboration à la création d'un portfolio.

Linda a utilisé le portfolio pour conserver des productions de Hugo, d'un mois à l'autre. Elle a pu partager avec ses parents les progrès qu'elle observait à partir des productions qu'elle avait incluses dans le portfolio de Hugo.

- lui permet de s'exprimer et de verbaliser ses intérêts personnels, ses goûts;
- favorise le développement de son autonomie et de sa pensée critique;
- provoque des situations de communication avec ses proches;
- l'aide à mieux se connaître;
- l'aide à développer des compétences langagières;
- met en valeur ses progrès;
- lui donne l'occasion de se lancer des défis.

Pour l'intervenante et pour les parents, le portfolio:

- facilite la communication et permet d'avoir une perception commune de l'enfant;
- fournit des renseignements utiles à l'élaboration du plan d'intervention;
- permet d'orienter les objectifs pédagogiques en fonction des besoins de l'enfant;
- permet de mieux connaître l'enfant: ses forces, ses difficultés et les indices de ses apprentissages;
- donne l'occasion de connaître la perception qu'a l'enfant de ce qu'il est, de ses réalisations et de ses progrès;
- incite la concertation entre les proches.

Quelques inconvénients

Le portfolio peut devenir encombrant si l'on y inclut trop de productions. Pour prévenir ce désagrément, l'intervenante peut spécifier la raison d'être du portfolio, c'est-à-dire les objectifs de son utilisation et recommander qu'on n'y intègre que les éléments les plus pertinents. Le portfolio n'est pas un outil de rangement. Si l'intervenante juge que trop de productions sont incluses dans le portfolio, il suffit de s'asseoir avec l'enfant et de l'aider à faire une nouvelle sélection des productions. Les productions retirées pourront tout simplement être apportées à la maison ou offertes à un proche.

L'utilisation du portfolio nécessite une coordination d'actions entre les adultes. Pour que le portfolio ait un sens pour l'enfant, les personnes de son entourage doivent l'aider à l'organiser. Il est donc nécessaire que le portfolio s'inscrive dans une démarche pédagogique.

Attention !

Pour obtenir plus de renseignements sur le portfolio, consultez la rubrique « Pour aller plus loin », à la page 130.

Le bilan des acquis

Le bilan des acquis est un outil de communication permettant de faire une synthèse des renseignements recueillis à la suite de l'observation de l'enfant. Le cas de Cédric, ci-dessous, illustre une situation où il pourrait être utilisé.

Le bilan des acquis de Cédric

Cédric a fait beaucoup de progrès depuis le dernier plan d'intervention qu'on a établi pour lui. Comme tous les enfants de son âge, Cédric a de nombreux besoins. Toutefois, sa déficience fait en sorte qu'il a des besoins particuliers. Afin d'identifier les besoins de Cédric et de suivre ses progrès, les parents de Cédric et Nathalie, son enseignante, utilisent différents outils et méthodes de collecte de données : le portfolio, le journal de bord et les grilles d'observation. Ils se basent sur les divers renseignements recueillis pour dresser le bilan des acquis de l'enfant. Ce bilan est par la suite ajouté au portfolio de Cédric. Le bilan des acquis est fort utile aux proches de Cédric, parce qu'il permet de saisir rapidement les progrès qu'il a réalisés lors de la dernière année.

De quoi s'agit-il?

Le bilan des acquis est un outil qui permet de faire une synthèse des renseignements recueillis au cours de diverses périodes d'observation. Il présente les forces de l'enfant, les défis qu'il aura à relever ainsi que certains de ses besoins importants. Dans une démarche de plan d'intervention, ce bilan est réalisé une fois par année et révisé au besoin.

Attention !

Pour obtenir plus de renseignements sur la détermination des forces de l'enfant, ses besoins et les défis qu'il doit relever, les renseignements qui serviront à constituer le bilan des acquis, consultez la rubrique « Pour aller plus loin », à la page 130.

Comment l'utiliser?

Le bilan doit être très bref; il ne compte habituellement que quelques pages. Il est réalisé par les parents, l'intervenante ou encore par des professionnels de la santé ou de l'éducation qui accompagnent l'enfant. Il s'agit de faire un résumé des données obtenues lors de différentes périodes d'observation. Ces données peuvent avoir été collectées à l'aide des outils d'observation décrits précédemment : faits saillants, grille d'observation, grille de vérification, entrevue par le jeu, portfolio ou journal de bord.

Le bilan des acquis peut ressembler à la grille *Synthèse de mes observations*, présentée à la page 79. Il s'inscrit très bien dans la démarche du portfolio et peut y être inséré.

Pourquoi l'utiliser?

Le bilan des acquis permet aux parents, à l'intervenante et aux autres professionnels de l'éducation et de la santé d'évaluer l'enfant dans les différents domaines de son développement.

Quelques avantages

Le bilan des acquis incite les parents et l'intervenante à formuler les forces de l'enfant, certains des défis qu'il doit relever et ses principaux besoins. Il leur permet également de coordonner leurs interventions. Il peut faciliter la tâche des parents lorsqu'ils doivent présenter l'enfant à une nouvelle intervenante.

En conclusion

Ce chapitre a présenté les principaux concepts nécessaires à la compréhension de l'observation. Les méthodes et les outils d'observation, de même que les outils de communication des données d'observation, permettent à l'intervenante et aux parents de suivre le développement et les progrès de l'enfant ainsi que de répondre adéquatement à ses besoins.

Toutefois, avant d'entamer la première étape de la démarche d'observation, l'intervenante doit se rappeler qu'une observation rigoureuse de l'enfant ayant des besoins particuliers est essentielle au succès de son plan d'intervention personnalisé. C'est par le biais de l'observation que l'intervenante parviendra à connaître la nature des besoins de l'enfant et à déterminer les défis que l'enfant devra relever.

Questions d'appropriation

1. Quelles sont les principales caractéristiques de l'observation participante?

2. En vous basant sur votre contexte de travail ou sur votre environnement éducatif, déterminez les besoins d'observation et d'évaluation, de même que les objectifs. Quels sont les méthodes et les outils qui peuvent aider à atteindre ces objectifs ou à combler ces besoins?

3. La participation des parents dans une démarche globale d'observation et d'évaluation du développement de l'enfant est indispensable. Quels sont les rôles que les parents peuvent jouer en tant qu'observateurs?

4. En contexte de jeu avec les enfants, vous désirez les inciter à se poser des questions sur leurs apprentissages. Pour les encourager à faire de l'autoobservation, vous formulez des modèles de questions. À partir de deux situations vécues, dressez une liste du type de questions que vous pouvez poser.

5. Vous désirez réaliser un portfolio avec votre groupe d'enfants. Quels sont les éléments et les conditions qui vous permettent d'instaurer cet outil dans votre milieu?

Pour aller plus loin

Voici des références qui vous permettront d'approfondir vos connaissances ou d'aller plus loin dans votre réflexion.

Livres

Beaty, J. (1986). *Observing development of the young child,* Ohio, C. E. Merrill.

Berthiaume, D. (2004). *L'observation de l'enfant en milieu éducatif,* Montréal, Gaëtan Morin éditeur.

Bouchard, J.-M., D. Pelchat et P. Boudreault (1996). « Les parents et les intervenants, où en sont leurs relations », *Apprentissage et socialisation*, 17(3), 41-48.

Ferland, F. (2001). *Au-delà de la déficience physique ou intellectuelle : un enfant à découvrir*, Montréal, Éditions de l'hôpital Sainte-Justine.

Laporte, D. (1997). *Pour favoriser l'estime de soi des tout-petits : guide pratique à l'intention des parents d'enfants de 0 à 6 ans*, Montréal, Éditions de l'hôpital Sainte-Justine.

Sorel, L., C.R. Le Bouclier, J.-M. Bouchard et J.-C. Kalubi (2000). « Évaluation des (in)capacités de l'enfant à besoins spéciaux ». Dans J.-P. Pourtois et H. Desmet. *Le parent éducateur*, p. 209-241, Paris, Presses universitaires de France.

Instruments d'observation et programmes sur le développement de l'enfant

Bernier, N. (2002). *Grille Ballon. Grille d'observation du développement de l'enfant* (2e éd.), Rimouski, Régie régionale de la santé et des services sociaux du Bas-Saint-Laurent, Direction de la santé publique, de la planification et de l'évaluation.

Brigance, A. H. (1997). *Brigance. Inventaire du développement de l'enfant entre 0 et 7 ans* (3e éd.), Vanier, Centre franco-ontarien de ressources pédagogiques.

Jolivet, J.-P. (1996). *Évaluer les capacités de son enfant : 50 tests simples de 18 mois à 7 ans*, Paris, ESF éditeur.

Ministère de la Famille et de l'Enfance (1998b). *Jouer, c'est magique : programme favorisant le développement global des enfants, tome 2*, Sainte-Foy, Les Publications du Québec.

Le portfolio

Doré, L., N. Michaud et L. Mukarugagi (2002). *Le Portfolio. Évaluer pour apprendre*, Montréal, Chenelière/McGraw-Hill.

Morin, J. (2002). *La maternelle : histoire, fondements, pratiques*, Boucherville, Gaëtan Morin éditeur.

Le bilan des acquis

Bernier, N. (2002). *Grille Ballon. Grille d'observation du développement de l'enfant* (2e éd.), Rimouski, Régie régionale de la santé et des services sociaux du Bas-Saint-Laurent, Direction de la santé publique, de la planification et de l'évaluation.

Brigance, A. H. (1997). *Brigance. Inventaire de développement de l'enfant entre 0 et 7 ans* (3e éd.), Vanier, Centre franco-ontarien de ressources pédagogiques.

Ministère de la Famille et de l'Enfance (1998b). *Jouer, c'est magique : programme favorisant le développement global des enfants, tome 2*, Sainte-Foy, Les Publications du Québec.

Sites Internet

Instruments d'observation et programmes sur le développement de l'enfant

Ministère de l'Éducation du Québec. Programme de formation de l'école québécoise : version approuvée. www.meq.gouv.qc.ca/DGFJ/dp/programme_de_formation/primaire/prform2001h.htm

Le portfolio

Les enseignantes du groupe de travail sur le portfolio d'apprentissage au préscolaire. Le portfolio d'apprentissage au préscolaire. recit.csdps.qc.ca/portfolio/portfolio.htm

Centre d'expertise pédagogique. Le portfolio. cep.cyberscol.qc.ca/ressources/guides/ev_portfolio.html

Le bilan des acquis

Ministère de l'Éducation du Québec. Programme de formation de l'école québécoise : version approuvée. www.meq.gouv.qc.ca/DGFJ/dp/programme_de_formation/primaire/prform2001h.htm

Vidéos

Goupil, G. (1997). *Portfolios et dossiers d'apprentissage*, Montréal, Chenelière/McGraw-Hill.

Ruel, S. et S. Dorion (2001). *Le Portfolio à l'éducation préscolaire*, Saint-Bruno-de-Montarville, sous-comité de l'Éducation préscolaire de la Montérégie et commission scolaire des Patriotes.

Chapitre 6

Des stratégies propices aux interactions sociales positives

Objectifs

La lecture de ce chapitre vous permettra :

- d'accroître votre compétence à créer des conditions favorables aux interactions sociales positives chez les enfants ;
- de vous familiariser avec des principes éducatifs et des stratégies qui favorisent l'inclusion des enfants ayant des besoins particuliers.

À propos...

La notion de stratégie renvoie à l'ensemble des savoirs organisés qui permettent à l'intervenante de mobiliser ses connaissances et ses compétences pour atteindre un but ou un objectif commun (Jonnaert, 2002).

Au chapitre précédent, nous avons présenté les méthodes et les outils d'observation des enfants qui servent à apprécier leurs progrès et leurs apprentissages. Pour faciliter la réalisation des apprentissages des enfants, des stratégies favorables aux interactions sociales positives devront être mises en œuvre.

Dans un contexte d'éducation inclusive, ces stratégies tiennent compte autant des enfants ayant des besoins particuliers que de la communauté éducative à laquelle ils appartiennent. Le succès de l'éducation inclusive suppose l'établissement d'un environnement propice aux interactions sociales positives et l'acceptation sociale des enfants ayant des besoins particuliers. Ces interactions sollicitent différentes dimensions du développement de l'enfant : les dimensions sociale, affective et langagière, entre autres.

Le présent chapitre propose donc à l'intervenante, l'éducatrice à l'enfance, l'éducatrice spécialisée ou l'enseignante, en milieu de garde ou en éducation préscolaire, des moyens qui permettront de comprendre l'importance de susciter des interactions sociales positives et des relations de collaboration chez les enfants ; de s'approprier une démarche de réflexion sur les difficultés de socialisation qui peuvent interférer dans le développement de la socialisation ; de mettre en place des stratégies qui favorisent les interactions sociales positives et l'inclusion des enfants ayant des besoins particuliers.

LES INTERACTIONS SOCIALES ET LES RELATIONS DE COOPÉRATION

Les **COMPÉTENCES SOCIALES** de l'enfant constituent, entre autres, les premières habiletés simples qui sont mobilisées lorsqu'il est en relation avec d'autres personnes. L'enfant ayant des besoins particuliers nécessite un soutien de l'adulte pour acquérir ces habiletés puisque son développement social est généralement affecté.

Les **compétences sociales** sont essentielles dans la vie d'un enfant. Communiquer efficacement ses émotions, ses besoins, ses préférences, développer son langage et s'adapter fournissent à l'enfant autant d'occasions d'évoluer dans divers domaines. Ces compétences sociales lui permettent de développer des relations positives avec les autres, comme des relations d'amitié, et d'être capable de comprendre les attentes des adultes et d'y répondre, en fonction d'un contexte spécifique. Plus tard, les compétences sociales acquises lui permettront d'accomplir avec succès différentes tâches aux niveaux scolaire, personnel, professionnel et communautaire (MÉQ, 2000b ; MFE, 1998a ; Vienneau, 2004 ; Walker *et al.*, 1994).

Au cours de l'enfance, les interactions sociales font appel aux premières habiletés simples mobilisées par l'enfant dans des contextes relationnels : ce sont les premières compétences sociales. Amorcer, maintenir ou terminer une interaction dans des situations de communication, de jeux ou de travail en petit groupe en sont quelques exemples. Ces interactions sociales simples mèneront à des compétences plus complexes comme les relations de coopération.

« **RELATION DE COOPÉRATION** » est l'expression préférée ici pour refléter davantage un contexte d'activité non structuré, contrairement à l'expression « apprentissage coopératif » qui est utilisée dans un contexte scolaire de travail d'équipe structuré. Au cours de l'enfance, l'enfant développe des relations de coopération lorsqu'il réalise conjointement une activité ou lorsqu'il tente d'atteindre un but commun avec ses pairs.

Les compétences sociales, dont les **relations de coopération**, s'apprennent en contexte d'interaction sociale ou d'activités en groupe. L'imitation et la médiation des pairs jouent un rôle important (Moreau, 1992) dans ces apprentissages. L'enfant acquiert des habiletés sociales grâce à ses multiples expériences en communauté et ses relations avec les adultes et ses pairs. Ces acquisitions se réalisent généralement en contexte informel d'apprentissage. Le développement social d'un enfant ayant des besoins particuliers ou une déficience est généralement altéré par différents facteurs qui le limitent ou l'empêchent d'acquérir les compétences sociales attendues selon son âge. Cet enfant a besoin d'un soutien particulier ou différencié pour vivre des succès.

Dans un contexte d'éducation inclusive, pour suivre l'enfant dans toutes les étapes du développement des compétences sociales, l'intervenante se doit de revoir régulièrement ses façons de planifier et d'animer ses activités en vue d'effectuer :

- l'observation du développement de la socialisation de l'enfant ;
- l'observation synthèse des conduites sociales positives ;
- une réflexion sur les difficultés de socialisation.

L'observation du développement de la socialisation de l'enfant

Le terme « développement » désigne les changements qui prennent place chez l'enfant grâce à la qualité de ses interactions sociales avec son entourage (Nilsen, 2001). Ces changements ne se mesurent pas en nombre, mais en termes de qualité. Le développement s'inscrit dans un processus qui prend sa source dans l'appropriation d'interactions sociales simples pour aboutir à l'émergence et à la manifestation d'habiletés de plus en plus complexes. Ci-dessous, la figure 6.1 illustre les premières compétences relationnelles qu'un enfant développe au cours de ses expériences de socialisation : le soi, la relation de gratification, la relation égocentrique, la relation d'amitié et la relation de coopération. Chez certains enfants s'ajoutent les difficultés relationnelles marquées généralement par des **problèmes de conduite**. La description des différentes étapes d'observation du développement qui suit guidera l'intervenante et lui permettra d'anticiper les habiletés en émergence et d'opter pour des interventions préventives.

PROBLÈME DE CONDUITE ou « problème de comportement » sont des expressions qui désignent un ensemble de manifestations liées à la difficulté de l'enfant à socialiser ou à s'adapter à un contexte en particulier. Ces problèmes peuvent être des signes annonciateurs d'un trouble de comportement, soit des difficultés sévères de socialisation, que seul un diagnostic pourra confirmer.

Figure 6.1 Les premières étapes de développement des relations sociales positives (inspirée de : Nilsen, 2001)

Le soi

À sa naissance, l'enfant ne possède pas de compétences sociales. Ses interactions avec les autres sont guidées par des réactions de type réflexe. Le bébé est à l'étape de l'activation de ses sens par rapport à son environnement. Il distingue de plus en plus les éléments extérieurs et il y réagit. Il apprend à adapter ses sens à ses postures corporelles : être couché, être assis, se tourner, etc. Il développe un meilleur contrôle de son corps et il crée des contacts sensoriels avec son milieu.

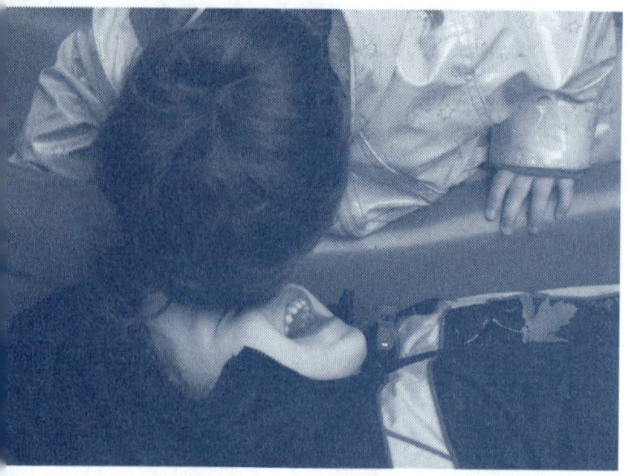

L'enfant centre son intérêt sur ses besoins de survie et de bien-être.

Les **INDICES SOCIAUX** que l'enfant peut percevoir désignent les diverses manifestations subtiles du visage, de la posture et de la voix (ton, intonation, rythme) observées en situations relationnelles.

L'adulte a la responsabilité de répondre aux besoins de base de l'enfant, principalement en ce qui concerne son développement physique et son bien-être. L'enfant porte attention aux réactions et aux verbalisations de l'adulte. Par exemple, l'enfant qui oriente ses sens vers sa mère lorsqu'il entend sa voix démontre des capacités à interagir socialement et à acquérir les conduites de base telles que regarder, porter attention, amorcer des interactions ou réagir par des gestes et des sons. C'est dans son milieu que l'enfant doit trouver des réponses à ses besoins primaires comme manger, dormir, être sécurisé et développer ses capacités à interagir socialement et de manière positive.

La période de relation gratifiante

Durant la première année de sa vie, l'enfant centre son intérêt sur ses besoins de survie et de bien-être. C'est l'étape de l'attachement à ses parents et aux proches. C'est en même temps le début de son indépendance à leur égard. Dès ses premiers mois, l'enfant va apprendre à réagir aux **indices sociaux** et à amorcer des conduites d'imitation de l'adulte, comme sourire et rire. Cet apprentissage se fait tout particulièrement durant les moments où il reçoit des soins personnels de base. Après les six premiers mois et jusqu'à l'âge d'un an, il exprime son anxiété à l'occasion d'une séparation d'avec l'adulte. Il va chercher à maintenir la présence de ce dernier et fait des efforts pour maintenir ou rétablir la relation. Le développement moteur aidant, il amorce ses premières interactions sociales : se tourner, prendre et chercher des objets, répéter ou imiter des gestes simples pour jouer, manger ou répondre à ses propres désirs. Il fait des choix : poursuivre les interactions, les interrompre ou renoncer à les faire. Il va utiliser différentes conduites sociales apprises pour répondre à ses besoins ou à ses désirs. Il est à l'étape de l'exercice d'un certain contrôle social sur son environnement : jouer ou répéter des gestes avec des objets, se tourner pour refuser, rire ou utiliser des sons pour obtenir de l'attention, manipuler les objets pour découvrir un sens. Ces activités précèdent l'apparition des premières interactions sociales : prendre la parole à son tour, échanger, partager un objet et jouer à des jeux fonctionnels. Ce processus, qui se poursuit jusqu'à l'âge de 24 mois, assure un passage du moi vers la considération des autres.

Le rôle de l'adulte est d'encourager l'enfant à observer et à réagir aux indices sociaux, à manipuler différents objets de son environnement ou à interagir avec l'adulte. L'enfant a besoin de l'adulte pour découvrir le fonctionnement des objets, pour faire des associations et pour maîtriser ses muscles fins : prendre, tourner et déplacer les objets. Il peut inciter des interactions sociales, mais ne peut pas les soutenir à cause de ses limites sur le plan du langage, de la cognition et sur le plan émotionnel.

Les relations d'égocentrisme et d'association

Dès le début de sa deuxième année, l'enfant généralise rapidement ses relations sociales aux autres personnes et à d'autres situations. Il s'attend à ce que les autres personnes réagissent exactement comme ses parents. Ainsi, lorsqu'il n'obtient pas la réaction qu'il a anticipée, c'est-à-dire celle qu'il reçoit habituellement, il ne comprend pas pourquoi. Le développement de la parole, qui s'effectue durant cette période, est un aspect majeur des conduites sociales qu'il adopte. Les routines quotidiennes et les situations de jeux sont des moments propices à des interactions sociales et à des associations avec des pairs.

Un rappel

Les situations de jeux constituent le médium privilégié par l'enfant pour développer des compétences sociales, langagières, cognitives et émotionnelles plus complexes.

Parallèlement aux diverses phases relationnelles, l'enfant vit des expériences de jeux de plus en plus complexes qui peuvent être décrites comme des étapes. Quatre étapes de jeux sont associées aux diverses phases relationnelles (Nilsen, 2001):

- jeux de découverte: manipuler sans intention;
- attitudes d'observateur: regarder et imiter les autres, jouer sans participer;
- jeux solitaires: jouer seul sans intention d'interaction;
- jeux en parallèle en compagnie d'autres enfants: accepter ou rechercher la proximité des autres enfants sans pouvoir soutenir des interactions.

Ces étapes de jeux ne doivent pas être comprises comme une séquence linéaire. Il y a des périodes de retour en arrière, des alternances ou des régressions entre ces phases. Cette situation s'explique par différents facteurs dont les occasions d'interactions sociales, la disponibilité des jeux ou la présence d'éléments favorables ou défavorables à l'apprentissage: médiation de l'adulte, entre autres.

Au cours de cette période, quatre types de jeux viennent, en parallèle, soutenir l'enfant dans son développement social. Il s'agit:

- des jeux fonctionnels qui permettent de manipuler des objets et de répéter sans cesse les mêmes gestes;
- des jeux de construction qui stimulent l'assemblage de différentes pièces pour créer une production à l'aide de différents matériaux;
- des jeux symboliques ou dramatiques qui permettent d'inventer des contextes, d'imiter et de créer des jeux de rôle;
- des jeux de société qui suscitent la participation à des activités comportant des règles.

Ces catégories de jeux peuvent être associées aux phases relationnelles.

De 3 à 6 ans, l'enfant participe à une gamme de jeux qui l'aideront à sortir de l'étape dite « de l'égocentrisme ». Il va s'approprier des habiletés sociales pour pouvoir interagir, s'affilier, créer des liens d'amitié et effectuer des jeux de plus en plus complexes. La figure 6.2 illustre les expériences de jeux associées aux types de relations que l'enfant développe.

Figure 6.2 Jeux et types de relations

Jeux de société .... **Coopération**
Jeux symboliques .... **Association**
Jeux de construction .... **Imitation**
Jeux fonctionnels .... **Solitaire**

TYPES DE RELATIONS

Les relations d'amitié et de coopération

Entre 3 et 6 ans, l'enfant possède des compétences verbales, cognitives, physiques et émotionnelles qui lui permettent d'interagir davantage avec son entourage. C'est la période de la socialisation émergente. À cet âge, les jeux de groupe lui offrent l'occasion d'interagir, d'échanger sur ce qu'il fait. Ces situations lui permettent de faire des associations. Rapidement, il crée des liens d'amitié principalement dans le but de jouer. Il alterne les activités

À propos...

Pédagogie du jeu, un moyen puissant

Il ne faut pas confondre « jouet » et « jeu ». Jouer, l'activité ludique, va au-delà de la simple manipulation de jouets. Jouer, chez l'enfant, réfère à l'activité en elle-même et à la fin visée, la satisfaction. Plusieurs contextes de la vie quotidienne invitent l'enfant à souscrire à des activités de jeux: laver la vaisselle, trier du linge ou des petits objets, etc. peuvent aussi devenir un jeu. L'activité ludique peut s'effectuer:

- Sans matériel:
  - jeux avec le corps: l'enfant roule sur lui-même, suit le rythme de son corps. L'intervenante peut lui faire répéter les mots « en haut », « en bas » ou utiliser des chansons qui l'amèneront à imiter des animaux, des bruits, etc.
  - jeux associés à la routine quotidienne: cacher des objets pendant le rangement, proposer des devinettes, des chansons ou de la musique, jouer avec les mots pendant le repas, la collation ou lors de la lecture.
- Avec du matériel fabriqué: poupée, jeu de construction, casse-tête, pâte à modeler, jeux de règles, d'associations ou de concentration avec des cartes, jeux avec des dés, etc.
- Avec du matériel non fabriqué: objets divers (bouton, carton de papier de toilette, vieux vêtements, récipient ou casserole, sac en papier, boîte de carton ou de plastique) ou petits objets fonctionnels de la maison (papier, crayon, ciseaux, balle, etc.).

Un rappel

Échanger, partager, offrir de l'aide et coopérer sont les premières habiletés sociales d'entraide que l'enfant apprendra.

en solitaire et les activités avec ses pairs. En petit groupe, il réalise différents types de jeux : fonctionnels, de construction, de rôles, symboliques et des jeux structurés. L'enfant joue et interagit en imitant, en échangeant avec ses pairs sans qu'il n'y ait un objectif commun à réaliser. Il s'agit d'activités simples (Moreau, 1995b ; Nilsen, 2001).

Les jeux et les activités de coopération amènent les enfants à faire des productions communes. Les situations où les enfants doivent partager et réaliser ensemble une production favorisent l'acquisition de la compétence à coopérer. Tous les joueurs doivent participer à la réalisation d'une même production dont l'objectif peut être formalisé ou non. Même à la phase d'égocentrisme, les contextes pédagogiques qui encouragent les interactions sociales invitent à la coopération et aident l'enfant à aller plus loin dans son développement. Échanger, partager, offrir de l'aide et coopérer sont des habiletés qui s'acquièrent lorsque les situations pédagogiques les favorisent. Certaines activités de la routine quotidienne (collation, repas) et les activités structurées de jeux sont aussi propices à ces apprentissages. Plusieurs situations éducatives permettent le développement de la compétence à coopérer : participer à des tâches communes, faire un projet en groupe, chanter en groupe, écouter des histoires et en inventer, ou partager un même matériel pour réaliser une production.

Les jeux de société comportant des règles aident l'enfant à découvrir ce qu'est une règle et ce qui est correct ou incorrect. C'est le début du développement moral. En situation de conflit, le rôle de l'adulte est important. Sa position d'autorité favorise l'apprentissage des conduites prosociales par la médiation, en permettant à chacun de donner son point de vue et de cheminer vers une solution. Les situations de compétition sont peu comprises à cet âge. Il est recommandé d'éviter les jeux avec gagnants et perdants.

À propos...

Les conduites agressives de l'enfant prennent la forme de manifestations qui peuvent causer des dommages à son environnement ou à son intégrité physique, ou à celle d'autres personnes. Les causes sont multiples : elles peuvent être liées à l'enfant, à son histoire d'apprentissage ou à son environnement.

Les manifestations d'agressivité doivent être prises au sérieux. Les attitudes de base à favoriser consistent à signaler les gestes d'agressivité, à les questionner pour en comprendre le sens et, le plus rapidement possible, à mettre en œuvre une intervention qui permettra la diminution voire la disparition de ces conduites.

Les enfants ayant des besoins particuliers qui subissent l'exclusion sociale et qui parviennent difficilement à se faire accepter présentent des caractéristiques communes. Ils ont habituellement tendance à ignorer les invitations à jouer avec leurs pairs, ils manquent d'empathie et peuvent adopter des conduites agressives (Kemple, 1992). En raison de leur condition, ces enfants développent plus difficilement la compétence à coopérer et des relations d'amitié.

L'observation synthèse des conduites sociales positives

Les compétences sociales et les conduites sociales positives s'observent dans différents contextes pédagogiques : activités en petit groupe ou en grand groupe. Ces compétences sont transversales, c'est-à-dire qu'elles s'intègrent à diverses activités d'apprentissage. Tout au long de ces activités, il importe d'adopter une démarche d'observation et d'évaluation continue. Les observations et les réflexions de l'intervenante sur les interactions sociales lors d'activités de groupe lui permettent de porter un jugement sur les compétences en émergence chez l'enfant ayant des difficultés ou une déficience et chez ses pairs. Elles lui donnent l'occasion de juger de la pertinence de l'activité, des objectifs poursuivis et d'adapter sa pédagogie en fonction des besoins de chacun. Ses observations enrichissent ses connaissances sur les relations sociales de l'enfant. Il importe de ne pas intervenir trop rapidement ! Le temps pendant lequel elle observe l'enfant lui fournit l'occasion de faire ses propres essais et de résoudre elle-même des problèmes. C'est ainsi que l'intervenante parviendra à faire un bilan des acquis de l'enfant et à comparer ses résultats auprès de ceux de ses collègues.

La grille 6.1 permet de faire une première observation synthèse des conduites sociales positives d'un enfant. Cette grille pourra être utilisée d'une façon continue au cours des activités pédagogiques de l'intervenante.

▪ UNE GRILLE REPRODUCTIBLE SE TROUVE À LA PAGE 213 ▪

Grille 6.1 Observation synthèse des conduites sociales positives (inspirée de : Nilsen, 2001 ; Winzer, 1997)

Nom : ______________________ Date : ______________

Situations	Manifestations prosociales de l'enfant	Cochez le degré d'appréciation: Pas ou peu	Parfois	Souvent
Solitaire	▪ Réagit à des stimuli de son environnement : bruit, objet; ▪ Manipule des objets de son entourage; ▪ Répète des mouvements avec un objet ou fait des bruits avec sa bouche; ▪ Accepte d'être seul pour jouer; ▪ Porte attention aux réactions ou aux paroles de l'adulte.			
Interaction avec une personne	▪ Cherche la présence d'un autre; ▪ Réagit positivement (regarde…) en présence d'un adulte; ▪ Cherche à répéter ce que l'adulte fait; ▪ Imite l'adulte; ▪ Amorce des interactions avec l'adulte ou avec d'autres; ▪ Fait des choix; ▪ Initie des jeux avec d'autres enfants; ▪ Réalise seul des activités fonctionnelles : tâches ou jeux; ▪ Respecte les tours de rôle : amorce, attend son tour; ▪ Échange ou partage du matériel.			
Socialisation en groupe	▪ Interagit positivement avec ses pairs : sourire, toucher; ▪ Exprime ses préférences, ses désirs; ▪ N'est pas intimidé par les autres, accepte leur présence; ▪ Prend son tour de parole convenablement : amorce et maintient une conversation ou une interaction sociale; ▪ Demande de l'attention de l'adulte convenablement selon son âge; ▪ Exprime sa colère de façon convenable selon son âge; ▪ Cherche à s'associer avec un ami.			
Coopération et gestes prosociaux	▪ Initie une activité ou un jeu, seul ou avec d'autres; ▪ Invite les autres à participer ou est invité; ▪ Offre d'aider un adulte; ▪ Porte assistance : console un pair, offre son aide; ▪ Aide un pair en difficulté; ▪ Valorise un pair; ▪ Tente de négocier et de résoudre des problèmes; ▪ Essaie d'arrêter une querelle ou une dispute; ▪ Collabore avec ses pairs : échange du matériel, offre son aide, partage, persiste dans ses échanges; ▪ Réalise des jeux symboliques, des jeux avec des règles; ▪ Se lie d'amitié avec un autre enfant.			

L'utilisation de cette grille dans une séquence d'activités pédagogiques étalée sur plusieurs semaines permet de situer l'enfant et de voir sa progression. L'utilisation de crayons de couleurs différentes pour inscrire ses observations peut aider à mettre en évidence la progression de l'enfant. Après une séquence de trois périodes, l'intervenante aura une bonne idée de la régularité de certaines conduites. Cette démarche permet d'obtenir un bilan, de planifier son intervention dans les cas où l'enfant en manifeste le besoin et de faire un compte rendu aux parents ou aux spécialistes.

En présence d'un enfant qui manifeste de façon récurrente ou persistante des difficultés à socialiser, il ne faut pas tarder à réagir.

Le processus d'observation demeure incomplet sans la perspective des caractéristiques particulières des enfants. La section suivante aborde les difficultés de socialisation sous l'angle de traits personnels et de conduites déficitaires ou inadéquates.

Une réflexion sur les difficultés de socialisation

L'apprentissage de la socialisation lance des défis dont l'importance peut varier d'un enfant à l'autre. Les observations de l'intervenante doivent l'amener à définir dans son groupe les différents styles d'enfants (Legendre, 2005) et les difficultés qui y sont associées. L'utilisation d'outils conçus pour différencier les enfants s'avère, dans la pratique, fort utile lorsque l'intervenante a besoin de comprendre un enfant dont le fonctionnement lui échappe; cette démarche vise à mieux le connaître afin de pouvoir le soutenir dans des situations qui posent problème. Plusieurs solutions peuvent être envisagées pour remédier à des conduites jugées problématiques. La section suivante suggère une démarche qui s'attarde à cibler les facteurs en jeu avant d'entreprendre une intervention. Voici les outils qui aideront à dresser un portrait d'un enfant ayant des besoins particuliers:

- le portrait des styles d'enfants et des déficiences (tableau 6.1);
- la fiche synthèse des difficultés de socialisation (grille 6.2, à la page 140).

En présence d'un enfant, ou d'un groupe d'enfants, qui manifeste de façon récurrente ou persistante des difficultés à socialiser, ou qui est aux prises avec des problèmes de conduite, il ne faut pas tarder à réagir. En plus d'identifier les conduites en cause, l'intervenante doit réfléchir aux facteurs qui les provoquent ou les maintiennent. Plusieurs explications sont avancées, mais celle qui suggère qu'une majorité des conduites sociales, qu'elles soient appropriées ou inappropriées, sont apprises est la plus acceptée.

Tableau 6.1 Portraits d'enfants: styles, déficiences et difficultés qui y sont associées

Styles dominants	Portraits d'enfants
Solitaire, réservé	Luc a l'habitude d'aller seul dans un coin pour jouer. Il communique avec ses yeux, ou au moyen de gestes et, parfois, il utilise la parole en émettant quelques sons ou quelques mots. Il amorce des demandes ou des interactions pour exprimer ses besoins de manger ou pour obtenir un jeu. Il réagit peu ou ne réagit pas aux demandes des autres. Ces conduites ont plusieurs conséquences: il est ignoré par les autres enfants, est oublié par les adultes, est intimidé et effrayé par les changements et a peur de s'exprimer, de s'affirmer.
Sensible, vulnérable	Marie surprend par ses réactions lorsqu'elle est en présence de la nouveauté, lorsqu'elle doit quitter des proches ou laisser des objets qu'elle affectionne: pleurs persistants, refus d'entrer en relation ou refus de partir. Elle entre en relation avec les autres enfants, mais réagit facilement devant des situations qu'elle n'apprécie pas: changement soudain d'attitude de rire à des pleurs ou des réactions imprévisibles. Ses conduites lui valent d'être rejetée par les autres.
Indépendant	Ève reste insensible à plusieurs demandes de l'adulte. Elle réagit peu ou ne réagit pas lorsqu'on l'invite à participer à des activités. Lorsqu'elle entreprend une activité, elle ne persiste pas et passe à une autre. Elle s'oppose aux requêtes des adultes ou fait le contraire de ce qui lui est demandé, ce qui suscite chez eux un sentiment d'impuissance. Elle est laissée souvent à elle-même et profite peu des interactions. Elle ne semble pas vouloir apprendre.

Tableau 6.1 Portraits d'enfants : styles, déficiences et difficultés qui y sont associées (suite)

Styles dominants	Portraits d'enfants
Fonceur	Jean semble déterminé ; il fait ce qu'il doit faire sans se préoccuper des personnes qui l'entourent. En situation de jeux, il peut s'emparer de matériel sans le demander, il bouscule et, parfois, se montre agressif pour obtenir ce qu'il désire. Il ne se préoccupe pas des demandes des autres. Avec le matériel, il est brusque et il le brise parfois. Il lui arrive de lancer les jeux ou les objets. Il a peu de contrôle sur lui-même ; il agit sans penser aux conséquences. Ses comportements poussent l'adulte à contrôler ses déplacements et à limiter ses interactions avec les autres enfants. Ses conduites agressives le placent souvent en situation de conflit. Les autres enfants refusent de jouer avec lui.
Affirmatif	Sophie fait ce qu'elle veut. Elle ignore généralement les consignes de l'adulte ou se retrouve en situation d'opposition. Elle répond généralement par des « non » aux demandes. L'adulte doit utiliser des trucs pour qu'elle collabore. Elle n'aime pas perdre ; elle réagit de manière agressive. En groupe, elle cherche à être la première quand on offre des choses. Sa conduite entraîne des conflits avec ses pairs. Les adultes doivent la contrôler ou insister pour qu'elle suive la routine ou pour qu'elle respecte les règles de vie. Les enfants la rejettent et les adultes parviennent difficilement à mettre en valeur ses qualités.
« Petit vite »	Louis semble plein de bonne volonté. Cependant, il bouge continuellement, il passe d'un jeu à l'autre, est parfois brusque ou impulsif, ce qui le place souvent en situation de conflit. Il recherche des gratifications auprès de l'adulte et réagit aux réprimandes. Sa faible capacité de concentration lui occasionne différents problèmes : il fait une partie des tâches et laisse le reste en plan. Avec ses pairs, il amorce des interactions, mais il persiste peu. Il réagit positivement aux demandes et aux gratifications des adultes. Il comprend rapidement les situations d'apprentissage, mais à cause de sa rapidité, il subit des échecs ; il ne suit pas les consignes et ne termine pas ce qu'il commence. Son impulsivité crée des conflits ; il agit sans penser aux conséquences.
Déficiences	**Portraits d'enfants**
cognitive	Jessica est atteinte du syndrome de Down. Pour communiquer, elle utilise des gestes ou quelques mots. Elle aime la présence des autres. Elle recherche l'attention des adultes et interagit avec ses pairs sans suivre les règles de fonctionnement : respecter son tour de rôle, par exemple. Comme ses camarades souffrant d'une déficience intellectuelle, elle éprouve des difficultés à saisir les indices de socialisation qui lui permettraient de s'adapter. Son rythme étant plus lent, elle ne réagit pas rapidement aux demandes de ses pairs et ceux-ci n'insistent pas suffisamment pour obtenir une réaction. Pour ces raisons, Jessica, comme d'autres enfants ayant une déficience intellectuelle, peut présenter des déficits qui l'empêchent de maîtriser des habiletés sociales. Elle a besoin d'être stimulée.
neurologique	Kevin a reçu un diagnostic de syndrome d'Asperger, un trouble envahissant du développement. Il fait des crises de colère aux moindres changements. Son fonctionnement est très variable : il est imprévisible. Son langage est atteint. L'enfant ayant un tel trouble de développement éprouve plusieurs difficultés dont les plus fréquentes sont des contacts difficiles avec les autres, des comportements de retrait importants, des altérations du langage fonctionnel, des comportements inadéquats (moteurs, cognitifs), des réactions négatives aux changements et des difficultés d'adaptation.
sensorielle	Marie souffre d'une déficience visuelle : elle ne voit que l'ombre des objets ou des personnes. Elle effectue difficilement des tâches exigeant une motricité fine. Elle manifeste souvent de la colère avec ses pairs et ne s'adapte pas aisément aux changements : elle refuse d'obéir et réagit violemment. L'enfant qui souffre d'une déficience sensorielle éprouve des difficultés de socialisation qui limitent ses capacités d'interaction. Un enfant qui n'entend pas ne peut pas développer ses compétences à communiquer, lesquelles sont essentielles à la socialisation. L'enfant ayant une déficience visuelle peut développer des compétences à socialiser s'il parvient à compenser les limites liées à sa déficience. Le développement d'habiletés compensatoires de communication est donc essentiel.
psychoaffective	Jonathan est un garçon affectueux. Il recherche l'attention de l'adulte et aime se faire dire des mots gentils. Il peut adopter des conduites imprévisibles : se faire discret, être souvent triste et, parfois, se mettre en colère, briser son matériel, se cacher dans son casier ou sous les tables. Son humeur varie en fonction des événements qui surviennent à la maison. Dans un contexte de famille d'accueil, les adultes reconnaissent l'influence qu'ont sur les enfants les va-et-vient entre le milieu d'accueil et le milieu naturel.

▪ UNE GRILLE REPRODUCTIBLE SE TROUVE À LA PAGE 214 ▪

Grille 6.2 Fiche synthèse des difficultés de socialisation

√	CETTE DÉMARCHE VOUS AIDE À PRÉCISER LA NATURE DES DIFFICULTÉS DE L'ENFANT SELON LES CONTEXTES RELATIONNELS. VOUS POUVEZ COCHER DIFFÉRENTES CONDUITES OBSERVÉES CHEZ L'ENFANT DANS CHACUN DES CONTEXTES RELATIONNELS.
	Relations avec soi-même ▪ L'enfant se blesse souvent, se place dans des situations à risque. ▪ Il se mord. ▪ Il se salit avec divers objets ou substances. ▪ Il met dans sa bouche des substances dangereuses. ▪ Il brise ses biens, ses jeux. ▪ Il a des comportements moteurs répétitifs.
	Attitudes envers soi-même ▪ L'enfant est souvent triste, pleure facilement sans qu'on puisse en identifier la raison. ▪ Il cherche régulièrement la présence ou le contact avec l'adulte. ▪ Il pleure s'il est laissé à lui-même. ▪ Il amorce peu d'interactions; il est passif. ▪ Il s'isole en situation de conflit.
	Relations avec les autres enfants ▪ L'enfant amorce peu d'interactions ou réagit négativement aux amorces des autres : il s'éloigne. ▪ Il interagit peu ou arrête ses interactions en s'éloignant des autres enfants. ▪ Il ne tient pas compte des tours de rôle ou des réactions des pairs. ▪ Il a des conduites agressives : lance, tire, brise le matériel. ▪ Il a des gestes agressifs : mord, pince, pousse les autres enfants. ▪ Il agit rapidement et ne réfléchit pas aux conséquences de ses gestes.
	Attitudes dans un groupe ▪ L'enfant ne semble pas comprendre les interactions; il réagit peu ou ne réagit pas aux invitations des pairs. ▪ Il ne respecte pas, ou respecte peu, les règles de fonctionnement. ▪ Il ne reste pas en contexte d'activités de groupe : se lève, quitte la classe ou le groupe. ▪ Lorsqu'il est en présence d'un adulte, il réclame d'être proche de lui ou cherche à obtenir son attention.
	Relations avec l'adulte et l'autorité ▪ L'enfant a un regard fuyant, baisse la tête et ne répond pas aux amorces des adultes connus. ▪ Il interagit négativement avec les adultes non familiers : refuse les contacts physiques, refuse de répondre aux amorces, réagit par des pleurs. ▪ Il refuse de répondre aux demandes des adultes ou répond rapidement par un « non ». ▪ Il est hostile avec les adultes en position d'autorité : il fait le contraire de ce qui est demandé, ignore les demandes ou n'y répond pas. ▪ Lorsqu'il est réprimandé, il ne regarde pas l'adulte ou tente de fuir la situation.
	Comportements en situation de jeu ▪ L'enfant n'amorce pas de jeu seul ou spontanément. ▪ Il manipule les jeux sans intention : absence de jeux fonctionnels. ▪ Il ne persiste pas dans son jeu pour trouver un sens. ▪ Il ne regarde pas les autres jouer, ne tente pas de faire pareil : imiter. ▪ Lorsqu'il joue, il reste seul ou refuse de partager et d'interagir avec les autres. ▪ Il peut commencer à jouer, mais ne termine pas son jeu; il refuse de ramasser ou de ranger son matériel. ▪ En groupe, il refuse de partager et est souvent en situation de conflit. ▪ Il ne comprend pas le sens du jeu, des consignes ou des règles.

La figure 6.3 présente une synthèse des facteurs qui influent sur le développement social de l'enfant.

Figure 6.3 Facteurs favorables ou défavorables au développement social de l'enfant

Facteurs limitant le développement

- Facteurs liés à l'enfant : incapacités.
- Facteurs liés à l'environnement social et éducatif : relations négatives, faible qualité des services.
- Facteurs liés aux événements immédiats : « stresseurs », renforçateurs liés aux comportements inadéquats.

Enfant en développement

Facteurs favorisant le développement

- Facteurs liés à l'enfant : capacités, motivation, etc.
- Facteurs liés à l'environnement social et éducatif : relations positives, multiples situations d'apprentissage et haute qualité des services.
- Facteurs liés à la disponibilité des services adaptés aux besoins particuliers.

L'intervenante doit noter les facteurs persistants qui sont à la source des problèmes avant d'identifier ceux sur lesquels elle pourra agir (figure 6.3). La meilleure manière d'y parvenir est d'analyser les facteurs limitant le développement de l'enfant. Cela lui permettra de réfléchir à sa situation d'apprentissage actuelle, riche et multiple, et à la participation de l'enfant et à celle de sa famille. La grille 6.3 aidera l'intervenante à faire une synthèse des facteurs influençant le comportement de l'enfant, à se poser des questions (voir le tableau 6.2 pour des exemples de questions, à la page 142) et à amorcer une réflexion avant de choisir les mesures de soutien à mettre en place.

▪ UNE GRILLE REPRODUCTIBLE SE TROUVE À LA PAGE 215 ▪

Grille 6.3 Facteurs, manifestations et besoins de l'enfant (inspirée de : MFE, 1998b)

Nom : ______________________ Date : ______________

Situations et facteurs	Manifestations	Signification – besoins
▪ Fin d'activité ou changements ▪ État physique ▪ Routine : repos, sommeil ▪ Perception des parents face au problème de leur enfant ▪ Stratégies ou attitudes face à une réaction de frustration	▪ Pleure fréquemment sans raison apparente. ▪ Demande de l'attention, refuse de jouer, pleure.	▪ Besoin d'apprendre à s'adapter aux changements dans la routine. ▪ Besoin de…
▪ Lieu ▪ Personnes présentes		

Stratégies ou mesures de soutien différenciées :

Pour soutenir la réflexion de l'intervenante, voici une liste de questions identifiant les facteurs sur lesquels il est possible d'intervenir.

Tableau 6.2 Mes questions de réflexion en tant qu'intervenante ou membre de la direction

Questions liées à l'environnement éducatif
Est-ce que le matériel disponible : ▪ est approprié ? ▪ est en quantité suffisante ? ▪ répond aux intérêts de l'enfant et correspond à son groupe d'âge ?
Est-ce que les espaces d'activités permettent à l'enfant : ▪ de ranger lui-même ses choses ? ▪ d'avoir accès à différents espaces pour réaliser une gamme d'activités : motricité, arts, créativité, projet ? ▪ de bénéficier, selon ses difficultés ou sa déficience, des adaptations lui permettant de réaliser des activités intégrées ?
Est-ce que l'environnement physique ou matériel répond aux critères de son milieu familial ou éducatif ?
Questions liées à votre planification, votre animation et vos attitudes
Est-ce que la gestion du groupe aide les enfants : ▪ à comprendre les règles de vie ? ▪ à les respecter ? ▪ à suivre leur routine ?
Est-ce que les périodes de transition sont structurées pour aider l'enfant : ▪ à apprendre ? ▪ à anticiper les changements ? ▪ à se sentir rassuré ? ▪ à ne pas perdre de temps durant ces périodes ? ▪ à participer activement, à aider et à collaborer ?
Est-ce que vos façons de faire et vos attitudes aident l'enfant : ▪ à développer des relations sociales positives avec vous et avec ses pairs : amorcer, soutenir les interactions, collaborer et s'entraider ? ▪ à développer de l'assurance ? ▪ à diminuer sa dépendance à l'égard de l'adulte ? ▪ à s'associer avec d'autres enfants et à développer des liens d'amitié ? ▪ à atténuer ses difficultés : à interagir, à collaborer, à contrôler son agressivité, son impulsivité, à résoudre des conflits ?
Questions liées au diagnostic, aux difficultés ou à la déficience de l'enfant
▪ Avez-vous l'impression d'être suffisamment informée des problèmes ou du diagnostic de l'enfant de manière à bien comprendre ses comportements et leurs conséquences sur son développement ? ▪ Avez-vous eu l'occasion d'en apprendre davantage sur l'histoire et sur les besoins de l'enfant pour planifier votre plan d'action ? ▪ Avez-vous accès au soutien de personnes-ressources pour adapter vos interventions aux particularités de l'enfant ? ▪ Existe-t-il des possibilités pour intégrer les programmes de rééducation dans la routine quotidienne de l'enfant ?

Certes, les difficultés de socialisation peuvent représenter un sérieux obstacle à l'inclusion d'un enfant dans ses milieux de vie. Les façons de soutenir l'enfant, particulièrement dans son milieu de vie, peuvent être très diversifiées. Les outils proposés dans les pages précédentes visaient à développer chez l'intervenante sa réflexion en tant que soutien à l'enfant, mais également à améliorer ses conditions éducatives. Les facteurs sur lesquels elle a une certaine emprise sont les premiers dont elle devrait tenir compte. La diversité des problèmes présentés et les conditions éducatives suggèrent la prudence dans l'interprétation et le choix d'une intervention spécifique. Dans ce contexte, nous proposons des principes éducatifs qui pourront guider la démarche de l'intervenante.

La cohabitation des services spécialisés en milieu de garde ou en éducation préscolaire est la voie que privilégie l'éducation inclusive.

DES PRINCIPES ÉDUCATIFS ET DES STRATÉGIES FAVORISANT DES INTERACTIONS SOCIALES POSITIVES

Plusieurs recherches font état des interventions à privilégier pour stimuler la socialisation de l'enfant (Bronfenbrenner et Morris, 1998; Goelman *et al.*, 2000; Guralnick, 2001; Irwin *et al.*, 2000; MÉQ, 2001b; MFE, 1998a, 1998b; Winzer, 1997). Les sections suivantes mettent l'accent sur deux éléments fondamentaux :

- des principes éducatifs pour guider les interventions dans un milieu inclusif;
- des stratégies pour favoriser les premières interactions sociales positives.

Des principes éducatifs en milieu inclusif

Avant de présenter des stratégies favorisant le développement d'interactions sociales positives chez l'enfant, l'intervenante doit garder en tête que certains principes d'intervention restent des guides très solides qui orientent ses conduites éducatives. À titre de rappel, voici quelques-uns de ces principes.

Favoriser la cohabitation des services éducatifs et spécialisés

Il est plus efficace de promouvoir des interventions favorisant l'acquisition des compétences sociales d'un enfant dans un environnement familier ou le plus naturel possible. L'éducation inclusive fait la promotion de cette orientation. Elle suggère une forme d'organisation favorable à l'intégration des services spécialisés dans les services éducatifs ordinaires: services de garde, école (Goelman *et al.*, 2000; Mastropieri Scruggs, 2000; Nilsen, 2001; La Paro et Pianta, 2000). Par exemple, il est souhaitable qu'un enfant qui bénéficie d'une intervention en orthophonie puisse réinvestir ses expériences de rééducation avec des amis de son âge; le partage de stratégies éducatives et rééducatives entraîne plusieurs bénéfices, d'abord pour l'enfant et, ensuite, pour ses pairs, et augmente les situations d'apprentissage. Pour reproduire ce contexte, il faut structurer le service spécialisé de manière à permettre aux intervenantes et aux spécialistes en orthophonie de travailler ensemble et de mettre à profit leur expertise. Cette façon de faire vise à respecter certaines modalités d'intervention, comme une intervention individuelle adulte-enfant, et à éviter de créer des situations d'exclusion sociale.

Planifier des interventions pour aider à socialiser

La stimulation des compétences sociales peut se produire dans des situations quotidiennes ou structurées. Pour un grand nombre d'enfants, les situations quotidiennes sont suffisantes pour assurer leur socialisation. Toutefois, pour des enfants ayant des besoins particuliers, la planification d'interventions adaptées ou d'activités ciblées est nécessaire pour prévenir ou atténuer les difficultés ou les situations de handicap (Guralnick, 2001; Mastropieri et Scruggs, 2000; Moreau et Boudreault, 2002; Paré *et al.*, 2004; Winzer, 1997). Par exemple, un enfant ayant des comportements de retrait social bénéficiera grandement de mesures éducatives conçues pour stimuler son développement social: interventions médiatiques des pairs, activités suscitant les interactions sociales positives, etc.

Pour les enfants ayant des besoins particuliers, il est nécessaire de structurer l'intervention, de prévoir des moments et de mettre en place certaines «routines» propres à stimuler des habiletés sociales spécifiques. Par exemple, il est important d'inclure à l'horaire des activités individuelles ou en grand groupe qui alternent avec des activités en petit groupe impliquant des relations d'échange, de collaboration. Les périodes de jeux libres sont planifiées à l'horaire et structurées dans des aires de jeu et de travail en petit groupe: aire de lecture à deux ou à plusieurs, aire de construction, aire de théâtre de marionnettes, etc. La consigne peut se formuler dans ce sens: «Je fais de mon mieux pour me faire des amis.» Le programme présenté par Moreau (1995a) en est un exemple.

Tenir compte des amorces d'interactions de l'enfant

L'enfant est le point d'ancrage de son développement social et des intentions pédagogiques qu'il suscite. L'intervenante doit tenir compte de ses amorces de communication-interactions qui sont en quelque sorte les indices fiables de la présence d'habiletés acquises. Elles sont les indicateurs des habiletés à développer et un gage de son autonomie. L'enfant ayant des besoins particuliers présente un plus haut niveau de difficultés à amorcer des interactions ou une communication. L'intervenante peut l'aider en utilisant des stratégies propres à encourager ses amorces d'interactions et à stimuler ses relations sociales positives. Ces contextes sociaux sont également des situations propices à l'expression de ses émotions. Concrètement, ces amorces de jeux ou de relations d'amitié doivent être valorisées, par exemple: «C'est super que vous ayez joué ensemble; maintenant comment pouvez-vous...?» Ces formes d'encouragement servent à soutenir l'apprentissage d'autres habiletés plus complexes, par exemple, le «comment maintenir une relation d'amitié, d'entraide», le «comment terminer une activité ensemble», ou le «comment résoudre un problème, un conflit avec un pair».

Utiliser la pédagogie du jeu

On considère le jeu comme le principal moyen pour l'enfant d'apprendre et de se développer dans différents domaines (MFE, 1998a, 1998b; MÉQ, 2001b). L'acquisition d'habiletés à jouer pour l'enfant ayant des besoins particuliers est essentielle à son développement. Il apprend à jouer après plusieurs essais et avec la médiation de l'adulte et de ses pairs. Jouer devient un moyen d'apprentissage où l'adulte place l'enfant dans des contextes familiers. Par exemple, son entrée dans le monde de la lecture et de l'écriture est généralement un apprentissage solitaire. Pour lui inculquer le goût de la lecture, plusieurs jeux avec les mots et les lettres peuvent être introduits et effectués en petit groupe afin de stimuler ces compétences: lire et socialiser. Pensons, entre autres, aux jeux de devinettes des sons et des bruits dans les mots, ou encore, l'association de bruits, de lettres ou de symboles orthographiques

Un rappel

Situation de handicap

Inspirée du modèle théorique du processus de production du handicap, cette expression désigne l'interaction entre les caractéristiques culturelles ou liées à la déficience de la personne et les facteurs physiques et socioculturels liés à l'environnement. Les situations de handicap créent des obstacles pour l'enfant (Paré *et al.*, 2004: 158). Le fait de ne pas pouvoir bénéficier du soutien nécessaire de son milieu pour réaliser ses apprentissages est, par exemple, une situation de handicap pour l'enfant.

À propos...

Un aménagement de l'environnement conçu pour susciter l'intérêt de l'enfant constitue un autre moyen pour encourager ses amorces d'interactions.

pour décoder des messages. Différents domaines d'apprentissage peuvent être touchés en contexte de jeux, qui représentent des occasions motivantes.

Faire appel aux stratégies de médiation

Les principales stratégies favorisant les interactions sociales positives et de coopération sont celles qui font appel aux interventions médiatrices des adultes, à celles des pairs et à la résolution de conflits. Pour assurer une certaine réussite des interactions sociales entre enfants, les adultes doivent profiter efficacement des routines et des situations de vie propres à stimuler et à soutenir les relations prosociales. En bas âge, l'enfant a peu d'habiletés sociales, ce qui explique, en grande partie, ses limites ou ses difficultés de socialisation. L'intervention par médiation fournit l'occasion d'instaurer un contexte d'intervention à l'intérieur duquel la gestion des aspects social et affectif devient la voie d'accès aux apprentissages multiples et au « comment apprendre à apprendre » (Noiseux, 1997).

La « médiation » renvoie à l'espace-temps d'une relation de **réciprocité** entre un adulte, porteur de savoirs, et un enfant qui, par ses acquis, cherche à établir le rapport qu'il désire entretenir avec le monde extérieur. Par l'interaction adulte-enfant, dans une recherche de sens, cet espace-temps crée un contexte grâce auquel s'établit une relation de soutien et de compréhension mutuelle. Ces contextes d'échanges d'idées, d'interrogations et de recherche de sens permettent à l'enfant d'acquérir des savoirs auxquels il n'aurait pas accès sans le soutien de l'adulte médiateur. Interroger l'enfant dans sa recherche de solutions est l'une des stratégies à privilégier. Le questionnement doit donc guider l'enfant durant les étapes « sensibles » de ses interactions sociales.

RÉCIPROCITÉ « Réciprocité sociale » et « relation réciproque ». Ces expressions désignent les relations sociales qui permettent à chacun de prendre une place et de participer, d'une façon équitable, aux interactions qui s'établissent entre les personnes.

L'espace-temps de la relation enfant-médiateur suppose :

- une intention partagée ;
- une attention commune à un objet d'apprentissage ;
- un engagement commun à négocier le sens de cet objet ;
- un langage commun et un partage de leurs représentations respectives qui se transformeront jusqu'à ce qu'il s'en dégage une compréhension commune de la situation.

Les gestes de soutien sont indispensables dans la relation enfant-médiateur et permettent (Noiseux, 1997) :

- de redonner le pouvoir à l'enfant sur son apprentissage ;
- de le questionner pour le rendre conscient de sa démarche ;
- de l'inviter à évoquer non seulement ce qu'il a réalisé, mais aussi comment et à quelles fins il l'a fait ;
- de l'accompagner et, au besoin, de le guider dans la régulation de ses conduites.

Faire équipe avec les parents

Les parents sont des partenaires essentiels (Bouchard, 1999). Ils peuvent participer à la planification de programmes de stimulation à la socialisation. Cette intégration peut se faire dès le début de la planification, en participant à l'évaluation et aux décisions des orientations du plan d'intervention. L'intervenante peut demander à un parent d'enfant ayant des besoins particuliers de lui faire part de ses observations sur les compétences sociales de son enfant et de lui fournir un résumé de celles qu'il a acquises.

Un rappel

L'enfant en bas âge possède peu d'habiletés sociales. L'intervention par la médiation lors des routines ou différentes situations de vie lui permet d'acquérir des habiletés sociales.

Les relations de coopération deviennent possibles lorsqu'elles sont encouragées et répétées dans différentes situations d'apprentissage.

Aménager l'environnement et différencier les apprentissages

Modifier l'environnement est une première mesure à envisager : varier son horaire en vue de réaliser des activités correspondant à ses besoins, faire des regroupements avec des pairs avec lesquels il a plus de chances de connaître des réussites sociales. Enfin, pour certains enfants ayant des besoins particuliers, il faut planifier des apprentissages différenciés. Par exemple, imaginer des moyens de communication autres que la parole lorsque l'enfant refuse de parler ou ne maîtrise pas le langage oral.

Apprendre à coopérer et coopérer pour apprendre

Dès le bas âge, l'enfant peut apprendre des gestes de coopération. Il n'y a pas d'âge minimal. Pour certains enfants, cet apprentissage se réalise dans la mesure où l'environnement favorise ces compétences. Pour y parvenir, il faut structurer l'environnement. Coopérer est également une façon d'apprendre. Les relations de coopération sont avant tout des gestes qui, pour certains enfants, deviennent possibles lorsqu'ils sont encouragés et sont répétés dans plusieurs situations d'apprentissage.

DES STRATÉGIES DE COLLABORATION FAVORISANT DES INTERACTIONS SOCIALES POSITIVES

Pour la plupart des enfants, il est naturel d'interagir. Au cours de ses premiers mois de vie, l'enfant présente des réactions de type réflexe. Rapidement, des conduites intentionnelles l'amènent à développer ses premières habiletés interactives, sans intervention structurée. Pour certains enfants présentant des difficultés d'adaptation et d'apprentissage, ces premières interactions sociales ne s'effectuent pas facilement. Pour que leurs facultés d'interagir et d'évoluer socialement se développent, ces enfants ont besoin d'activités structurées d'apprentissage. Des organismes gouvernementaux, des centres de la petite enfance et des établissements en éducation préscolaire ont intégré les compétences sociales dans leur programme de formation. Comment l'intervenante ou la direction peut-elle favoriser des interactions sociales positives ?

Deux types de stratégies de collaboration peuvent être utilisées :

- la stratégie des trois « O » ;
- et d'autres stratégies de collaboration, plus spécifiques.

La stratégie des trois « O » : observer, objectiver et organiser

Au moment d'accueillir un enfant ayant des besoins particuliers, il y a différentes façons de planifier, d'animer un groupe et d'intervenir. Différentes étapes doivent être respectées et diverses interventions peuvent être réalisées. La stratégie des trois « O » (voir la figure 6.4, à la page suivante) illustre les différentes interventions réparties en trois temps.

Premier temps : observer les interactions sociales

L'un des principaux défis de l'intervenante sera de différencier ses interventions à l'endroit de l'enfant ayant des besoins particuliers. Il s'agit de bien comprendre son style d'apprentissage et ses capacités à s'adapter au groupe.

- Quelle est la nature des difficultés de développement et d'apprentissage liées au problème ou à la déficience de l'enfant ?

Figure 6.4 **Stratégie des trois « O »**

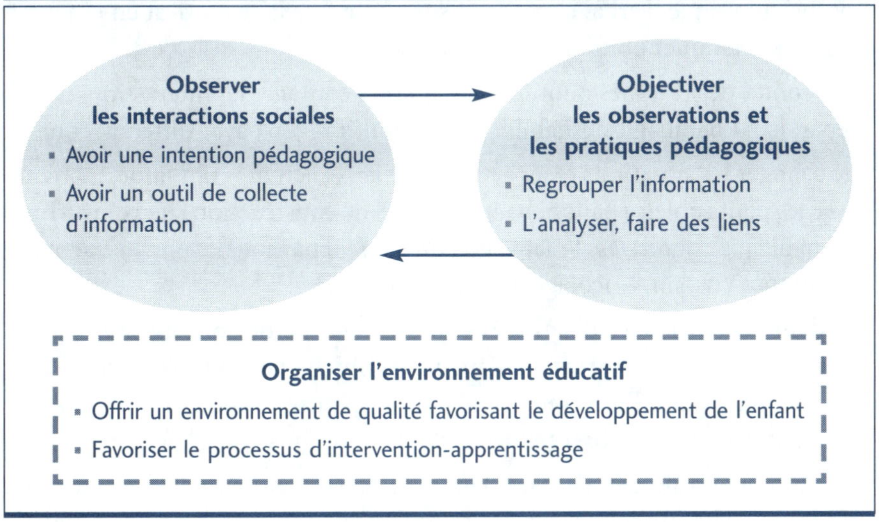

- Quels sont les impacts sur son adaptation et sa socialisation?
- Quelles sont les stratégies préventives à mettre en place?

Différents moyens peuvent être suggérés. Tout d'abord, il s'agit d'observer l'enfant en situation d'interaction afin de noter et de valoriser ses gestes positifs. Par exemple, lorsque l'enfant:

- bouge ou fait des bruits avec sa bouche pour obtenir l'attention;
- regarde ou tourne la tête à la vue d'un objet ou lorsqu'il entend un bruit;
- amorce, maintient et termine une interaction;
- commence, poursuit et finit un jeu qui peut être simple ou complexe;
- interagit positivement avec des personnes autres que ses proches (se fait des amis);
- participe à différentes activités à l'extérieur de la maison (activités, groupes autres que la famille);
- partage en groupe, aide, porte assistance, encourage ses pairs, fait preuve de souplesse (activité en solo ou en groupe et situations variées);
- coopère et cherche à résoudre des conflits.

Une mise en garde. Lorsque l'intervenante effectue ses observations, il vaut mieux ne pas porter attention aux conduites de l'enfant qui semblent inadéquates ou inappropriées. Il importe cependant:

- d'utiliser les situations quotidiennes pour observer et interagir avec l'enfant (lever, repas, jeu, etc.);
- de lui parler de ce qui se passe dans l'activité, lui rappeler ce qu'il faut faire en accordant peu d'importance aux éléments perturbateurs;
- de se mettre à sa hauteur pour le regarder et interagir;
- d'observer ses premières amorces d'interactions sociales et répondre positivement; stimuler les échanges;
- d'imiter l'enfant dans ses conduites, aller un peu plus loin, soutenir l'interaction;
- de parler à l'enfant de ce que l'intervenante fait, lui expliquer comment elle le fait et pourquoi;

Les interactions sociales positives peuvent être stimulées dans toute situation de routines quotidiennes telle que la collation.

- de jouer à « mon tour, ton tour » : encourager les échanges de toutes sortes (visuel, physique, verbal), respecter son niveau de langage tout en l'incitant à aller plus loin et poursuivre l'interaction ;
- de profiter des routines quotidiennes pour encourager les interactions : lever, repas, jeu d'habillage-déshabillage et périodes de jeux avec différents objets ;
- de changer les situations et les activités de jeux : activités physiques, activités avec les petits objets (ballon, balle, matériel de construction), jeux favorisant les habiletés cognitives, le langage (musique, chansons, rimes) et activités artistiques (dessin, bricolage, pâte à modeler) ;
- d'adapter les périodes d'activités selon sa capacité de concentration (si les activités sont trop courtes, l'enfant peut difficilement se dépasser ; si elles sont trop longues, l'intervenante risque de perdre sa motivation), changer d'activité lorsqu'elle observe une perte d'attention significative ;
- d'encourager, valoriser l'enfant dans ses efforts d'apprentissage et souligner ses réussites (rétroaction continue : « C'est intéressant ce que tu as fait ! », « Bravo ! C'est la première fois que tu fais cet exercice ».

Deuxième temps : objectiver ses observations et pratiques pédagogiques
À partir des observations obtenues au premier temps, l'intervenante donne une appréciation des interactions et des relations qui se développent. Par la suite, elle évalue ce qu'elle peut faire de nouveau pour soutenir les apprentissages : le processus d'objectivation. Cette démarche de rétroaction amène l'intervenante à aller plus loin dans son intervention, l'incite à faire des gestes de prévention et à valoriser les différences de l'enfant. L'objectivation consiste, entre autres, à énoncer clairement une conduite qui représentera un prochain défi pour le groupe ou pour l'enfant qui a besoin d'un soutien particulier :

- « Ce matin vous avez construit ensemble… »
- « Qu'avez-vous appris en faisant cette activité ? »
- « Moi, j'ai apprécié ce que vous… parce que cela permet de… »
- « La prochaine fois, il serait possible de… »

L'objectivation permet de faire un retour avec les enfants pour connaître leur appréciation et vérifier s'ils ont réalisé des apprentissages. L'intervenante pourrait leur poser des questions et vérifier, entre autres :

- si les enfants ont bien compris l'activité ;
- s'ils ont bien réalisé la tâche.

À la lumière des résultats obtenus, l'intervenante effectuera des ajustements qui lui permettront d'améliorer ses pratiques éducatives.

Troisième temps : organiser son environnement
Une fois l'appréciation de l'intervenante donnée et ses intentions pédagogiques précisées, il lui sera plus facile d'apporter les modifications dans l'environnement éducatif et d'adopter des stratégies d'animation propres à influencer les apprentissages d'un groupe ou d'un enfant ayant des besoins particuliers. Il faut se faire confiance et entreprendre une démarche de planification en organisant son environnement éducatif. L'organisation de cet environnement et de ses pratiques pédagogiques est l'outil dont l'intervenante dispose pour influencer les **conduites prosociales** et, à plus long terme, le développement des enfants.

CONDUITE PROSOCIALE Ensemble des manifestations et gestes de l'enfant qui auront une influence sur le développement d'interactions sociales positives, ou les compétences sociales, chez ses pairs.

Le troisième temps de la démarche des trois « O » vise à soutenir les premières habiletés sociales de l'enfant. L'intervenante doit l'aider dans ses apprentissages en l'invitant à collaborer ou à jouer à des jeux comportant des règles. Toutefois, il est possible que cette stratégie en trois temps ne soit pas suffisante pour susciter les conduites sociales attendues chez certains enfants ayant des besoins particuliers. Elle devra faire appel à d'autres stratégies de collaboration. La section qui suit propose différentes pratiques dont elle pourra s'inspirer.

D'autres stratégies de collaboration

Des recherches suggèrent une diversité de stratégies qui s'avèrent parfois plus efficaces pour favoriser les interactions sociales positives (Diamond et Hestenes, 1996; Favazza, 1999; Favazza et Odom, 1997; Guralnick, 2001; Keller et Sterling Honig, 1996; Moreau, 1995b; Slapin *et al.*, 1987). Voici quelques-unes de ces stratégies qui ont fait leurs preuves auprès d'enfants ayant des besoins particuliers.

Favoriser la médiation par les pairs tuteurs

Il s'agit de donner une formation aux enfants qui veulent apprendre à aider un ami. Cette stratégie comprend quatre activités intégrant un jeu de rôle au cours duquel un enfant imite des comportements de l'enfant ayant des besoins particuliers. Tout au long de cet exercice, l'intervenante adopte des conduites d'interactions sociales d'entraide:

- en organisant un jeu: « Viens, on va jouer... »;
- en échangeant: « Prends ce jeu; moi, je vais prendre le tien... »;
- en aidant ou en portant assistance: « Je peux t'aider; regarde, fais comme ça... »;
- en encourageant: « C'est beau; tu as réussi à le faire... ».

Chaque enfant imite à tour de rôle la conduite d'entraide. Après trois essais réussis, l'enfant est invité, dans les jours qui suivent, à aider un ami au cours d'activités en petit groupe.

L'intervenante demande: « Qui veut aider un ami? ».

Il va ensuite valoriser, de façon aléatoire, les tuteurs qui aident l'ami: « C'est super d'aider... ».

Cette stratégie, jumelée à l'incitation verbale de l'adulte et aux renforcements, favorise les interactions sociales réciproques et donne des chances équivalentes d'interagir: « mon tour, ton tour ».

Stimuler la coopération par les pairs

Il s'agit de demander à un ou deux enfants, qui seront considérés comme des coopérants avec les autres enfants et les adultes, de jouer avec l'enfant ayant besoin de socialiser. L'intervenante dit: « Est-ce que tu peux jouer avec...?, « Peux-tu l'aider à réaliser ce jeu avec... ». Elle incite l'enfant, par différents moyens, à coopérer et à jouer avec l'enfant qui a besoin de socialiser. Cette stratégie est efficace, car elle permet de favoriser la réciprocité sociale et ainsi de permettre à l'enfant ayant des besoins particuliers d'avoir la chance d'interagir de façon positive avec les autres enfants.

PAIR TUTEUR Démarche structurée de soutien entre pairs. L'enfant ou l'élève, après avoir reçu une formation de tuteur, peut guider et aider ses pairs dans la réalisation de tâches ou d'apprentissages spécifiques.

À propos...

« Intervention médiatrice » et « intervention par la médiation » sont des expressions qui réfèrent à la relation de soutien et de compréhension mutuels entre l'adulte et l'enfant. Lorsque l'adulte se place à proximité de l'enfant pour échanger avec lui, le questionner dans sa recherche de solution, l'accompagner et le guider dans la régulation de ses conduites, il lui permet à la fois de réaliser des apprentissages et de vivre des réussites.

Inciter l'enfant et faire du renforcement

L'incitation verbale est un bon moyen de stimuler les interactions entre enfants du préscolaire ayant des styles différents (avec ou sans difficultés ou déficience). Dire : « Faites de votre mieux pour jouer ensemble » favorise les interactions sociales positives. Cette incitation associée à du renforcement verbal : « C'est beau de te voir jouer avec… » ou « Merci d'aider un ami ; c'est très gentil de ta part » sont des stratégies efficaces.

Présenter un film et faire une rétroaction

Présenter une vidéo montrant des enfants qui jouent ensemble et faire suivre ce visionnement d'une discussion sur le jeu et la nécessité de coopérer est une autre stratégie qui a fait ses preuves. Dans les manuels spécialisés, on suggère de montrer des films où des enfants adoptent des conduites de coopération et d'entraide. Ce moyen donne de bons résultats à court terme. En l'absence de films, l'intervenante peut elle-même filmer les enfants en train de jouer et attirer leur attention sur les conduites d'entraide et de coopération. Cette façon de faire va inciter l'enfant différent à imiter les conduites de ses camarades de jeu. Toutefois, les enfants ayant une déficience intellectuelle moyenne ou sévère en tireront moins d'avantages (Favazza et Odom, 1997).

Favoriser la compréhension et l'expression des émotions

L'apprentissage d'interactions sociales simples intègre simultanément différentes dimensions dont la compréhension et l'expression des émotions et la conscience morale (ce qui est bon ou mauvais). Le recours au langage du corps, particulièrement aux gestes du faciès, est un moyen offrant de bonnes occasions d'interagir sauf pour certains enfants, comme ceux ayant un diagnostic du trouble envahissant du développement. Pour ces derniers, il est très difficile d'utiliser le langage du corps ou même de le décoder. Ces enfants sont généralement incapables d'exprimer des émotions d'une manière qui soit compréhensible aux autres. Ce manque d'habileté (à ne pas confondre avec un refus de se soucier des autres) indique que l'enfant a besoin d'apprendre le langage des émotions. Quelques suggestions sont proposées pour aider ce type d'enfants à appréhender ce langage.

Expression au quotidien de ses émotions

L'intervenante peut lui fournir régulièrement et fréquemment, lors de routines quotidiennes de vie, des outils conçus pour l'aider à comprendre les émotions, que ce soit à l'aide de mots ou d'images. En planifiant des périodes de rétroaction sur une réalisation, une activité ou un projet, elle lui fournit des occasions de découvrir, puis de nommer les émotions qu'il a éprouvées.

Encore plus que les autres enfants, ceux ayant des difficultés à socialiser ont besoin, pour pouvoir découvrir ce qu'ils ressentent et le communiquer, d'autres moyens de communication que les mots. L'aide de l'intervenante pour développer leur langage, en utilisant des images par exemple, leur sera très bénéfique.

Lecture des yeux et du faciès

Il convient de stimuler l'enfant en l'invitant à observer l'adulte. Décrire à voix haute les situations qu'il est en train de vivre en le regardant dans les yeux va l'aider à comprendre les émotions qu'il veut exprimer. À titre d'exemple, l'intervenante peut orienter ses yeux vers ceux de l'enfant ou vers les yeux d'une autre personne, et demander à l'enfant :

- « Qu'est-ce que ces yeux disent ? »

À propos…

L'expression des émotions n'est pas innée. Le rôle de l'adulte est essentiel dans cet apprentissage pour l'enfant. Il importe de favoriser des situations, particulièrement chez les enfants ayant des besoins particuliers, pour développer l'expression de ses émotions :

- « J'ai aimé… »
- « J'ai eu beaucoup de plaisir à… »
- « Je suis heureux de… »
- « J'ai trouvé difficile… »
- « Je n'ai pas aimé… »

Réagir à ses réponses attirera son attention sur des indices non verbaux. Il faut mettre des mots sur ces indices :

- « Tes yeux me disent que… »

Il vaut mieux lui présenter des modèles d'expression des émotions, des gestes du faciès par exemple, sans les exagérer, et mettre des mots sur les indices qui l'aident à lire et à décoder les émotions des autres.

L'enfant ayant des besoins particuliers peut être soutenu par ses pairs dans ses apprentissages.

Poser des questions à l'enfant et lui donner une rétroaction pour lui permettre de définir les indices d'expression des émotions est une stratégie efficace. Cette façon aide l'enfant à lire les indices et à imiter les expressions. Les questions de l'adulte stimulent l'enfant dans sa progression en l'incitant à adopter des conduites attendues, en fonction de ce qu'il ressent. Ces questions permettent également à l'intervenante de vérifier que l'enfant a bien compris.

- « Regarde-moi… Quand tu ris, me dis-tu que tu es heureux ou triste ? » (jeune enfant ou enfant ayant un vocabulaire pauvre)
- « Tes grands yeux me disent-ils que tu es content, fâché, fatigué ? » (enfant ayant une bonne compréhension ou un vocabulaire d'un bon niveau)
- « Quand tu vois ton ami faire ce geste ou avoir cette expression, qu'est-ce tu penses qu'il veut te dire ? »
- « Que fais-tu quand il est fâché ? »

Tirer profit des différences

Un enfant ayant une déficience adopte des styles de conduites qui lui sont propres. Pour apprendre à s'adapter, il opte pour des **conduites compensatrices**. Par exemple, un enfant qui doit se déplacer en fauteuil roulant apprendra en premier lieu à le manipuler. De la même façon, il devra apprendre d'autres moyens de s'adapter à d'autres situations d'apprentissage. Il existe des difficultés ou des déficiences pour lesquelles les conduites compensatrices sont ou bien absentes ou bien perçues comme inadéquates. Dans ces conditions, c'est tout l'entourage qui doit s'adapter à l'enfant. Ses proches et ses pairs ont alors besoin d'apprendre à être tolérants, à coopérer et à offrir de l'aide. Quelques suggestions visant à inciter les pairs à adopter à l'égard de l'enfant ayant des besoins particuliers une attitude de coopération sont fournies :

CONDUITE COMPENSATRICE Comportement acquis par l'enfant pour s'adapter à des situations pour lesquelles, en raison de sa déficience ou de ses limitations, il ne parvient pas à réaliser les apprentissages attendus selon son âge.

- Décrire de façon positive les caractéristiques qui distinguent l'enfant ayant des difficultés ou une déficience : il a un sens poussé du toucher ; il est très affectueux…
- Valoriser ses points forts, ceux qui le distinguent des autres enfants. S'appuyer sur les dimensions positives pour favoriser son développement.
- Indiquer les conduites compensatrices qu'il adopte afin de s'adapter : besoin de s'isoler durant des temps planifiés (enfant ayant des comportements de retrait social), besoin de se retirer pour reprendre le contrôle de ses émotions (enfant faisant des crises de colère), besoin de répéter des jeux à des moments adéquats.

Soutenir les apprentissages et la gestion de conduites adaptées

On peut interpréter les conduites inappropriées d'un enfant de trois manières différentes :

- L'enfant peut agir ainsi pour exprimer un besoin, une émotion, un état d'être : crier sans arrêt pour avoir de la nourriture ou pour changer de position, mordre pour répondre à une sensation désagréable occasionnée par la pousse des dents ou pour exprimer une frustration.

- Ces conduites peuvent également découler d'un déficit dans ses apprentissages ; il peut s'agir aussi d'une maladresse. L'enfant qui n'a pas développé de savoirs pratiques adopte parfois des comportements inadéquats pour exprimer des émotions, des besoins, etc. Ces conduites sont alors perçues comme inadéquates selon les attentes correspondant à son âge.
- Enfin, il se peut que les émotions qu'il éprouve sollicitent une énergie qui, parce qu'elle n'est pas contrôlée, s'exprime sous la forme de conduites inappropriées. La gestion des émotions est un apprentissage difficile.

Pour toutes ces raisons, lorsqu'un enfant se conduit de manière inappropriée, l'adulte doit l'aider par des interventions structurées. L'intervenante peut s'inspirer des stratégies d'intervention suivantes :

- Adopter une approche positive avec l'enfant : « Oups ! Je crois que tu veux me dire quelque chose. » L'objectif est de chercher à comprendre les conduites et de garder le contact avec l'enfant qui se conduit de façon inadéquate.
- Observer et donner un sens aux conduites, même à celles qui sont inappropriées. « Quand tu te conduis de cette façon, cela me dit que... ».
- Réaménager l'environnement de l'enfant, modifier les situations (horaire, routine, matériel...) afin d'atténuer ou d'éliminer les conduites inadéquates. Par des observations, identifier, si possible, les facteurs qui encouragent ou maintiennent les conduites inadéquates. « Ah ! Le jeu de... cause souvent problème. Je vais faire la rotation du matériel et voir si les interactions vont changer. »
- Adapter les interventions selon les difficultés de l'enfant. « Oui, Mathieu se met en colère quand il doit interrompre un jeu qu'il aime. Je dois l'informer clairement du changement d'horaire en lui montrant des images appuyant mes consignes. S'il ne peut pas contrôler sa frustration, je vais faire en sorte qu'il apprenne à reprendre le contrôle de lui-même dans un lieu sécuritaire. »

Soutenir les apprentissages par des moyens concrets

- Afficher des illustrations présentant les règles de vie dans le groupe.
- Utiliser des médiums différents pour communiquer les règles, la routine de vie : images, symboles, gestes et guide visuel mots-images.
- Augmenter les situations d'apprentissage (pratiques) pour l'enfant qui éprouve des difficultés à intégrer une conduite par différents moyens : jeux de rôle, rappel de la conduite à adopter, activités, etc.
- Mettre des mots sur les conduites inadéquates pour leur donner un sens selon le contexte.
- Valoriser l'enfant, l'encourager par des moyens variés (des mots, des gestes) lorsqu'il fait un effort pour se maîtriser ou qu'il adopte des conduites apprises.
- Progresser dans ses interventions de manière à favoriser un développement de conduites de plus en plus complexes : le questionner, s'inscrire avec lui dans une démarche de résolution de problèmes.
- Devant des conduites inadéquates persistantes, intervenir individuellement en faisant participer l'enfant, demander la collaboration d'autres adultes, consulter des professionnels, etc.

S'assurer du soutien des parents et des proches

Le parent a l'avantage de connaître son enfant depuis ses premiers jours. Il est témoin de son développement et a appris de ses expériences (Blue-Banning *et al.*, 2004). Il doit donc, pour favoriser l'inclusion sociale de l'enfant,

Des stratégies peu efficaces à éviter

Il arrive qu'une intervenante se sente impuissante devant les conduites inattendues ou les maladresses d'un enfant ayant des besoins particuliers. Elle adopte spontanément des méthodes qui, au bout du compte, n'aideront en rien l'enfant à se développer harmonieusement. Le rôle de l'intervenante auprès de cet enfant est d'être vigilante et d'éviter de répéter des méthodes ou des stratégies qui ne favorisent pas l'apprentissage de conduites appropriées. Que pourrait-elle éviter de faire ?

- Démontrer de l'affection à l'enfant lors de conduites inadéquates : « Une étreinte pourrait-elle l'encourager ? », « Le fait de négocier avec lui saura-t-il vraiment le calmer ou l'aider à se maîtriser ? ».
- Lui parler à voix très haute (crier) ou le disputer.
- Le punir de façon répétée ou sans lui fournir une explication.
- Réagir sans prendre le temps de réfléchir.
- Décrire ou dénoncer ses conduites inadéquates.
- Se culpabiliser.

En réalité, l'intervenante trouve rarement spontanément les attitudes et les gestes pédagogiques appropriés. Elle doit se faire confiance et apprendre à progresser de façon constructive dans ses interventions éducatives. S'observer au moment de ses interventions, réfléchir à leurs conséquences et s'adapter à toutes les situations sont des gages de réussite. Toutefois, sa persistance à soutenir l'enfant ayant des besoins particuliers et ses succès devront être appuyés par les autres adultes qui côtoient l'enfant.

partager son expérience pratique avec les autres adultes qui s'occupent de l'enfant et s'assurer du soutien de ceux-ci pour ne pas s'épuiser. Le parent devrait, par exemple :

- Informer les proches de l'état de l'enfant. Un diagnostic formulé clairement par un professionnel aide le parent à bien comprendre ce qui affecte son enfant et à cesser de chercher diverses explications à ses comportements. Le rôle du parent est de décrire au personnel qui en a la charge la réalité quotidienne de l'enfant. Il doit insister sur les aspects positifs de l'enfant et parler de son style, c'est-à-dire quelle sorte d'enfant il est (points forts, façons de se conduire et besoins de soutien).
- Décrire quelles sont les interactions sociales de l'enfant.
- Préciser ses attentes ou ses objectifs personnels par rapport à son enfant.
- En ce qui concerne les difficultés de l'enfant ou sa déficience, le parent a la possibilité de rassurer les personnes qui l'entourent. Il dira par exemple : « Il est normal pour mon enfant d'avoir ce type de conduite » ou « cette conduite signifie… ».

L'intervenante étant elle-même proche de l'enfant, elle trouvera judicieux de prendre le temps de partager ses préoccupations avec le parent afin de trouver des moyens visant à adapter ses interventions. Ces moyens pourront en outre l'aider à valoriser le rôle parental :

- Encourager le parent à favoriser la socialisation de l'enfant : activités de loisirs, périodes de gardiennage à la maison ou à l'extérieur, invitation d'amis, fréquentation d'un milieu de garde, etc. Dès l'âge de 2 ou 3 ans, l'enfant établit des liens d'affiliation et crée ses premières relations d'amitié.
- Démontrer au parent comment les routines favorisent les interactions de l'enfant : en périodes d'habillement, de repas, de jeux individuels et avec d'autres (adulte-enfant), de soins personnels (périodes de bains), de coucher.

- Donner des preuves de l'utilité du matériel disponible dans l'environnement de l'enfant pour favoriser les interactions : la nourriture qui peut être partagée, les vêtements que l'on peut classer, plier et ranger, les boîtes que l'on peut utiliser pour construire, les vieux magazines que l'on peut regarder et découper, autant d'activités à réaliser avec un ami.
- Lorsque l'enfant éprouve de graves difficultés à socialiser, elle peut suggérer au parent de consulter un spécialiste. Par exemple, lorsque les conduites d'un enfant limitent ses sorties, il ne faut pas hésiter à demander de l'aide.

À propos...

L'éducatrice spécialisée possède une expertise pour intervenir auprès des enfants ayant une déficience. Elle peut soutenir les interventions des éducatrices à l'enfance ou des enseignantes en éducation préscolaire dans la démarche d'inclusion des enfants ayant des besoins particuliers.

DES STRATÉGIES SPÉCIFIQUES POUR L'INCLUSION DES ENFANTS AYANT DES BESOINS PARTICULIERS

La section précédente a décrit des principes éducatifs et des stratégies favorisant des interactions sociales positives. La présente section propose des stratégies qui s'inspirent de programmes spécialisés en éducation et dont le soutien pourra être assuré, entre autres, par l'éducatrice spécialisée. L'objectif général de ces programmes est de favoriser l'inclusion des enfants ayant des besoins particuliers dont la caractéristique principale est de présenter des comportements de retrait social sévère ou une déficience. Ces types de stratégies sont résumées dans la figure 6.5.

Figure 6.5 Stratégies spécifiques d'intervention favorisant l'inclusion

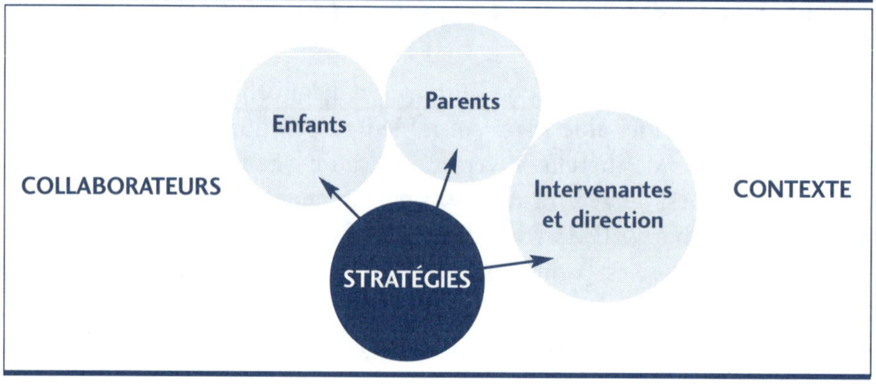

Les chercheurs (Bailey *et al.*, 1998 ; Chambers *et al.*, 1997 ; Moreau et Boudreault, 2002 ; Nilsen, 2001 ; Normandeau, 1999) se sont intéressés aux moyens de promouvoir les attitudes positives à l'égard d'un enfant ayant des difficultés à socialiser ou une déficience. Les méthodes qu'ils préconisent pour stimuler les groupes d'enfants au préscolaire se fondent sur une orientation dite de « l'inclusion des différences ». Cette orientation a pour but :

- de mieux connaître les différences individuelles ;
- de faire voir les différences comme une richesse pour toute une communauté éducative : attitudes positives ;
- de considérer les différences comme un objet d'apprentissage et de développement social (Nilsen, 2001 ; Normandeau, 1999 ; Irwin, 1993).

L'analyse des recherches dans ce domaine permet de dégager quatre grands groupes de stratégies utilisées dans les milieux éducatifs inclusifs. Ces stratégies sont résumées dans le tableau 6.3, à la page suivante.

Tableau 6.3 Stratégies favorisant l'inclusion

STRATÉGIES	CONTEXTE OU MOYEN
Multiplier les expériences directes	▪ Situations d'interactions spontanées, soit lors d'activités ou de jeux libres sans aucune intervention planifiée ▪ Jeux structurés d'interactions sociales dans des aires réservées, par exemple, aux blocs, aux poupées ou aux jeux de rôles (ex.: jeux de cuisine)
Susciter des expériences indirectes	▪ Présentation de films ▪ Lecture d'histoires
Favoriser la participation du milieu familial	▪ Parents et membres de la famille ▪ Présentation de son enfant aux autres enfants: explication des besoins particuliers de l'enfant ▪ Lecture d'histoires ▪ Relecture des histoires déjà présentées par l'intervenante
Faire appel à des stratégies multiples	▪ Présentation de la déficience ou des caractéristiques ▪ Lecture d'histoires sur ce thème ▪ Période de questions guidées ▪ Activités de coopération

Multiplier les expériences directes

Les contacts directs entre enfants ayant des besoins particuliers et leurs pairs à l'occasion d'activités de jeux libres d'apprentissage ou de collaboration et lors des moments de transition, comme les heures de repas, sont des expériences susceptibles de favoriser des attitudes positives à l'égard des enfants ayant des besoins particuliers. Ces situations naturelles d'interactions ne sont réalisables que dans un contexte éducatif d'inclusion où tous les enfants, sans distinction, sont inscrits et participent aux activités du groupe ou de la classe. Dans ce contexte, plusieurs stratégies peuvent être envisagées.

Les situations d'interactions spontanées

La stratégie consiste à laisser les enfants se regrouper spontanément au cours d'activités ou de jeux libres, et ce, en l'absence de toute intervention planifiée. Dans le cas d'un grand nombre d'enfants, les réactions spontanées surprennent souvent en raison de leur naturel et du peu d'importance accordée aux différences. Les interactions entre les enfants ayant des besoins particuliers et leurs pairs doivent être valorisées verbalement: « Oh! Vous jouez bien ensemble. C'est beau… » Toutefois, ces interactions doivent se faire dans le respect. En effet, les conduites agressives sont nuisibles. Dans ce type d'interactions, l'intervenante devrait utiliser sans tarder des tactiques pour faire cesser ces conduites et chercher le sens de l'interaction en rappelant à l'enfant l'objectif de l'activité, sinon encourager l'interaction positive. La vigilance est donc de mise afin de structurer des contextes éducatifs de manière à éviter des expériences désagréables. Ces interactions spontanées, bien qu'elles soient efficaces dans certains cas, ne parviennent pas toujours à modifier, à elles seules, les attitudes négatives de certains enfants à l'égard de leurs pairs différents.

Les jeux structurés d'interactions sociales

Les moments de jeux structurés supposent une planification d'activités de jeux qui favorisent les interactions sociales entre les enfants. Ces activités structurées inscrites dans une routine de vie doivent se dérouler dans des aires de jeux qui comptent du matériel qui favorise les interactions positives. Par exemple, il peut s'agir de l'aire réservée aux blocs, aux poupées ou aux jeux de rôles (ex.: jeux de cuisine). Aussi, ces activités doivent être d'une durée approximative de 15 minutes. Elles font appel à un grand nombre d'interactions sociales de la part des enfants. Ces jeux structurés mettent l'accent sur le plaisir de jouer ensemble. Le rôle de l'intervenante se limite à planifier l'environnement, le temps des jeux libres et, au moment de l'activité, à encourager, sans pour autant insister, les enfants à jouer. À l'inverse, les jeux de cuisine, les aires de lecture, de dessin et de peinture permettent des activités en solitaire. Les activités d'interactions sociales développent, chez les enfants ayant des besoins particuliers et chez leurs pairs, des habiletés d'entraide, des attitudes de tolérance ou de respect des différences et la créativité dans la résolution de problèmes. Elles permettent à chacun de connaître ses forces et ses limites.

Susciter les expériences indirectes

Les expériences indirectes se rapportent à des événements planifiés qui peuvent prendre la forme de présentation de films pour enfants montrant des comportements sociaux positifs, ou encore, de périodes de lectures d'histoires ou de discussions.

La présentation de films

Les jeunes enfants apprennent en observant des modèles et en interagissant (Keller et Sterling Honing, 1996; Kohler, 1999). Une stratégie consiste à présenter des films en tenant compte de la capacité de rétention de l'enfant. Par exemple, l'intervenante peut présenter le même film ou des films avec un contenu similaire sur plusieurs semaines, qu'elle fera suivre d'une période de rétroaction pour vérifier la progression des apprentissages. La répétition d'une même activité favorise l'acquisition de connaissances et la rétention de l'information. Ces films peuvent mettre en scène des enfants ayant des comportements sociaux positifs à l'égard d'enfants différents : ils échangent, partagent et se font des amis. Par la suite, les enfants sont placés dans des situations où ils peuvent imiter les comportements observés. L'aide de l'intervenante est nécessaire pour rappeler aux enfants les manifestations des comportements prosociaux. Cette stratégie est une façon efficace d'introduire les différences et de parler des interactions sociales positives.

La lecture d'histoires constitue un moyen par excellence pour sensibiliser les enfants aux différences.

La lecture d'histoires

Un autre moyen est d'intégrer dans une routine de vie la lecture d'ouvrages conçus pour sensibiliser les enfants aux différences. Des périodes, d'une durée de 15 minutes, trois fois par semaine, peuvent être prévues dans le cadre d'une démarche intensive. Le contenu varie habituellement et peut comporter des histoires qui traitent des enfants ayant des difficultés ou une déficience, ou qui mettent en évidence des interactions sociales positives, par exemple : partager, se comporter d'une manière amicale ou résoudre des conflits. Pour réaliser une séquence d'activités susceptibles d'influencer positivement les attitudes des enfants, il faut faire un choix judicieux dans la banque d'histoires dont on dispose. Les ouvrages ou les histoires doivent répondre aux critères suivants (Jalongo, 1988; Gross et Ortiz, 1994) :

- la qualité littéraire : présence de personnages représentatifs des enfants ayant des besoins particuliers qui font preuve de compétences ou d'autonomie ;
- la trame de l'histoire suscite la sympathie du lecteur à l'égard des personnages ayant des besoins particuliers ;
- le langage utilisé pour décrire les personnages ayant des besoins particuliers est respectueux et les illustrations sont évocatrices et complémentaires à l'histoire ;
- le discours des personnages ayant des besoins particuliers est riche en information, invite à la réflexion ou à l'interprétation, ce qui démontre que chaque personne a une histoire et une expérience unique propre ;
- la qualité des images.

Dans la mesure où l'information est partagée avec les enfants, les interactions qui suivent la période de lecture favorisent la construction d'une représentation relationnelle entre enfants. Des suggestions de livres sont proposées dans la rubrique « Pour aller plus loin », à la page 160.

Le tableau 6.4 présente les quatre étapes que devrait comporter la lecture d'une histoire.

Tableau 6.4 Séquences de la lecture d'une histoire

Mise en contexte	En grand groupe, l'intervenante soumet un sujet ou pose une question dans le but de susciter l'intérêt des enfants et de leur présenter le thème de l'histoire. Par exemple : ▪ « Avez-vous déjà entendu parler de… ? » ▪ « T'est-il déjà arrivé de vivre une situation où… ? » Les enfants répondent aux questions en se remémorant leurs expériences personnelles. L'intervenante peut reformuler leurs idées et les préciser.
Lecture de l'histoire	L'intervenante lit l'histoire en adoptant l'intonation de la voix et les mimiques des personnages. Une prélecture lui a permis de cerner les points à mettre en valeur. Les enfants qui posent des questions spontanées au cours de la lecture provoquent un temps d'arrêt qui laisse la parole aux enfants. Au besoin, elle peut poser une question de compréhension, sans trop s'y attarder pour ne pas perdre le fil de l'histoire.
Discussion et réflexion	À la fin de la lecture, l'intervenante prévoit une période de discussion comportant un échange de questions de manière à permettre à chacun de partager ses idées et de commenter le sujet en le liant à sa propre expérience. Cette période de questions doit porter sur les quatre aspects suivants : le contenu de l'histoire, les différences observées chez les protagonistes, les diverses situations évoquées dans l'histoire et surtout les similitudes et les différences entre les personnages et les enfants du groupe. Par exemple : ▪ « Qui est la fille dans l'histoire ? » ▪ « Pourquoi Marie a-t-elle besoin d'un fauteuil roulant ? » Des explications peuvent être également énoncées comme suit : ▪ « Parfois, certaines personnes ne peuvent plus marcher à la suite d'un accident ou parce qu'elles sont nées avec une déficience. Cependant, elles peuvent aussi faire des choses comme vous et moi. Pouvez-vous me donner des exemples ? » Il importe de consacrer une grande partie du temps de discussion à parler de similitudes entre les personnages et les enfants du groupe (avec ou sans déficience). Par exemple : ▪ « Quelles sont les choses que Marie peut faire comme vous ? », « Qui aime la crème glacée comme Marie ? » La discussion se termine en mettant en évidence les aspects de l'histoire qui suggèrent des interactions entre enfants. Par exemple : ▪ « Comment Marie s'est-elle fait une amie ? » ▪ « Avez-vous déjà fait la même chose que Marie quand elle… ? », « Pouvez-vous faire comme… ? »
Intégration	La période d'intégration qui suit la lecture d'une histoire représente un moment privilégié pour les enfants. Elle leur offre l'occasion de lier des contacts personnels dans le contexte d'une activité libre de relecture d'histoires, de production écrite, de dessin ou d'écriture d'un texte illustré (écriture inventée) sur le thème de la lecture en groupe.

Favoriser la participation du milieu familial

Les parents ont le pouvoir d'influencer les attitudes des enfants au préscolaire à l'égard de ceux vivant avec une différence. Ils peuvent le faire par l'intermédiaire de lecture ou de relecture d'histoires sur les thèmes traités par les intervenantes. Ils peuvent même s'inspirer de sa démarche et reprendre les histoires qu'elle leur a racontées.

Le parent et l'adulte proche ont un rôle primordial à jouer auprès de l'enfant ayant des besoins particuliers et auprès de ses pairs. En plus d'être des personnes signifiantes pour l'enfant, en plus de le soutenir dans ses relations et de l'aider dans son effort d'adaptation, ils doivent profiter de la curiosité des autres enfants pour les sensibiliser à la « différence ».

Faire appel à des stratégies multiples

Quelques auteures (Nilsen, 2001; Normandeau, 1999; Favazza, 1999) se sont inspirées de stratégies multiples pour faire la promotion d'attitudes positives chez les enfants du préscolaire à l'égard de leurs pairs ayant des besoins particuliers. Sur une période de dix semaines d'activités, le programme de Favazza intègre la présentation de la déficience ou des caractéristiques de l'enfant, la lecture d'histoires traitant de thèmes relatifs aux différences, une période de questions guidées et des situations d'interactions avec l'enfant différent : jeux libres ou activités de coopération (consignes de coopération). Les stratégies privilégiées sont les contacts directs avec les enfants ayant des besoins particuliers, la lecture d'histoires et la discussion. Le tableau 6.5 qui suit résume quelques conduites d'animation des discussions en groupe.

Même l'enfant ayant une déficience peut réagir à la lecture d'une histoire. Il suffit de l'interpeller et de le guider.

Tableau 6.5 Modèle de conduites à adopter pendant l'animation ou la réflexion sur les différences

Lorsque les enfants posent des questions spontanément sur les difficultés ou la déficience d'un autre enfant, entre autres, et que l'intervenante planifie répondre à leurs questions, soit à l'aide d'une lecture ou du visionnement d'un film sur le sujet, elle adopte des moyens et une attitude qui facilitent les échanges. Par exemple, au cours d'une animation, l'intervenante va :

- s'assurer que les enfants comprennent bien le thème traité : questions sur « c'est quoi… ? » ;
- opter pour une approche d'animation qui soutiendra l'attention des enfants : intonation de la voix, expressions du faciès, gestes, mimiques ;
- s'inspirer de différentes activités pédagogiques pour véhiculer les messages qu'elle désire faire passer : contacts directs avec des personnes différentes, lecture d'histoires par les différents adultes (parents ou intervenantes), discussion et réflexion, activités de dessin ou d'écriture inventée ;
- encourager la participation, féliciter ceux qui manifestent de la compréhension ;
- répéter les activités de lecture et de visionnement dans différents contextes pour permettre aux enfants de maintenir et de généraliser les attitudes et les interactions positives.

Parmi les groupes d'enfants ayant participé au programme (Favazza, 1999; Favazza et Odom, 1997), ceux qui ont été souvent en contact avec les enfants différents ont changé de façon significative leurs attitudes envers ces derniers. Ceux qui, au moment de la formation, ont eu peu de contact ou aucun contact avec les enfants différents laissent voir des changements dans leurs attitudes. Cependant, ces changements ne sont pas nécessairement significatifs. Enfin, la démarche de sensibilisation suppose la participation d'autres personnes proches de l'enfant, comme les parents et les intervenantes des services éducatifs.

Les travaux de ces auteurs révèlent qu'une stratégie s'inspirant d'une seule modalité d'intervention, visionnement d'un film par exemple, risque de donner des résultats immédiats sans effet à long terme. C'est principalement pour cette raison qu'ils insistent pour intégrer dans un programme plus global plusieurs modalités d'intervention. Ces stratégies multiples, réparties sur plusieurs mois d'une année, regroupent plusieurs personnes : parents et personnel éducatif. Sous la modalité d'un programme structuré, les auteurs décrivent des résultats d'apprentissage pouvant être observés sur une longue période. Ce type de programme peut également être adapté selon les besoins spécifiques du milieu : un groupe d'enfants, la classe ou la communauté élargie.

En conclusion

Ce chapitre a présenté des principes et des stratégies pour observer et soutenir les interactions sociales positives, ainsi que des stratégies favorisant l'inclusion sociale des enfants ayant des besoins particuliers. Qu'il s'agisse de jeux libres ou structurés, de lectures d'histoires ou de visionnements de films, toutes ces activités contribuent à l'intégration des enfants ayant des besoins particuliers et font la promotion d'attitudes ou de comportements favorisant les interactions sociales positives. Pour bon nombre d'enfants, la socialisation est conditionnelle à la mise en œuvre de stratégies appropriées.

Le succès de l'éducation inclusive repose sur l'établissement d'un environnement propice aux interactions sociales positives entre tous les enfants et l'acceptation sociale des enfants ayant des besoins particuliers. L'éducation inclusive, parce qu'elle considère les différences comme la richesse d'une communauté éducative, ne saurait se concevoir en l'absence d'une solidarité sociale.

Questions d'appropriation

1. Dans un établissement préscolaire, faire le choix d'accueillir un enfant ayant une déficience entraîne des conséquences sur l'ensemble de la communauté : enfants, intervenantes, direction et parents. En tant que membre du personnel, vous devez avoir des convictions qui vous incitent à partager cette orientation. Quels sont les avantages et désavantages de ce choix ? Répondez à cette question en dressant un tableau sur deux colonnes précisant les avantages et désavantages sociaux (impacts sur les relations sociales) pour les différents membres de votre communauté : l'enfant ayant des besoins particuliers, les pairs, les parents, le personnel. Que retirez-vous de cette démarche ?

2. Quel serait l'impact du développement d'interactions sociales positives chez un enfant ? Pouvez-vous poursuivre votre réflexion en imaginant ce que cette démarche pourrait apporter en termes de réalisations concrètes pour l'enfant ?

3. Quelles sont les premières habiletés à stimuler et à encourager chez un enfant qui est sur le point d'amorcer des relations d'amitié et d'entraide avec un adulte ou un autre enfant ? Inscrivez sur une fiche les manifestations que vous observez. Cette fiche vous permettra de conserver des notes des premières habiletés sociales que les enfants de votre groupe ont acquises.

4. Dans l'intention de stimuler le développement d'interactions sociales positives, faites une liste des jeux et des activités que vous désirez proposer à votre groupe d'enfants. Dans un premier temps, planifiez un horaire en fonction des moments les plus propices au développement de ces interactions. Puis, identifiez les mesures ou les stratégies à mettre en place. Est-ce que vous pouvez enrichir cette liste par vos lectures ? Avez-vous d'autres idées à explorer ?

5. Dans ce chapitre, plusieurs stratégies d'interventions sont suggérées. Identifiez une situation d'animation où se développent des relations sociales entre des enfants et prenez note des stratégies qui semblent s'appliquer au contexte. Expliquez la stratégie des trois « O ».

6. Indiquez au parent les moyens que vous utilisez pour aider son enfant ayant des besoins particuliers à développer des relations sociales. Nommez cinq moyens ou stratégies.

7. Les enfants de votre groupe réagissent aux différences physiques d'un enfant vivant avec une déficience en vous posant des questions. Pour profiter pleinement de cette situation et encourager le développement d'attitudes positives à l'égard des différences, quelles sont les stratégies que vous privilégiez ? Pouvez-vous les expliquer ?

Pour aller plus loin

Voici des références qui vous permettront d'approfondir vos connaissances ou d'aller plus loin dans votre réflexion.

Livres

Essa, E. (1990). *À nous de jouer. Guide pratique pour la solution des problèmes comportementaux des enfants d'âge préscolaire*, Québec, Les publications du Québec.

Ouvrages pour enfants traitant des différences et des déficiences

Adoption ou ethnicité :

Dolto-Tolitch, C. (1994). *Des amis de toutes les couleurs*, Paris, Gallimard jeunesse.

Dolto-Tolitch, C. (1994). *On s'est adopté,* Paris, Gallimard jeunesse.

Gravel, D. (1997). *Les nouveaux parents de Van Tien,* Montréal, Éditions Megafun.

Keller, H. (1992). *Horace,* Paris, Kaléidoscope.

Rascal (1994). *Moun,* Paris, L'École des loisirs.

Allergies

Harrison, T. (1996). *Éric est allergique,* Richmond Hill, Scholastic.

Porte, B. A. (1994). *Henri et son chien,* Paris, Flammarion.

Zevy, A. (1996). *Les noix c'est pas pour moi,* Downsview, Tumbleweed Press.

Déficience auditive

Martinez, I. et M. Vendrell (1993). *Catherine, m'entends-tu ?,* Paris, Éditions du Sorbier.

Taylor, B. et F. Carlier (1991). *Un défaut de l'ouïe,* Tournai, Gamma jeunesse.

Déficience visuelle

Boujon, C. (1984). *Le lapin loucheur,* Paris, L'École des loisirs.

Brown, M. (1997). *Arthur a des lunettes,* Paris, Éditions Épigones.

Henning, A. (1999). *Juliette n'aime pas ses lunettes,* Paris, Éditions Mango.

Hest, A. (1996). *Bébé canard et les méchantes lunettes,* Paris, Kaléidoscope.

Mets, A. (1998). *Juliette,* Paris, L'École des loisirs.

Roger, D. (1990). *Mes lunettes et moi,* Saint-Hubert, Éditions du Raton Laveur.

Déficiences en général

Marchon, A. (1990). *Helen, la petite fille du silence et de la nuit,* Paris, Bayard.

Mayer, G. et M. Mercer (1995). *Un ami très spécial,* Montréal, Les Presses d'or.

Paulin, V. et C. Pétrissans (1992). *C'est compliqué la vie parfois...,* Paris, Mame.

Paulin, V. et C. Pétrissans (1992). *Et moi, quand je serai grand...,* Paris, Mame.

Paulin, V. et C. Pétrissans (1992). *Ne me regarde pas de travers...,* Paris, Mame.

Paulin, V. et C. Pétrissans (1992). *Quand Tilou se réveille...,* Paris, Mame.

Paulin, V. et C. Pétrissans (1992). *Un drôle de voyage...,* Paris, Mame

Paulin, V. et C. Pétrissans (1992). *Une grosse frayeur...,* Paris, Mame.

Saint Mars, D. (1998). *Alex est handicapé,* Fribourg, Calligram.

Willis, J. (1988). *Le long manteau bleu,* Paris, Gallimard jeunesse.

Déficience intellectuelle ou trisomie 21

Cadier, F. (1999). *Qui est Laurette ?,* Paris, Éditions Nathan.

Delval, M.-H. (1993). *Un petit frère pas comme les autres : une histoire,* Paris, Bayard.

Helft, C. (2000). *Une petite sœur particulière ou l'histoire de Nelly, née trisomique 21...,* Paris, Éditions Actes Sud.

Pistinier, C. (1995). *Clara et Bérénice,* Paris, Kaléidoscope.

Différences

Croteau, M.-D. (1999). *La grande aventure d'un petit mouton noir,* Saint-Lambert, Dominique et compagnie.

Damon, E. (1996). *Tous différents ! Un livre animé,* Paris, Bayard.

Faulkner, K. (1999). *Le pingouin qui n'était pas sûr d'être un pingouin,* Paris, Éditions Casterman.

Garcia Sanchez, J. L. et M. A. Pacheco (1978). *La petite fille invisible,* Montréal, Éditions Jean Dupuis.

Garcia Sanchez, J. L. et M. A. Pacheco (1978). *L'enfant qui avait deux yeux,* Montréal, Éditions Jean Dupuis.

Mckee, D. (1999). *Elmer et le nounours perdu,* Paris, Kaléidoscope.

Nadja (1989). *Chien bleu,* Paris, l'École des loisirs.

Pfister, M. (1992). *Arc-en-ciel, le plus beau poisson des océans,* Zurich, Éditions Nord-Sud.

Obésité

Boilard, T. (1998). *Eugénie est en titi,* Chicoutimi, Éditions Félix.

Eddy, E. (1990). *Riton le glouton,* Paris, Éditions du Seuil.

Moka (1995). *Ma vengeance sera terrible,* Paris, l'École des loisirs.

Prématuré

Oehler, J. (1998). *Le tout petit bébé de la famille lapin,* Montréal, Association des parents d'enfants prématurés du Québec.

Trouble du langage

Lemieux, G. (1990). *La soupe aux sous,* Saint-Hubert, Éditions du Raton Laveur.

Pef (1997). *La belle lisse poire du prince de Motordu,* Paris, Gallimard jeunesse.

Tremblay, L. (2001). *La mésaventure d'Odyme Huet,* Sillery, L. Tremblay.

Ouvrages pour enfants traitant des émotions et des habiletés sociales

Habiletés sociales

Dolto-Tolitch, C. (1996). *Gentil méchant,* Paris, Gallimard jeunesse.

Dolto-Tolitch, C. (2000). *Ça fait mal la violence,* Paris, Gallimard jeunesse.

Müller, H. (1999). *Une trottinette pour trois,* Paris, Éditions Casterman.

Munsch, R. (1999). *On partage tout !,* Richmond Hill, Scholastic.

Pommaux, Y. (1991). *Disputes et chapeaux,* Paris, l'École des loisirs.

La colère

Anfousse, G. (1986). *Je boude,* Montréal, Les éditions la courte échelle.

Anfousse, G. (1979). *La chicane,* Montréal, Les éditions la courte échelle.

Boilard, T. (1998). *Eugénie est en titi,* Chicoutimi, Éditions Félix.

Chapouton, A.-M. (1990). *Mélanie Pilou,* Paris, Bayard.

Chartrand, M. (1990). *Caillou en colère,* Montréal, Éditions Chouette.

Dolto-Tolitch, C. (1989). *Les colères,* Paris, Gallimard jeunesse.

Oram, H. (1982). *La colère d'Arthur,* Paris, Éditions du Seuil.

Strub, S. (1994). *Je n'ai vraiment pas de chance,* Paris, L'École des loisirs.

L'affection

De Backker, V. (1997). *Koala câlin,* Paris, Kaléidoscope.

De Pressensé, D. (1995). *Émilie, Guillaume et son câlin,* Paris, Pocket.

Dolto-Tolitch, C. (1988). *Les câlins,* Paris, Gallimard jeunesse.

Luppens, M. (1991). *Câlinette,* Saint-Hubert, Éditions du Raton Laveur.

McBratney, S. (1996). *Devine combien je t'aime,* Paris, L'École des loisirs.

Muzo (1999). *On a volé le coffret à bisous,* Paris, L'École des loisirs.

Paré, R. (1988). *Plaisirs d'aimer,* Montréal, Les éditions la courte échelle.

Rieger, A. (1999). *Léna, Paul et Nanou,* Paris, Éditions Magnard.

Solotareff, G. (1989). *Mon petit lapin est amoureux,* Paris, L'École des loisirs.

La jalousie

Clark, C. (1999). *Je t'aime beaucoup doux kangourou,* Paris, Kaléidoscope.

Dolto-Tolitch, C. (1996). *Jaloux pas jaloux,* Paris, Gallimard jeunesse

Harper, A. (1988). *C'est trop injuste!,* Paris, Gallimard jeunesse.

Hemkes, K. (1992). *Jules le plus beau bébé du monde,* Paris, l'École des loisirs.

Jolin, D. (1992). *C'est pas juste!,* Saint-Hubert, Éditions du Raton Laveur.

Skinner, J. (1995). *Mélie a un petit frère,* Paris, Hatier.

L'angoisse

Girardon, J. (1986). *Le mouchoir de Benjamin,* Paris, Flammarion.

Junge, N. (1996). *Cinquième,* Paris, l'École des loisirs.

Waddell, M. (1993). *Bébés chouettes,* Paris, Kaléidoscope.

La peur

Assathiany, S. et L. Pelletier (1998). *Dors, petits ours,* Montréal, Éditions Les 400 coups.

Bisinski, P. (2000). *Papa, fais-nous peur!,* Paris, l'École des loisirs.

Chéneau, V. (1993). *Je n'ai peur de rien!,* Paris, Éditions Nathan.

Corentin, P. (1995). *Papa!,* Paris, l'École des loisirs.

De Pennart, G. (1996). *Le loup est revenu!,* Paris, l'École des loisirs.

Duchesne, C. (1996). *Qui a peur de la nuit?,* Richmond Hill, Scholastic.

Jarry, M.-H. (1992). *Quand les fantômes me réveillent,* Saint-Hubert, Éditions du Raton Laveur.

Merola, C. (2001). *N'aie pas peur, Nic!,* Montréal, Éditions Les 400 coups.

Van Holst Pellekam, K. (1998). *Koala colère,* Paris, Kaléidoscope.

La timidité

Tremblay, C. (1997). *Roméo le rat romantique,* Saint-Lambert, Dominique et compagnie.

Wells, R. (1988). *Charles le timide,* Paris, L'École des loisirs.

Les chagrins

Boucher-Mativat, M.-A. (1993). *Gros-Poil a disparu,* Saint-Hubert, Éditions du Raton Laveur.

Englebert, J.-L. (1994). *Ourson a disparu,* Paris, l'École des loisirs.

Noël, G. (1998). *Personne ne m'aime,* Paris, Flammarion.

Solotareff, G. (1990). *Mathieu,* Paris, l'École des loisirs.

Traversy, M. (1997). *Je ne pleure jamais!,* Saint-Hubert, Éditions du Raton Laveur.

Sites Internet

AIDE À LA RECHERCHE D'OUVRAGES POUR ENFANTS

Maisons d'édition

Éditions Banjo, www.editionsbanjo.ca/index.htm

Éditions Casterman, www.casterman.com/

Éditions Chouette, *Caillou,* www.editionschouette.com/fr/

Éditions Dominique et compagnie, www.dominiqueetcompagnie.com

Éditions Gallimard jeunesse, www.gallimard-jeunesse.fr/

Éditions Hurtubise, www.hurtubisehmh.com/

Éditions l'École des loisirs, www.ecoledesloisirs.fr/index.html

Éditions Magnard, www.magnard.fr/

Éditions Scholastic, www.scholastic.ca/editions/

Autres sites et livres d'intérêt en éducation inclusive

Bibliothèque du Canada, *Lisez sur le sujet.* www.nlc-bnc.ca/lisez-sur-le-sujet/index-f.html

Communication jeunesse, *Bienvenue à bord : Réseau CJ.* www. communication-jeunesse. qc.ca

Demers, D., Y. Lavigueur, G. Guidon, et I. Crépeau (1995). *La bibliothèque pour enfants : Des trésors pour les 0 à 9 ans (2e éd.),* Boucherville, Éditions Québec Amérique Jeunesse.

Petit monde, *Suggestions de livres pour enfants.* www.petitmonde.qc.ca/enfants/bibliotheque/SuggestionLivre/ liste.asp

Chapitre 7

La collaboration et le partenariat en milieu inclusif

Objectifs

La lecture de ce chapitre vous permettra :

- de découvrir l'importance des réseaux de soutien, de pouvoir les mettre en place et de les enrichir ;
- de comprendre l'importance de la collaboration et du partenariat pour développer une communauté éducative inclusive ;
- de comprendre comment développer une communauté éducative dynamique partageant une vision commune ;
- de découvrir ce qu'est l'appropriation des savoirs et son rôle dans l'éducation inclusive.

Placer l'enfant au centre des préoccupations facilite l'émergence de relations de collaboration et de partenariat entre adultes.

Depuis le début de cet ouvrage, un accent a été mis sur l'importance de la collaboration et du partenariat dans la poursuite des objectifs liés à l'éducation inclusive. Le chapitre 2, **L'éducation inclusive: «c'est l'affaire de tous...»**, a introduit les dimensions de communauté éducative, de réseau de soutien et de partenariat. Ce septième chapitre précisera ces notions et indiquera les moyens de les mettre en œuvre.

Toutefois, il est intéressant de dépasser le cadre du *quoi* et du *comment* et d'aborder le *pourquoi* de ces réalités: un réseau de soutien, pourquoi?, la communauté éducative, pourquoi?, la dynamique de partenariat, pourquoi?

La réussite éducative des enfants est le résultat d'une multitude d'actions concertées entre adultes. Ni les parents ni les intervenantes ne sont responsables à eux seuls de l'éducation des enfants. L'éducation est une responsabilité partagée qui se concrétise dans l'atteinte d'objectifs communs. L'intervenante, l'éducatrice à l'enfance, l'éducatrice spécialisée ou l'enseignante, en milieu de garde ou en éducation préscolaire, tout comme la direction et les parents, ont plus de chance de concrétiser leurs souhaits ou d'atteindre leurs objectifs s'ils s'entourent de personnes qui les soutiennent à certaines étapes de leur vie ou de leur travail.

Quels sont alors les moyens dont disposent l'intervenante, la direction et les parents pour relever les défis de l'éducation inclusive? Quatre moyens distincts se dégagent des travaux sur le développement de milieux inclusifs:

- l'établissement d'un réseau de soutien;
- le développement d'une communauté éducative dynamique;
- l'émergence du partenariat dans la communauté éducative;
- l'appropriation des savoirs.

La concrétisation de ces moyens par les membres d'une communauté éducative permet de construire un milieu inclusif.

L'ÉTABLISSEMENT D'UN RÉSEAU DE SOUTIEN

Les réseaux de soutien répondent aux besoins des individus de discuter de leur vécu et de donner un sens aux difficultés qu'ils éprouvent. Les personnes appartenant à un réseau de soutien trouvent des solutions aux problèmes auxquels ils se heurtent ou, à tout le moins, bénéficient d'un soutien affectif réciproque. Les relations sociales créées par le réseau et les expériences de collaboration qui y sont vécues favorisent le développement des enfants.

Pour le parent, le réseau de soutien désigne l'ensemble des interactions, des liens, des activités interpersonnelles qui l'appuient dans l'accomplissement de son rôle. Les réseaux se développent par des initiatives personnelles qui visent la conception, le partage et la réalisation d'activités entre des personnes qui ont les mêmes préoccupations et des intérêts communs. Les échanges, la réflexion et l'expertise personnelle sont perçus comme des valeurs ajoutées qui contribuent à la réussite des actions éducatives. À titre d'exemple, chaque parent appartient à un réseau, ne serait-ce que s'il tient compte de ses propres parents, ses amis ou ses connaissances.

Le concept de réseau de soutien s'applique à toute personne intéressée à développer un milieu relationnel riche et stimulant et qui est en mesure de

La collaboration avec les parents dans la classe de Lucie

Enseignante au préscolaire, je m'inspire, dans ma classe de maternelle, de plusieurs approches dont l'apprentissage coopératif. Au fil des années, j'ai pu développer de fructueux rapports avec les parents et les autres personnes qui m'appuient dans mon travail. Ces personnes représentent de précieuses sources de soutien pédagogique.

Au cours d'une année scolaire, j'entreprends plusieurs activités de concert avec les parents. Par exemple, à l'occasion de la première réunion de parents, je leur envoie une lettre ainsi que le plan de la rencontre. J'écris, en présence du groupe, dans une section de la lettre, les idées que ceux-ci me suggèrent.
La lettre et le plan ont pour but d'informer les parents du mode de fonctionnement de la classe et de son cadre pédagogique : projets, ateliers, objectifs, etc. Cette rencontre sert aussi à leur faire savoir toute l'importance que j'accorde à leur collaboration et à leur engagement tout en précisant les activités et les moments de l'année qui exigent cette collaboration tant souhaitée.

L'une de mes convictions pédagogiques repose sur le fait que les enfants développent simultanément des habiletés en langage oral et écrit. Pour la partager avec les parents, je leur fais vivre, dès notre première réunion, une expérience de communication écrite. L'objectif est de leur faire saisir l'importance de communiquer par écrit avec leur enfant. Sur les tables dans la classe, les parents ont à leur disposition papier, cartons, crayons, ciseaux et colle. Je leur propose, à la fin de la rencontre, de fabriquer une carte de souhaits accompagnée d'un message destiné à leur enfant. Le lendemain matin, j'en fais la lecture à tous les enfants. De plus, toujours pour m'assurer de la collaboration des parents, tout en planifiant des situations simples qui leur permettent de participer naturellement aux activités de la classe, j'ai développé, au cours des années, différentes stratégies. Par exemple, ils participent à l'animation d'activités telles l'évaluation du portfolio et la planification de sorties. Parfois, certains me suggèrent des thèmes d'animation.

Durant les réunions, je présente aux parents les différents systèmes de communication que je compte établir avec ceux dont les enfants sont considérés comme à risque ou ayant des besoins particuliers. Par exemple, afin de les informer du comportement et des apprentissages, je peux choisir de communiquer avec eux par téléphone ou à l'aide d'un carnet personnel. Pour certains élèves, j'utilise également le plan d'intervention qui me permet de consigner l'information recueillie à l'occasion des visites chez l'orthophoniste, le psychologue ou d'autres professionnels. En outre, je définis les objectifs que nous souhaitons atteindre.

Je fais participer les parents à l'évaluation de leur enfant en leur envoyant des grilles d'observation personnalisées qu'ils doivent remplir en observant l'enfant au cours de ses activités de lecture, de dessin ou d'écriture. Les parents me retournent ces grilles que je conserve dans le portfolio de l'enfant. Ces grilles les informent des attentes de l'école quant au développement de certaines compétences de l'enfant et leur fournissent l'occasion de s'engager naturellement dans son processus d'apprentissage. Cela les porte à se questionner sur les interventions et les diverses observations à effectuer, ce qui facilitera ensuite les rencontres entre parents et les autres intervenantes au moment de la présentation des bulletins. Ce mode de fonctionnement amène les parents à s'investir dans des activités quotidiennes de lecture ou d'écriture et à contribuer activement à la réussite de leur enfant. Les parents pourront, par exemple, inciter l'enfant à apporter des livres d'histoire et des productions ou, réciproquement, c'est l'enfant qui en fera la demande. Ces stratégies et bien d'autres, je les ai développées et peaufinées au cours des années en collaboration avec mes collègues, les autres intervenantes et dans le cadre d'activités de formation continue.

Lucie, enseignante au préscolaire

réfléchir sur son rôle social : intervenante, membre de la direction, parent. Décrire son réseau de soutien, c'est identifier les personnes qui partagent avec soi des valeurs éducatives. Ce réseau se construit en tenant compte des relations et des activités quotidiennes de toutes les personnes responsables de l'éducation et de l'intégration de l'enfant dans la communauté :

- la famille : grands-parents, sœurs, frères, etc. ;
- les amis, les voisins, les relations d'affaires ;
- les groupes d'entraide ;
- les intervenantes, l'éducatrice à l'enfance, l'éducatrice spécialisée ou l'enseignante, la direction, responsable d'un milieu de garde ou d'un établissement préscolaire ;

- les autres personnes-ressources des domaines de la santé et de l'éducation : psychoéducateurs, travailleurs sociaux, psychologues, professionnels en soins infirmiers, orthophonistes, ergothérapeutes, etc.

Établir un réseau de soutien, c'est comme dessiner l'environnement physique auquel on aspire ; c'est faire le plan de son environnement humain. Ce réseau est, en soi, encore plus important, car il nous incite à y inclure toutes les personnes dont nous aimerions nous entourer ou avec qui nous désirons être en relation et partager nos valeurs et nos besoins.

Les principaux avantages des réseaux de soutien sont…

- participer à des activités dans un esprit de collaboration et d'échange ;
- s'approprier des connaissances à partir de discussions entre des personnes intéressées à un même sujet ;
- bénéficier d'un soutien affectif, social et pédagogique ;
- coordonner la mise en place d'interventions dans les milieux familial et éducatif ;
- reconnaître les compétences des membres du réseau et les mettre à contribution ;
- distribuer les rôles et les pouvoirs entre les membres pour atteindre des objectifs communs ;
- créer des dynamiques de partenariat : interagir, échanger, collaborer, faire des choix (Slavin, 1990) ;
- permettre de s'approprier des savoirs (Bouchard *et al.*, 1998).

Enrichir son réseau de soutien

Il y a plusieurs façons d'enrichir un réseau de soutien. L'une d'entre elles consiste à se représenter le profil de son réseau actuel en inscrivant les personnes signifiantes qui contribuent directement ou indirectement à nous soutenir dans notre vie professionnelle ou personnelle (figure 7.1).

Figure 7.1 Portrait de mon réseau de soutien

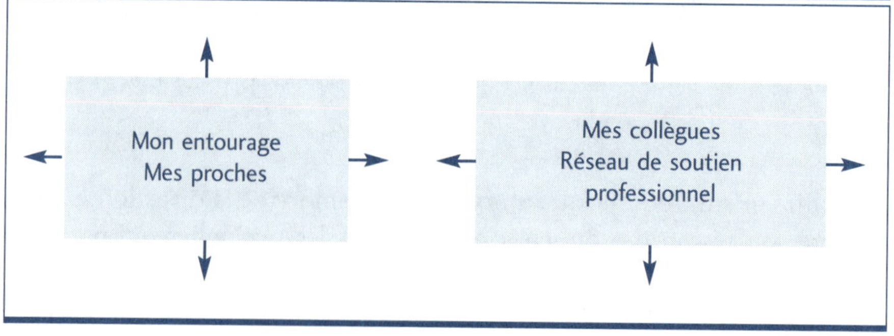

Pour enrichir son réseau de soutien, l'intervenante doit réfléchir sur ses intérêts, les motifs qui l'animent et qui donnent un sens à sa vie professionnelle et à son travail. Ces dimensions s'inscrivent dans des relations interpersonnelles avec les personnes proches. Elle doit ensuite réfléchir aux actions ou aux attitudes qui pourraient contribuer à enrichir son réseau :

À propos…

Les parents peuvent cibler des intérêts de « réseautage » à partir de leurs besoins personnels. Voici quelques exemples d'activités et d'attitudes qui leur permettent d'enrichir leur réseau de soutien :

- activités de loisirs entre parents : discussions libres dans un contexte de loisirs communautaires ;
- rencontres de quartier avec d'autres parents, ou organisées par les services éducatifs, ou encore, à l'occasion de comités de parents pour ceux qui vivent avec un enfant ayant reçu un diagnostic ;
- formations offertes aux parents par les organismes de leur milieu ;
- activités de bénévolat en milieu de garde ou à l'école ;
- participation à des activités mixtes enfants-parents en milieu de garde ou à l'école ;
- participation avec l'enfant et des spécialistes de la réadaptation à des séances cliniques assurant le suivi.

- A-t-elle des besoins professionnels, des compétences qu'elle désire développer? Quels sont-ils?
- Quelles actions peut-elle entreprendre pour y répondre?

Certaines activités et attitudes permettent à l'intervenante d'enrichir son réseau de soutien:

- activités professionnelles du milieu de travail: lecture, colloque, etc.;
- rencontres périodiques avec un mentor ou avec un ou quelques collègues pour parler de défis et de réalisations;
- rencontres avec des parents, groupes de parents, ou autres groupes de personnes intéressées à l'éducation.

Pour l'intervenante, établir un réseau de soutien riche et stimulant, c'est ...

- déterminer les personnes signifiantes les plus susceptibles d'enrichir son réseau et établir la communication avec elles;
- créer des situations pour discuter, réfléchir et réaliser des activités entre adultes;
- offrir son aide aux autres, à ses collègues ou à la direction;
- partager ses succès, ses souhaits et ses difficultés;
- favoriser et maintenir des liens à l'aide d'une approche positive de la personne.

Adopter une approche positive de la personne

L'une des principales clés du succès du développement d'un réseau de soutien réside dans la qualité relationnelle qu'une personne établit avec son entourage (Couture et Gariépy, 1991; Fraser et Labbé, 1993; Boivert et Beaudry, 1979). Acquérir des habiletés à communiquer, discuter ou partager ses préoccupations et faire preuve d'attitudes positives sont des moyens précieux pour établir des relations profondes et durables. L'intervenante qui adopte une approche positive de la personne devrait:

- développer une bonne communication interpersonnelle, c'est-à-dire:
  - tenir compte des facteurs qui influencent la qualité d'une communication et réfléchir à leurs conséquences;
  - formuler des messages clairs: utiliser le «je» pour exprimer ses idées, ses émotions ou ses désirs;
  - avoir recours à des mots suffisamment clairs et précis pour éviter à l'interlocuteur d'avoir à les deviner;
  - s'exprimer avec cohérence dans ses paroles et dans ses gestes;
  - favoriser une communication teintée de politesse, de courtoisie et de tact (MFE, 1998a).
- instaurer des relations de réciprocité et les maintenir. En d'autres mots:
  - faire confiance;
  - échanger ses idées, ses expériences;
  - manifester ses sentiments;
  - partager l'information;
  - rendre service.

Un rappel

À quoi sert un réseau de soutien? Un réseau de soutien peut servir entre autres à:

- créer des liens avec des personnes signifiantes ayant des intérêts communs;
- échanger et partager ses expériences, les réussites comme les échecs;
- se donner un soutien réciproque et s'entraider dans la réalisation de certaines tâches;
- permettre une concertation et atteindre un objectif;
- collaborer à la réalisation des buts décidés en groupe;
- se valoriser grâce aux réussites que procure l'entraide;
- se doter d'un système efficace de communication et de relations avec le monde extérieur;
- établir des relations de partenariat avec d'autres personnes qui interviennent auprès de l'enfant.

Une approche positive implique, entre autres, une interdépendance entre les membres de l'équipe où il existe un partage des responsabilités.

La figure 7.2 résume les facteurs à considérer lors d'interactions, de discussions ou dans les relations interpersonnelles.

Figure 7.2 Facteurs à considérer lors de la communication (MFE, 1998a)

L'interlocuteur ← Les interactions / Les attitudes / Les messages verbaux / Les messages non verbaux / L'information réciproque → **Le destinataire**

Le contexte : Où on se parle ?
Le temps : Quand on se parle ?
L'objectif : Pourquoi on se parle ?
Le contenu : De quoi on se parle ?
Le moyen : Comment on se parle ?

Pour l'intervenante, adopter une approche positive de la personne pourrait prendre la forme suivante :

- accueillir chaleureusement l'autre :
  « Bonjour, je suis heureuse de vous voir… »
- observer et souligner les points forts et les aspects positifs de la personne, de son message :
  « C'est intéressant, ce que vous me dites… »
- manifester son intérêt envers la personne, avoir du plaisir à parler avec l'autre personne, utiliser l'humour :
  « C'est vraiment bien que vous puissiez… »
- donner selon la situation des marques d'affection ou d'attention
- interagir de façon subjective :
  « aimeriez-vous que… », « acceptez-vous de… »
- partager ses idées, ses expériences, ses connaissances ou offrir son aide, au besoin
- inviter les autres à participer à des activités, favoriser des situations nouvelles d'interactions, d'échanges :
  « Aimeriez-vous venir avec nous… ? »
- créer une relation d'interdépendance :
  - interpeller, se laisser interpeller
  - collaborer à la réalisation d'objectifs communs
  - participer aux choix, s'investir
  - rendre compte de ses actions, se sentir responsable de la réussite de l'autre
- soutenir la personne dans ses choix, dans les moments difficiles et parfois s'inspirer de la démarche de résolution de problèmes pour l'aider à progresser.

La qualité des liens de collaboration que développeront l'intervenante et la direction permettra de créer une dynamique éducative accueillante de collaboration et de partenariat et contribuera d'une manière significative à la communauté éducative.

LE DÉVELOPPEMENT D'UNE COMMUNAUTÉ ÉDUCATIVE DYNAMIQUE

Pour qu'une communauté éducative puisse être dynamique, ses membres doivent avoir adopté une vision commune du projet éducatif de leur milieu de garde ou de leur établissement préscolaire. Une vision commune ne peut s'imposer : elle découle des visions individuelles, dont certains éléments, une fois partagés, fusionnent en une nouvelle vision dans laquelle tous se reconnaissent. Il en est de même, lorsque les intervenantes décident de prendre du temps pour discuter ensemble de leurs pratiques afin de développer une vision commune d'un projet éducatif, d'un plan de prestation ou d'une thématique de projet de groupe.

L'éducation inclusive lance un réel défi à toute la communauté éducative (MÉQ, 1992). Comment concevoir un milieu de garde ou un établissement préscolaire comme un lieu de changement, d'inclusion et d'apprentissage, qui réponde aux besoins de tous les enfants ? En bâtissant une communauté éducative (Conseil supérieur de l'éducation, 1998 ; Moreau, Robertson et Ruel, 2005) qui permet à ses membres de mettre en valeur l'expertise et la contribution individuelle dans la mise en commun d'efforts concertés en vue d'atteindre des objectifs ou de réaliser un projet éducatif. La communauté éducative doit viser la mobilisation de tous ses membres, que ceux-ci soient à l'interne ou à l'externe. Pour que ses membres réalisent sa mission éducative, ils doivent promouvoir l'esprit de partage et maintenir des relations interpersonnelles de qualité. Ces conditions sont indispensables à la réussite de l'éducation inclusive.

Une communauté éducative dynamique peut donc représenter un outil puissant et novateur dans la mise en application de l'éducation inclusive. Dans cette perspective, l'inclusion n'est plus une problématique individuelle liée à quelques enfants ou parents, mais plutôt un défi que doivent relever tous les membres d'une communauté. Ainsi, ces derniers mettent à contribution leurs idées et leurs efforts pour atteindre des objectifs éducatifs. Cette communauté éducative devient un moyen de rallier et de mobiliser du personnel, des parents, des groupes d'enfants, des spécialistes de l'éducation et de la santé et des bénévoles à une même cause.

Des stratégies pour développer une communauté éducative dynamique

Comment favoriser le développement d'une communauté éducative dynamique au préscolaire ? Il s'agit d'abord de se questionner pour mieux orienter les actions futures en vérifiant si, dans le milieu éducatif, il existe :

- une problématique commune ou un intérêt partagé par une majorité de personnes ? des valeurs affichées au sein de la communauté éducative ?
- des habitudes de travail en groupe, des relations de collaboration, de partenariat ou d'interdépendance, par exemple, des pratiques qui visent à informer les parents des activités ? Ceux-ci sont-ils invités à participer à ces activités ? Prennent-ils part à des décisions ?

- une souplesse dans la gestion de l'établissement qui facilite une planification de rencontres, d'échanges? une réflexion sur les activités éducatives entre enfants-adultes et adultes-adultes pour favoriser la concertation?
- des possibilités de se ressourcer et d'autonomie pour innover dans son milieu? Les intervenantes sont-elles valorisées?
- une qualité de relations interpersonnelles favorisant une communication dynamique: écoute, respect, empathie et transparence?
- une attitude de respect, d'entraide, de responsabilisation et de coopération suffisante pour aider certains élèves ou certains adultes à sortir de leur exclusion, à partager leurs difficultés et à les surmonter?
- des indices d'interactions sociales positives lors de l'observation des enfants (3-6 ans): accepter de partager un espace de jeu ou de travail, amorcer des activités en petit groupe, inviter d'autres enfants à participer à leurs jeux, offrir de l'aide, échanger des objets ou des jeux, persister dans leurs interactions et valoriser leurs pairs dans leurs actions?
- une volonté d'encourager l'éducation à la citoyenneté ou une résolution pacifique de conflit entre les enfants: exprimer les conflits, en discuter, soulever des propositions, chercher un accord équitable?
- des situations d'exclusion dans les pratiques et activités éducatives?

À propos...

Une communauté éducative dynamique se développe lorsque les gens du milieu prennent conscience qu'ils forment une microsociété, lorsqu'il existe un consensus assez fort sur un certain nombre de «valeurs» affichées (Conseil supérieur de l'éducation, 1998), lorsque les gens ont des intérêts communs et s'investissent personnellement, c'est-à-dire qu'ils croient que ce qu'ils font est bon et vrai et cherchent à communiquer et à collaborer.

En réponse à ces questions, certaines stratégies permettront d'instaurer des pratiques en vue de développer une communauté éducative dynamique dans son milieu. Ces stratégies peuvent s'appliquer à l'ensemble de l'établissement ou seulement à l'intérieur d'un groupe ou d'une classe.

Planifier
Avoir un plan, un projet éducatif à développer au cours de l'année. L'intervenante peut s'inspirer d'approches ou de modèles pédagogiques qui intègrent les valeurs d'inclusion et la valorisation des divergences comme l'apprentissage coopératif (Abrami *et al.*, 1996), la pédagogie par projet, l'approche du langage intégré (Hendrick et Keefe, 1996), la pédagogie de la réussite ou l'approche collaborative (Saint-Laurent *et al.*, 1995).

Informer
Fournir l'information et expliquer son projet aux parents et à ses collègues.

Promouvoir
Afficher les valeurs à développer avec un groupe d'enfants ou d'élèves.

Collaborer
S'associer à d'autres collègues qui partagent les mêmes intérêts et, si possible, réaliser conjointement des activités.

Solliciter
Offrir aux parents, aux bénévoles et aux autres collègues de souscrire à des projets communs.

S'enrichir
Participer à des activités de formation ou d'autoformation qui bonifient et valorisent ses pratiques éducatives.

En somme, ce sont les efforts et les actions concertés ciblant l'inclusion qui permettront de développer une communauté éducative dynamique.

Solidifier et dynamiser une communauté éducative (Garassino, 1995 ; Puch, 1989) pour ses membres, c'est...

- s'inscrire dans une démarche commune ;
- cibler une problématique à résoudre ou une valeur que tous veulent promouvoir et afficher ;
- travailler dans la perspective d'un projet éducatif ;
- adopter une gestion de collaboration et une approche éducative intégrant des stratégies de coopération entre les enfants ;
- établir une concordance ou une cohérence entre les valeurs et les règles de vie « institutionnelles » ou de la classe ;
- inciter les différentes ressources à l'interne (les enfants et le personnel), ou à l'externe (les parents et les bénévoles), à planifier et à réaliser des activités qui mettent de l'avant les valeurs ciblées ;
- valoriser les personnes dans leurs efforts : enfants, personnel, parents, bénévoles.

L'ÉMERGENCE DU PARTENARIAT DANS LA COMMUNAUTÉ ÉDUCATIVE

Le partenariat est perçu comme un processus d'échanges, de réflexion, de collaboration et de concertation dans lequel les décisions sont prises par consensus (Bouchard *et al.*, 1996a et b; Bouchard *et al.*, 1998; Pelchat et Lefebvre, 2005). Il suppose la reconnaissance des compétences ou de l'expertise de tous les membres et l'existence d'un rapport d'égalité entre tous. La notion de partenariat évoque la conception selon laquelle l'éducation inclusive n'est pas seulement la responsabilité du personnel, mais aussi celle de tous les membres d'une communauté éducative.

Un rappel

Le développement d'une communauté éducative inclusive exige un engagement des différentes personnes qui composent votre milieu de vie. Cette communauté est le fruit d'investissements à long terme.

À quoi reconnaît-on une dynamique de partenariat ? Il y a partenariat lorsque :

- l'on encourage la participation de tous ;
- l'esprit de coopération prime ;
- il y a échange d'information entre les partenaires ;
- les décisions sont prises par consensus ;
- l'autorité est perçue, par les partenaires, comme une source de motivation ;
- les membres ou les partenaires témoignent de leur sens des responsabilités dans leurs engagements et rendent compte de leurs actions.

Le partenariat a une valeur accrue pour les personnes qui œuvrent auprès des enfants ayant des besoins particuliers. Le partenariat s'actualise autour de trois réalités :

- les valeurs à favoriser ;
- l'organisation à mettre en place ;
- l'importance accordée aux relations entre les personnes.

Les valeurs à favoriser

Le partenariat suppose une prise de décision par consensus et la participation de tous les partenaires en ce qui concerne les valeurs à favoriser, les besoins et la priorité des objectifs éducatifs ou rééducatifs de l'enfant ayant des besoins particuliers.

À propos...

L'appellation « partenariat » s'utilise fréquemment pour désigner les efforts de rapprochement entre les personnes désireuses de participer à l'éducation des enfants.

Le partenariat se définit comme une dynamique relationnelle qui impose un partage de l'information quant aux besoins de l'enfant, la détermination d'objectifs et la prise de décision. Cette dynamique implique également un respect mutuel, un partage des responsabilités, des compétences, des décisions et l'obligation de rendre des comptes (Wolfendale, 1989).

L'organisation à mettre en place

Les intervenantes, les membres de la direction ainsi que les parents reconnaissent que le succès de l'inclusion implique l'investissement d'une quantité suffisante de ressources et de soutien. Il serait souhaitable, par exemple, d'intégrer des services spécialisés tels que les soins infirmiers, l'ergothérapie, la physiothérapie, l'orthophonie et l'orthopédagogie dans les ressources régulières du milieu de garde ou de l'école, de manière à créer une interaction constante entre les spécialistes utilisant ou incarnant ces ressources. L'organisation traditionnelle des services tend à privilégier des systèmes distincts. Une telle structure d'organisation des services crée des effets indésirables. Pour diminuer ou annuler ces effets, il faut envisager des modalités différentes de fonctionnement qui favorisent, entre autres, le travail interdisciplinaire : travail conjoint de spécialistes de plusieurs disciplines ayant un objectif commun. Cette façon de faire impose la création de relations de collaboration et de partenariat entre les spécialistes de l'éducation et de la santé (Bouchard *et al.*, 1996a et b).

Le partenariat peut se réaliser dans différents contextes, par exemple entre les différents milieux éducatifs, les parents et les intervenantes au préscolaire, entre différents systèmes de services, ou encore, à différents niveaux organisationnels, administratifs ou éducatifs. Pour les enfants ayant des besoins particuliers, notamment ceux ayant des incapacités, la dynamique de partenariat suppose, entre autres, la participation de l'enfant et de ses parents à la priorisation des objectifs éducatifs. Cette démarche des priorités éducatives se concrétise parfois par des ententes verbales entre les personnes ou, de façon formelle, par la rédaction d'un plan d'intervention, ou plan de services.

Des relations interpersonnelles harmonieuses favorisent la collaboration et le partenariat.

L'importance accordée aux relations entre les personnes

Le partenariat est associé aux concepts de relation milieu-famille, de collaboration, de concertation, de coordination, de synergie et de réseaux de soutien (Bouchard et Kalubi, 2001 ; Kalubi *et al.*, 2001 ; Pelchat et Lefebvre, 2005). Il permet :

- de créer de nouvelles relations entre les personnes ou les acteurs sociaux : accorder une place prépondérante aux dimensions personnelles et humaines par les rapports d'égalité, de respect et de reconnaissance des personnes ;
- de s'ouvrir à de nouvelles façons de faire pour favoriser la collaboration par les échanges sur les réalités éducatives ;
- de stimuler un plus grand engagement dans l'action : partage des responsabilités et une plus grande coordination des actions ;
- de faciliter la définition et la solution de problématiques communes ;
- de concrétiser l'atteinte d'objectifs d'inclusion : à plus long terme, de l'insertion sociale ;
- de favoriser l'appropriation des savoirs.

Dans ce contexte de reconnaissance des rôles et de l'expertise de chacun, l'importance accordée à la communication entre les membres d'une communauté est indispensable pour offrir aux enfants un environnement éducatif de qualité. De ce fait, la capacité des parents à exprimer leurs besoins et ceux de leurs enfants s'en trouve accrue. Une communication de qualité suppose l'adoption d'attitudes positives, une confiance réciproque qui favorise les échanges entre les membres.

Le partenariat est donc un système relationnel qui oriente la gestion et la prise de décision et se développe par l'établissement de nouveaux rapports entre les personnes, les milieux et les systèmes de services.

Pour les parents et les intervenantes, comme pour tous les spécialistes de l'éducation et de la santé, le partenariat n'est pas un fait; c'est un processus à développer.

Le partenariat pour les parents

Les parents peuvent stimuler une dynamique de partenariat de différentes manières. En voici quelques-unes:

- considérer avoir auprès de leur enfant une expertise parentale digne d'être partagée et avoir un rôle de participant actif aux décisions des orientations des services éducatifs ou rééducatifs de leur enfant (Bouchard et Kalubi, 1998 et 2001);
- avoir une idée des besoins de stimulation ou d'éducation de leur enfant;
- organiser des activités qui stimulent le développement et les apprentissages de leur enfant;
- discuter avec d'autres personnes qui travaillent auprès de leur enfant, l'intervenante ou d'autres professionnels des services spécialisés, par exemple, et leur fournir de l'information sur le développement de leur enfant;
- communiquer clairement leurs besoins au personnel des services éducatifs ou aux spécialistes qui suivent leur enfant;
- suggérer des façons de faire qui aideront les autres adultes à travailler au développement de leur enfant;
- insister auprès des intervenantes pour qu'elles établissent un système de communication propice à un suivi lorsque leur enfant est confronté à des difficultés persistantes dans son milieu éducatif;
- exprimer leurs craintes ou interrogations au sujet de situations éducatives avec lesquelles ils ne sont pas à l'aise;
- souligner les aspects positifs du milieu éducatif: par exemple, la façon appropriée de l'éducatrice à l'enfance ou de l'éducatrice spécialisée d'accueillir et d'intégrer leur enfant, malgré ses différences;
- participer aux rencontres de parents ou à d'autres rencontres organisées par le service éducatif de leur enfant.

Le partenariat pour l'intervenante

Dans une perspective d'inclusion, l'intervenante ne peut à elle seule remplir le mandat de stimuler le développement et de répondre à tous les besoins d'apprentissage des enfants ayant des besoins particuliers. Il lui faut pouvoir compter sur le soutien des autres adultes qui interagissent avec ces enfants

(Crawford et Porter, 1992; Crawford, 1992; Doré, Wagner et Brunet, 1996; Thousand et Villa, 1992) et travailler en équipe. Un questionnement s'impose pour vérifier si, dans son milieu, la collaboration dans l'équipe permet d'instaurer le partenariat (Saint-Laurent *et al.*, 1995). Par exemple, dans son milieu, existe-t-il :

- un climat d'acceptation, de respect et de reconnaissance des compétences des personnes ?
- un partage du pouvoir au sein du personnel ?
- des rencontres d'équipe qui permettent l'entente, la consultation et la coordination du travail pour atteindre un objectif commun ?
- une volonté de reconnaître la participation et l'expertise de chacun des membres de l'équipe (tâches et rôles) ?
- une intégration des valeurs et du savoir-être par les membres de l'équipe auprès des enfants ?

Le tableau 7.1 donne un aperçu de ce que pourraient constituer des pratiques éducatives de partenariat et des pratiques éducatives hiérarchiques.

Tableau 7.1 Pratiques éducatives de partenariat et pratiques éducatives traditionnelles

Pratiques éducatives de partenariat	Pratiques éducatives traditionnelles, hiérarchiques
▪ Participation aux différentes activités ; les instances éducatives sont valorisées et reconnues par les adultes ;	▪ Peu d'activités laissent place à la participation des parents à la vie éducative, peu de personnes y accordent de l'importance et plusieurs brillent par leur absence ;
▪ Système de communication dynamique entre parents et services éducatifs : permet l'échange d'information ;	▪ Système de communication limité à la transmission de l'information officielle du service éducatif aux parents ;
▪ Participation des parents à la planification et à la gestion des activités éducatives : comité de parents et équipe-école ;	▪ Participation des parents limitée à la réalisation d'activités planifiées par l'équipe-école ;
▪ Problèmes soulevés par les enfants : motifs de mobilisation pour les parents et les intervenantes. Des pistes de solution sont proposées ;	▪ Problèmes vécus par les enfants transmis aux parents sans qu'ils aient été consultés au préalable ;
▪ Expression de l'opinion des parents sur les pratiques éducatives (planification, gestion et activités) : attention de la part des intervenantes ;	▪ Perception du parent que son opinion semble laisser indifférentes les intervenantes ou la direction, ou qu'elle a peu d'impact ;
▪ Interventions des parents au sein du milieu éducatif : contribution à la vie de l'école ;	▪ Perception du parent que ses actions sont considérées dans le milieu éducatif comme dérangeantes ou divergentes ;
▪ Pratiques éducatives en fonction de choix offerts aux enfants, aux parents ou aux intervenantes ;	▪ Pratiques éducatives planifiées à l'avance laissant peu de place à l'adaptation ou à la diversification ;
▪ Consensus sur le choix de pratiques éducatives, orientation, objectifs éducatifs, besoins, etc. ;	▪ Décisions liées aux pratiques éducatives présentées aux parents ;
▪ Pouvoir « éducatif » exercé par les différents groupes (parents, intervenantes, direction) favorisant la participation des parents.	▪ Pouvoir « éducatif » assumé par le personnel, accordant peu d'importance à la participation des parents.

Évaluer le partenariat dans son milieu

Le développement de relations de partenariat doit être perçu comme un processus en évolution où il y a des temps forts d'échanges, de concertation et de décisions sur les orientations des objectifs éducatifs ou rééducatifs de l'enfant. Pour que l'intervenante puisse développer une dynamique de partenariat dans son milieu, elle doit:

- planifier des temps de rencontre;
- solliciter la participation des personnes engagées auprès de l'enfant avant de décider formellement des orientations éducatives ou des objectifs;
- laisser le temps et la place à chacun pour présenter son point de vue, considérer ou critiquer les propositions de chacune des parties;
- préciser les problèmes à résoudre ou thématiser le contenu des échanges;
- formuler des propositions: objectifs, buts à atteindre;
- cibler les propositions qui font consensus par rapport à l'ensemble des partenaires;
- vérifier la satisfaction des partenaires;
- assurer un suivi des actions individuelles.

Le partenariat peut s'exercer dans le contexte d'un plan d'intervention individualisé ou à l'occasion de rencontres avec les groupes de parents et d'intervenantes, l'éducatrice à l'enfance et l'éducatrice spécialisée, entre autres, qui désirent partager des visions communes sur l'éducation des enfants.

Le partenariat doit être perçu à la fois comme un processus à développer et à enrichir. Il ne constitue pas une fin, mais un moyen puissant d'instaurer des pratiques éducatives qui vont s'enraciner dans la culture des personnes.

Le partenariat requiert du temps pour échanger des idées, comprendre et rajuster les actions éducatives. Il ne doit cependant pas être perçu ou vécu comme un moyen d'alourdir ou de compliquer les tâches ou le mode de fonctionnement. Au contraire, le partenariat doit renforcer les actions et être considéré comme un facteur d'efficacité. Les résultats ne s'obtiennent pas toujours à court terme, mais le plus souvent à long terme. L'adulte apprend de ses interactions avec l'enfant et avec les autres adultes: parent-parent, parent-éducatrice ou enseignante. Le partenariat permet donc aux personnes ayant des intérêts communs de:

- partager: discuter d'intérêts communs afin de se connaître et surtout de se faire confiance.
- apprendre les uns des autres: faire reconnaître son expertise, ses habiletés et ses compétences.
- se placer en relation de réciprocité, se mettre en position de complémentarité par rapport au potentiel de chacun, à ses connaissances, à son savoir-faire et à ses ressources.
- participer aux décisions qui concernent l'éducation de l'enfant, se donner des choix dans l'action.
- se sentir davantage engagées dans l'éducation de l'enfant.
- exercer un certain pouvoir sur sa vie d'enfant, de parent, d'adulte, d'intervenante ou de membre de la direction, s'autodéterminer (Bouchard, Pelchat, et Boudreault, 1996b).
- se donner un sentiment de compétence, développer sa confiance, mettre en valeur ses ressources personnelles et ses compétences.

Évaluer ses pratiques de partenariat avec les parents

L'intervenante, seule ou en compagnie de collègues, peut questionner ses pratiques de partenariat en vue de les améliorer (Bouchard et Kalubi, 2001; Kalubi *et al.*, 2001; Pelchat et Lefebvre, 2005). Par exemple, considère-t-elle que les parents:

- possèdent une connaissance pratique des savoir-agir de leur enfant?
- sont en mesure de participer aux décisions relatives aux orientations éducatives de leur enfant?
- sont en mesure de participer aux activités éducatives?

Par ailleurs, l'intervenante a-t-elle pris les mesures nécessaires pour favoriser l'établissement d'un partenariat avec les parents? A-t-elle prévu, par exemple:

- du temps pour permettre aux parents de visiter l'établissement éducatif?
- des modes de communication pour échanger des idées et des impressions régulièrement avec eux? de leur demander de participer à des activités éducatives?
- des moyens ou des moments pour leur expliquer ses orientations éducatives ou ses méthodes de travail avec les enfants?
- des invitations aux parents d'un enfant ayant des besoins particuliers pour discuter des orientations éducatives ou d'un plan d'intervention?
- des consultations auprès des parents pour vérifier les besoins spécifiques de leur enfant, obtenir des conseils ou toute autre information pertinente pour l'éducation de l'enfant?
- des moyens pour aider les parents à améliorer leurs modes d'intervention auprès de leur enfant: utilisation d'une grille d'évaluation, réalisation d'un document expliquant comment intervenir?
- une planification d'activités éducatives qui tient compte des difficultés ou des contraintes auxquelles se heurtent les parents?

À propos...

Le partenariat lance plusieurs défis aux membres de la communauté éducative. Ils devront, entre autres:

- mettre de côté leurs appréhensions en ce qui concerne les contraintes de temps, de ressources humaines et de formation;
- faire preuve d'ouverture d'esprit: partager, discuter de leurs intérêts communs afin de mieux se connaître et, surtout, se faire confiance;
- apprendre les uns des autres;
- valoriser la consultation et la prise de décision en groupe;
- participer aux décisions qui concernent l'éducation des enfants et se donner des choix dans l'action.

Une dynamique de partenariat s'établit lorsque...

- la reconnaissance des compétences et de l'expertise de chacun des membres est respectée
- la participation de toutes les personnes concernées est effective et encouragée
- l'esprit de coopération prime: les attitudes et les relations entre les personnes sont orientées de façon délibérée sur les aspects consensuels
- la gestion des services permet le partage de l'information et vise des choix d'orientation, d'objectifs, de besoins
- la prise de décision par consensus est respectée
- le pouvoir est perçu par les partenaires comme une source de motivation dans l'action
- les personnes se sentent responsables de leurs engagements et souhaitent rendre compte de leurs actions

L'APPROPRIATION DES SAVOIRS

La dynamique de collaboration et de partenariat permet de favoriser chez les membres de la communauté éducative, particulièrement chez les parents, l'appropriation des savoirs (Kalubi *et al.*, 2001; Pelchat et Lefebvre, 2005). Elle est l'un des nombreux effets positifs du partenariat parent-spécialiste.

Toute personne, grâce à ses expériences de vie, acquiert des compétences qui lui permettent de s'adapter, de développer son autonomie et de s'autodéterminer. L'appropriation des savoirs désigne le développement de compétences liées à la réalisation des rôles sociaux et du développement de la confiance en soi. Elle permet à une personne de s'engager activement dans sa collectivité. Par exemple, les résultats de recherches sur l'appropriation des rôles parentaux révèlent que les parents qui participent aux programmes éducatifs de leur enfant développent des compétences parentales, des savoirs et une confiance en eux. En raison de leurs expériences pratiques, ils deviennent de véritables « experts » de leur enfant. Ce concept reconnaît le potentiel d'apprentissage des parents. Les recherches à ce sujet ont également mis en valeur la capacité des parents à participer au processus décisionnel et de faire des choix de vie : autodétermination (Bouchard, Pelchat et Boudreault, 1996a et b; Pelchat et Lefebvre, 2005).

À propos...

L'appropriation des savoirs s'appuie sur la prémisse que les personnes apprennent de leurs expériences et de leurs interactions avec les autres et qu'ils peuvent également apprendre en profitant des expertises et des connaissances que possèdent les autres.

L'appropriation des savoirs pour les parents

La reconnaissance de l'appropriation des savoirs amène les spécialistes de l'éducation à considérer les parents comme les principaux partenaires dans l'éducation de leurs enfants. Cette conception suppose, pour les parents, la nécessité de participer aux différents aspects de l'organisation éducative des services préscolaires de leur enfant : orientation, planification et activités éducatives. L'appropriation des savoirs reconnaît les parents comme des partenaires égaux dans leurs relations avec le personnel des services éducatifs. Après tout, ce sont les parents qui connaissent le mieux leur enfant, car ils sont les premiers éducateurs et développent dès sa naissance un lien affectif privilégié avec lui.

Les parents sont plus conscients de leurs droits et de ceux de leurs enfants. Ils sont aussi mieux informés, ayant accès à une plus grande source d'information, grâce à Internet entre autres. Ils désirent contribuer davantage au développement de leur enfant et participer au choix et à la gestion des services qui lui seront offerts. Ils souhaitent en revanche être reconnus comme un membre à part entière de la communauté éducative. Cette reconnaissance suscite chez eux une estime de soi positive et un plus grand désir de s'engager directement auprès de leur enfant, qu'il s'agisse d'activités de loisirs, de services de garde, éducatifs ou rééducatifs. Ils contribuent, grâce à leur expérience, à la conception, à la gestion et à l'actualisation des activités éducatives. Cette volonté de changement dans les pratiques d'intervention et de contribution des familles se retrouve également dans les écrits ministériels (MÉQ, 2001b; MFE, 2002).

L'appropriation des savoirs pour l'intervenante

Pour l'intervenante, aussi bien que pour tous les spécialistes de l'éducation et de la santé, la notion d'appropriation des savoirs permet de considérer les parents comme de réels partenaires capables de contribuer à la réussite éducative. Aussi, peut-elle s'inspirer des connaissances et des expériences des parents pour accomplir ses tâches. L'appropriation des savoirs permet à l'intervenante de connaître la réalité des parents, leurs besoins, leurs aspirations et leurs potentiels. L'intervenante est perçue comme une partenaire qui peut adapter ses attentes en fonction de celles des parents. Ceci lui permet d'éviter les situations de conflit avec les parents et d'harmoniser les pratiques éducatives à la maison et au service éducatif.

Des moyens pour développer l'appropriation des savoirs

L'appropriation des savoirs est un processus volontaire basé sur le respect mutuel entre parents et spécialistes, la réflexion critique, l'attention à l'égard des autres et la participation à des groupes de soutien ou à des activités de formation. Cette conception implique le développement d'un plus grand contrôle des ressources accessibles en santé et en éducation pour le parent. Sous l'angle d'une dynamique relationnelle, les parents engagés dans l'éducation de leur enfant développent des savoirs pratiques. Ils s'approprient ces compétences grâce au partage des expertises de tous les membres de la communauté éducative, à la réflexion sur leurs actions, et aux activités d'approfondissement requérant l'utilisation des moyens de communication.

Les parents peuvent, par exemple, développer des habiletés à utiliser des grilles d'observation et d'évaluation (Boudreault, Kalubi et Moreau, 2000) pour leur permettre de mieux comprendre le développement de leur enfant et de planifier des actions éducatives ciblées. L'intervenante pourraient suggérer aux parents des situations d'appropriation des savoirs. Il peut s'agir de :

- rencontrer des spécialistes de la santé et de l'éducation qui acceptent de partager leur savoir ou d'associer les parents aux activités de rééducation ;
- se joindre à un groupe de parents ;
- participer à des programmes de formation parentale ou à des activités de formation à distance.

L'appropriation des savoirs, c'est...

- développer des connaissances de soi : réflexion sur soi et sur ce qui nous entoure
- favoriser les relations interpersonnelles et le partage des connaissances
- s'approprier de nouvelles connaissances en suscitant la communication avec des partenaires en éducation, en observant d'autres parents lors d'activités éducatives parent-service de garde-école ou présentées par des spécialistes
- apprendre de ses observations : observer, évaluer, anticiper et réaliser des interventions adaptées à l'enfant
- enrichir ses savoirs de l'expérience des autres en participant à différentes activités éducatives : groupes de soutien, formations destinées aux parents, groupes de soutien professionnel

En conclusion

L'éducation inclusive repose sur des valeurs et des principes qui structurent les environnements éducatifs, de sorte que les communautés qui les appliquent développent des relations positives d'entraide, de soutien et de tolérance à l'égard de leurs proches. Cette réalité s'inscrit dans un processus continu de questionnement et d'amélioration de la qualité des relations interpersonnelles. La création d'un réseau de soutien, la collaboration et le partenariat sont des pratiques qui dynamisent une communauté éducative et qui favorisent le développement de milieux inclusifs.

Les relations de collaboration et de partenariat générées par une communauté éducative dynamique susciteront l'appropriation des savoirs.

Questions d'appropriation

1. Vous avez l'occasion de démontrer votre savoir-faire à un groupe de parents, dont certains ont un enfant ayant des besoins particuliers, pour susciter leur participation dans votre milieu ou créer des liens avec d'autres parents. Quelles sont les stratégies qui les aideront à développer leur réseau de soutien?

2. Dans votre communauté éducative, vous avez pour objectif de développer davantage de moyens qui permettent au personnel de discuter de leurs pratiques pédagogiques et de créer des relations avec d'autres spécialistes de l'éducation ou de la santé. Quel est le plan annuel général que vous pourriez proposer à vos collègues de travail en élaborant, en premier lieu, votre conception d'une communauté éducative inclusive?

3. Vous désirez savoir si votre communauté éducative s'inspire des pratiques éducatives de collaboration et de partenariat. Pour y parvenir, vous créez une grille d'appréciation comprenant cinq questions qui permettent de vérifier différentes dimensions d'une communauté de pratique collaborative. Quelles sont ces cinq questions d'importance?

4. Dans l'intention d'améliorer la dynamique de collaboration et de partenariat avec les parents de votre communauté éducative, quels sont les cinq principaux moyens que vous suggéreriez à vos collègues?

5. Dans votre pratique, vous remarquez plusieurs difficultés liées aux relations entre collègues, spécialistes des réseaux de la santé ou de l'éducation ou avec les parents. Quelles sont ces difficultés? Quelles sont les stratégies que vous envisagez pour atténuer, sinon éliminer ces difficultés? Quels sont pour les parents les principaux avantages de participer aux activités de votre communauté éducative? Inspirez-vous de votre compréhension du concept d'« appropriation des savoirs ».

Pour aller plus loin

Voici des références qui vous permettront d'approfondir vos connaissances ou d'aller plus loin dans votre réflexion.

Livres

Boisvert, J.-M. et M. Beaudry (1979). *S'affirmer et communiquer,* Montréal, Les Éditions de l'Homme.

Couture, C. et L. Gariépy (1991). *Projet expérimental de garderie en milieu défavorisé,* Montréal, Office des services de garde à l'enfance.

Doré, R., S. Wagner et J.-P. Brunet (1996). *Réussir l'intégration scolaire. La déficience intellectuelle,* Montréal, Les Éditions Logiques.

Fraser, D. et L. Labbé (1993). *L'approche positive de la personne. Une conception globale de l'intervention,* Laval, Éditions Agence d'Arc.

Kalubi, J.-C., J.-M. Bouchard, J.-P. Pourtois et D. Pelchat (2001). *Partenariat, coopération et appropriation des savoirs,* Sherbrooke, Éditions du CRP.

Ministère de la Famille et de l'Enfance (1998). *Jouer, c'est magique. Programme favorisant le développement global des enfants, tomes 1 et 2,* Sainte-Foy, Les Publications du Québec.

Ministère de l'Éducation du Québec (2001b). *Programme de formation de l'école québécoise : éducation préscolaire, enseignement primaire,* Québec, Gouvernement du Québec.

Ministère de l'Éducation du Québec (1992). *L'école québécoise, une école communautaire et responsable,* Québec, Gouvernement du Québec.

Pelchat, D. et H. Lefebvre (2005). *Apprendre ensemble. Le PRIFAM : programme d'intervention interdisciplinaire et famililale,* Montréal, Chenelière/McGraw-Hill.

Saint-Laurent, L., J. Giasson, C. Simard, J.-J. Dionne et É. Royer (1995). *Programme d'intervention auprès des élèves à risque : une nouvelle option éducative,* Boucherville, Gaëtan Morin éditeur.

CONCLUSION

De plus en plus de chercheurs s'intéressent à l'éducation inclusive et à son impact sur les enfants et leur milieu. Toutefois, l'éducation inclusive ne représente pas encore une pratique courante au préscolaire. En effet, les parents, les intervenantes et la direction soulèvent encore plusieurs obstacles à sa réalisation, dont le manque d'information sur les caractéristiques des enfants ayant des besoins particuliers et sur les stratégies efficaces pour assurer leur inclusion. Comme l'inclusion de ces enfants dans leur milieu commence souvent par la fréquentation d'un service de garde, tous les membres de la communauté éducative sont responsables de la mise place de moyens et de stratégies pour accompagner le parent et le personnel au préscolaire dans cette démarche.

Fournir à l'intervenante une information de pointe sur l'état de la recherche en éducation inclusive et sur son implantation dans les milieux éducatifs, tel est l'objectif principal poursuivi par les auteurs. Par ailleurs, le soutien à la formation tout au cours de ce processus est un excellent moyen pour promouvoir l'éducation inclusive, assurer sa réussite et permettre à tous les enfants de bénéficier d'un environnement qui leur donne la possibilité de développer pleinement leur potentiel.

Connaître les caractéristiques des enfants ayant des besoins particuliers, le protocole d'accueil de ces enfants, les outils utiles à la mise en place d'un processus d'observation et d'un plan d'intervention ainsi que les stratégies propices aux interactions positives permettra à l'intervenante et à tous les membres de la communauté éducative de vivre l'inclusion des enfants avec succès.

Il importe de rappeler que la participation de tous les membres de la communauté éducative est essentielle. Tous doivent contribuer à créer des relations positives de tolérance, d'entraide et de partage et à développer des liens solides. L'esprit d'entraide et de collaboration assure une cohérence dans les interventions auprès de l'enfant et crée des conditions riches et précieuses au développement de réseaux de soutien interpersonnel. En outre, cette façon de faire contribue à l'appropriation de savoirs, tant pour l'intervenante que pour les parents.

Nous souhaitons que ce livre permette aux intervenantes de devenir des agents de changement et de promotion de l'éducation inclusive et qu'il les aide également à développer une confiance et une autonomie dans la résolution de problèmes liés aux besoins particuliers des enfants.

PRÉSENTATION DES AUTEURS ET DES COLLABORATEURS

André C. Moreau, Ph. D. en psychopédagogie, est professeur au Département des sciences de l'éducation de l'Université du Québec en Outaouais depuis 1998. Il donne les cours portant sur la prévention et le soutien aux enfants ayant des besoins particuliers. Il possède une vaste expérience comme enseignant en adaptation scolaire et psychopédagogue dans les services de la santé et de l'éducation auprès d'enfants à risque, ayant des problèmes en santé mentale ou une déficience intellectuelle. Il s'intéresse aux conditions éducatives en contexte d'inclusion et au soutien des communautés d'apprentissage adultes.

Claire Maltais, Ph. D. en psychopédagogie, est professeure à la Faculté d'éducation de l'Université d'Ottawa. Elle donne des cours en enseignement au préscolaire. Elle possède une expertise en éducation spécialisée et en éducation préscolaire. Elle a œuvré comme orthopédagogue auprès d'enfants ayant des difficultés d'apprentissage. Elle s'intéresse depuis plusieurs années aux services à la petite enfance et à la qualité de l'enseignement au préscolaire.

Yves Herry, Ph. D. en psychopédagogie, est professeur titulaire et vice-doyen à la recherche à la Faculté d'éducation de l'Université d'Ottawa. Il a mené de nombreuses recherches sur les élèves à risque éprouvant des difficultés d'apprentissage, sur le concept de soi et sur les programmes de la petite enfance. Il s'intéresse actuellement à la qualité des services de garde au Canada.

Linda Gagnon détient une maîtrise en psychologie des relations humaines de l'Université de Sherbrooke. Son domaine d'intérêt est le développement des relations significatives entre l'adulte et l'enfant. Elle est formatrice auprès des centres de la petite enfance. Son engouement pour la recherche en petite enfance et l'expertise qu'elle a su développer lui ont permis de collaborer à la réalisation de projets de recherche, à l'Université du Québec en Outaouais, portant sur le partenariat entre les parents et les éducatrices ainsi que sur la socialisation des émotions à l'enfance.

Nancy Larouche détient un baccalauréat en orthopédagogie. Elle intervient auprès d'élèves provenant de milieux défavorisés. Elle a travaillé en tant que professionnelle de recherche pour le Groupe de recherche en éducation des communautés inclusives au préscolaire (GRECIP) au Département des sciences de l'éducation de l'Université du Québec en Outaouais.

RÉFÉRENCES BIBLIOGRAPHIQUES

Abrami, P. C., B. Chambers, C. Poulsen, C. De Simone, S. D'Apollonia et J. Howden (1996). *L'apprentissage coopératif. Théories, méthodes, activités,* Montréal, Chenelière/McGraw-Hill.

Alliance des garderies (1991). *Un pas de plus… Guide servant à l'élaboration d'une politique d'intégration des enfants présentant des besoins particuliers en service de garde,* Montréal.

American Psychiatric Association (2003). *DSM-IV-TR : Manuel diagnostique et statistique des troubles mentaux,* coordination générale de la traduction française, J. Daniel, J.-D Guelfi et M.-A. Crocq, Paris, Masson.

Association américaine sur le retard mental (2003). *Le retard mental : définition, classification et systèmes de soutien,* 10e éd. (sous la dir. de Diane Morin), Eastman, Édition Behaviora/Edisem Inc.

Association québécoise des parents d'enfants handicapés visuels (2005). *Une lumière rassurante depuis plus de 25 ans…*
www.aqpehv.qc.ca/

Bailey, D. B., R. A. McWilliam et V. Buysse (1998). « Inclusion in the context of competing values in early childhood education », *Early childhood research quarterly [H.W. Wilson - Educ],* 13, 27-47.

Beaupré, P., S. Roy et G. Ouellet. *Le plan d'intervention : état de la situation de l'avancement de la recherche,* conférence présentée à l'UQÀM en octobre 2002.

Berger, D., L. Héroux et D. Shéridan (2005). *L'éducation à l'enfance : une voie professionnelle à découvrir,* Montréal, Gaëtan Morin éditeur.

Berthiaume, D. (2004). *L'observation de l'enfant en milieu éducatif,* Montréal, Gaëtan Morin éditeur.

Bhérer, M. (1993). *La collaboration parents-intervenants : guide d'intervention en réadaptation,* Boucherville, Gaëtan Morin éditeur.

Blaxall, J., K. M. Kilbride, D. Mckenna, C. Warberg et M. Yeates (1996). *Children at the center : principles of early childhood education in Canada,* Toronto, Harcourt Brace Canada.

Blue-Banning, M., J. A. Summers, H. C. Frankland, L. L. Nelson et G. Beegle (2004). « Dimensions of family and professional partnerships : constructive guidelines for collaboration », *Council for exceptional children,* 70 (2), 167-184.

Boisvert, D. (1995). *Le plan de services individualisé : participation et animation,* Cap-Rouge, Presses Inter Universitaires.

Boisvert, D., F. Cossette. et M. Poisson (1995). *Animateur compétent, groupes efficaces, édition revue et corrigée,* Cap-Rouge, Presses Inter Universitaires.

Boisvert, J.-M. et M. Beaudry (1979). *S'affirmer et communiquer,* Montréal, Éditions de l'Homme.

Bouchard, J.-M. (1999). « Familles et savoirs à partager : des intentions à l'action », *Apprentissage et socialisation,* 19 (2), 47-58.

Bouchard, J.-M. et J.-C. Kalubi (2001). « Le partenariat entre les parents et les professionnels ». Dans J. A. Rondal et A. Comblain (dir.). *Manuel de psychologie des handicaps : sémiologie et principes de remédiation,* p. 469-492, Bruxelles, Éditions Mardaga.

Bouchard, J.-M. et J.-C. Kalubi, (1998). « Les relations entre professionnels et parents des personnes vivant avec une déficience intellectuelle : situations d'aise et de malaise », *Revue francophone de la déficience intellectuelle,* 9, 41-45.

Bouchard, J.-M., D. Pelchat et P. Boudreault (1996a). « Les relations parents et intervenants : perspectives théoriques », *Apprentissage et socialisation,* 17 (1-2), 21-34.

Bouchard, J.-M., D. Pelchat et P. Boudreault (1996b). « Les parents et les intervenants, où en sont leurs relations », *Apprentissage et socialisation*, 17(3), 41-48.

Bouchard J.-M., L. Talbot, D. Pelchat et P. Boudreault (1998). « Partenariat entre les familles et les intervenants : qu'observe-t-on dans la pratique ? ». Dans A. M. Fontaine et J. P. Pourtois (dir). *Regards sur l'éducation familiale*, 189-201, Louvain-la-Neuve, DeBoeck Université.

Boudreault, P. et A. C. Moreau (2002). *Rapport Vision-Inclusion : Rapport de recherche*, tomes 1 et 2, Recherche subventionnée par le ministère du Développement des ressources humaines du Canada, Hull, Université du Québec en Outaouais.

Boudreault, P., J.-C., Kalubi et J.-M. Bouchard (2001). « Intégration des enfants différents en milieu de garde : nouveaux enjeux pour la famille », *Les Cahiers du Centre interdisciplinaire de recherche sur l'apprentissage et le développement en éducation*, 2, 116-134.

Boudreault, P., J.-C. Kalubi, J.-M. Bouchard et P. Beaupré (1998). « La dynamique de l'inclusion pour enfants d'âge préscolaire ». Dans J.-C. Kalubi *et al.* et Centre de réadaptation *Le Bouclier* (dir.). *Innovations, apprentissages et réadaptation en déficience physique*, Montréal, Isabelle Quentin éditeur.

Boudreault, P., J.-C. Kalubi et A. C. Moreau (2000). « Compétences des parents et évaluation du développement de leur enfant : de l'appropriation à l'autodétermination », *Les cahiers de l'actif*, 288-291, 165-178.

Brinckerhoff, J. et L. Vincent (1987). « Increasing parental decision making at the individualized educational program meeting », *Journal of the division for early childhood*, 11, 46-48.

Bronfenbrenner, U. et P. A. Morris (1998). « The ecology of developmental processes ». Dans W. Damon (dir.). *Handbook of child psychology : Theoretical models of human development* (5e éd.), New York, John Wiley & Sons.

Calva, V. (1996). *Bon, à quoi on joue ? Guide d'intégration des enfants ayant une déficience intellectuelle en services de garde*, Montréal, Association de Montréal pour la déficience intellectuelle.

Chambers, B., M. H. Patten, J. Schaeff et D. W. Mau (1997). *Découvrir la coopération : activités d'apprentissage coopératif pour les enfants de 3 à 8 ans*, Montréal, Chenelière/McGraw-Hill.

Christine (2005). *L'enfant aveugle.* www.enfant-aveugle.com/index.html.

Collat, M. (1999). *Guide pour les enseignants qui accueillent un élève malvoyant*, Éditions du Centre National de Suresnes. www.education.gouv.fr/syst/handiscol/

Conseil supérieur de l'Éducation (1998). *L'école, une communauté éducative. Voies de renouvellement pour le secondaire*, Avis à la ministre de l'Éducation, Québec.

Couture, C. et L. Gariépy (1991). *Projet expérimental de garderie en milieu défavorisé*, Montréal, Office des services de garde à l'enfance.

Crawford, C. (1992). *Réaliser l'intégration – Éducation* (Série de rapports techniques, rapport no 2), North York, Institut Roeher.

Crawford, C. et G. L. Porter (1992). *How it happens : A look at inclusive educational practice in Canada for children and youth with disabilities*, North York, Institut Roeher.

Développement des ressources humaines du Canada – DRHC (1998). *Étude des nouveaux enfants immigrants qui grandissent en tant que Canadiens.* www11.hrsdc.gc.ca/fr/sm/ps/rhdcc/ra/publications/recherche/1998-000142/page07.shtml

Diamond, K. E. et L. L. Hestenes (1996). « Preschool children's conceptions of disabilities : the salience of disability in children's ideas about others », *Topics in early childhood special education*, 16, 458-475.

Doré, L., N. Michaud et L. Mukarugagi (2002). *Le portfolio : évaluer pour apprendre*, Montréal, Chenelière/ McGraw-Hill.

Doré, R. (2001). *L'intégration scolaire.* www.adaptationscolaire.org/themes/inin/documents/textes_inin.pdf

Doré, R., S. Wagner et J.-P. Brunet (1996). *Réussir l'intégration scolaire. La déficience intellectuelle*, Montréal, Éditions Logiques.

Essa, E. (1990). *À nous de jouer. Guide pratique pour la solution de problèmes comportementaux des enfants d'âge préscolaire,* Québec, Les Publications du Québec.

Favazza, P. C. (1999). *Strategies for promoting social relationships among young children with and without disabilities,* Final report, Memphis, The University of Memphis.

Favazza, P. C. et S. L. Odom (1997). « Promoting positive attitudes of kindergarten-age children toward people with disabilities », *Exceptional Children,* 63 (3), 405-418.

Fine, M. J. et R. L. Simpson (2000). *Collaboration with parents and families of children and youth with exceptionalities* (2e éd.), Texas, Pro-Ed.

Fitzpatrick, L. (2004). *Ma maternelle… mon portfolio,* Montréal, Éditions la Pensée.

Forest, M. et E. Lusthaus (1989). « Promoting educational equality for all students: circles and maps ». Dans S. Stainback, W. Stainback et M. Forest (dir.). *Educating all students in the mainstream of regular education,* Baltimore, Paul H. Brookes Publishing.

Fougeyrollas, P., R. Cloutier, H. Bergeron, J. Côté et G. St-Michel (1998). *Classification québécoise: processus de production du handicap,* Lac Saint-Charles, CQCI-DIH-SCCIDIH.

Fougeyrollas, P., R. Cloutier, H. Bergeron, J. Côté et G. St-Michel (1996). *Révision de la proposition québécoise de classification: processus de production du handicap,* Québec, Réseau international sur le processus de production du handicap.

Fraser, D. et L. Labbé (1993). *L'approche positive de la personne. Une conception globale de l'intervention,* Laval, Éditons Agence d'Arc.

Friend, M. et W. Bursuck (1999). *Including students with special needs: a practical guide for classroom teachers* (2e éd.),Toronto, Allyn & Bacon.

Garassino, R. (1995). « Identité partenariale et métiers de l'éducation ». Dans D. Zay et A. Gonnin-Bolo (dir.). *Établissements et partenariat. Stratégies pour des projets communs,* Paris, INRP éditeur.

Goelman, H., G. Doherty, D. S. Lero, A. LaGrange et J. Tougas (2000). *Oui ça me touche! Des milieux accueillants où l'on apprend: la qualité dans les garderies au Canada.* Guelph, Centre d'études sur la famille, le travail et le mieux-être, Université de Guelph.

Goupil, G. (2004). *Plans d'intervention, de services et de transition,* Montréal, Gaëtan Morin éditeur.

Goupil, G. (1997). *Les élèves en difficulté d'adaptation et d'apprentissage* (2e éd.), Boucherville, Gaëtan Morin éditeur.

Goupil, G. (1991). *Le plan d'intervention personnalisé en milieu scolaire,* Boucherville, Gaëtan Morin éditeur.

Griffon, P. (2005). *L'enfant déficient visuel, des repères pour mieux comprendre les processus psychologiques,* Marly-le-Roi, Centre de rééducation fonctionnelle pour aveugle ou malvoyants.
membres.lycos.fr/pierreg/enfant.html.

Gross, A. L. et L. W. Ortiz (1994). « Using children's literature to facilitate inclusion in kindergarten and primary grades », *Young Children,* 49 (3), 32-35.

Guralnick, M. J. (2001). *Early childhood inclusion: focus on change,* Baltimore, P. H. Brookes Publishing.

Hendrick Keefe, C. (1996). *Label-free learning: Supporting learners with disabilities,* York, Stenhouse Publishers.

Horth, R. (1998). *Histoire de l'adaptation scolaire au Québec,* site de l'Adaptation scolaire et sociale de langue française.
www.adaptationscolaire.org/themesfs_themes.htm

Ionescu, S., G. Magerotte, W. Pilon et R. Salbreux (1993). *L'intégration des personnes présentant une déficience intellectuelle,* Trois-Rivières, Université du Québec à Trois-Rivières.

Irwin, S. H. (1994). *Le livre de trait d'union: les étapes de l'intégration des services de garde,* Wreck Cove, Breton Books.

Irwin, S. H. (1993). « Trach: It rhymes with "snake" ». Dans *The SpeciaLink book,* Wreck Cove, Breton Books.

Irwin, S. H., D. S. Lero et K. Brophy (2004). *Highlights from inclusion. The next generation in child care in Canada,* Wreck Cove, Breton Books.

Irwin, S. H., D. S. Lero et K. Brophy (2000). *A matter of urgency: including children with special needs in child care in Canada.*
specialinkcanada.org/books/ING_highlights. pdf

Jalongo, M. R. (1988). *Young children and picture books: literature from infancy to six*, Washington, DC, National Association for the Education of Young Children.

Jonnaert, P. (2002). *Compétences et socioconstructivisme: un cadre théorique*, Louvain-la-Neuve, De Boeck Université.

Kalubi, J.-C., J.-M. Bouchard, J. P. Pourtois et D. Pelchat (2001). *Partenariat, coopération et appropriation des savoirs*, Sherbrooke, Éditions du CRP.

Keller, D. et A. S. Sterling Honig (1996). « Curriculum to promote positive interactions of preschoolers with a disabled peer introduced into the classroom », *Early child development and care*, 96, 27-34.

Kelly, J. F. et C. L. Booth (1999). « Child care for infants with special needs: issues and applications », *Infants and young children*, 12, 26-33.

Kemple, K. (1992). « Understanding and facilitating preschool children's peer acceptance », *Urbana, IL, ERIC Clearing-house on elementary and early childhood education, EDO-Ps-92-5.*

Kohler, F. W. (1999). « Maximizing peer-mediated resources in integrated preschool classrooms », *Topics in early childhood special education [H.W. Wilson-EDUC]*, 19, 92-102.

L'Abbé, Y. (2004). *Prévention du retard mental: causes et conduites préventives à adopter*, Montréal, Sciences et culture.

Lamarche, C. (1987). *L'enfant inattendu: comment accueillir un enfant handicapé et favoriser son intégration à la vie familiale et communautaire*, Montréal, Boréal Express.

Langevin, J. (1996). « Ergonomie et éducation des personnes présentant des incapacités intellectuelles », *Revue francophone de la déficience intellectuelle*, 7(2), 135-150.

La Paro, K. M. et R. C. Pianta (2000). « Predicting children's competence in the early school years: a meta-analytic review », *Review of educational research*, 70 (4), 443-484.

Lavallée, C. et M. Marquis (1999). *Éducation interculturelle et petite enfance*, Sainte-Foy, Presses de l'Université Laval.

Legendre, R. (2005). *Dictionnaire actuel de l'éducation* (3e éd.), Montréal, Guérin éditeur.

Lussier, F. et J. Flessas (2001). *Neuropsychologie de l'enfant. Trouble développementaux de l'apprentissage*, Paris, Dunod.

Mastropieri, M. A. et T. W. Scruggs (2000). *The inclusive classroom: strategies for effective instruction*, Columbus, Prentice-Hall.

Méthot, S. (2003). *Liste de liens sur les syndromes génétiques et autres conditions médicales pouvant amener une déficience intellectuelle.* www.educationquebec.qc.ca/dassc/pageadapt.html.

Ministère de l'Éducation du Québec (2003). *Les difficultés d'apprentissage à l'école. Cadre de référence pour guider l'intervention, Direction de l'adaptation scolaire et des services complémentaires (DASSC)*, Québec, Gouvernement du Québec.

Ministère de l'Éducation du Québec (2002a). *Portfolio sur support numérique: Document d'information.* Gouvernement du Québec. www.mels.gouv.qc.ca/drd/tic/pdf/portfolio. pdf.

Ministère de l'Éducation du Québec (2002b). *Formation sur l'évaluation des apprentissages au primaire. Le cadre de référence et les échelles des niveaux de compétence*, Direction générale de la formation des jeunes, formation donnée aux professionnels en enseignement de la région 07, Hull/Québec, Université du Québec en Outaouais/Gouvernement du Québec.

Ministère de l'Éducation du Québec (2001a). *La formation à l'enseignement: Les orientations, les compétences professionnelles*, Québec, Gouvernement du Québec.

Ministère de l'Éducation du Québec (2001b). *Programme de formation de l'école québécoise: éducation préscolaire et enseignement primaire*, Québec, Gouvernement du Québec.

Ministère de l'Éducation du Québec (2000a). *Élèves handicapés ou élèves en difficulté d'adaptation ou d'apprentissage (EHDAA): définitions*, Gouvernement du Québec. www.MEQ.gouv.qc.ca/dassc/pageadapt.html.

Ministère de l'Éducation du Québec (2000b). *Une école adaptée à tous ses élèves. Politique de l'adaptation scolaire)*, Gouvernement du Québec. www.MEQ.gouv.qc.ca/dassc/pageadapt.html

Ministère de l'Éducation du Québec (1992). *L'école québécoise, une école communautaire et responsable*, Québec, Gouvernement du Québec.

Ministère de l'Éducation du Québec (1976). *L'éducation de l'enfance en difficulté d'adaptation et d'apprentissage au Québec : rapport Copex*, Québec, Gouvernement du Québec.

Ministère de la Famille et de l'Enfance (2002). *Dossier pour l'intégration d'un enfant handicapé en service de garde. Information générale et marche à suivre*, Québec, Ministère de la Famille et de l'Enfance.

Ministère de la Famille et de l'Enfance (1998a). *Jouer, c'est magique. Programme favorisant le développement global des enfants*, tome 1, Sainte-Foy, Les Publications du Québec.

Ministère de la Famille et de l'Enfance (1998b). *Jouer, c'est magique. Programme favorisant le développement global des enfants*, tome 2, Sainte-Foy, Les Publications du Québec.

Moreau, A.C. (2004). « L'enseignant inclusif ». Dans N. Rousseau et S. Bélanger (dir.). *La pédagogie de l'inclusion scolaire*, Sainte-Foy, Presses de l'Université du Québec.

Moreau, A. C. (1995a). « Apprendre à interagir positivement pour mieux s'intégrer socialement : quelques stratégies pédagogiques », *Revue francophone de la déficience intellectuelle*, 6, 143-150.

Moreau, A. C. (1995b). « L'efficacité des procédés d'initiation sociale des pairs sur l'acquisition d'interactions sociales positives d'enfants ayant une déficience intellectuelle : une critique des études primaires », *Revue francophone de la déficience intellectuelle*, 6, 47-54.

Moreau, A. C. (1992). *L'effet du procédé d'initiation de tuteurs multiples sur l'acquisition, la généralisation et le maintien des interactions sociales positives entre un élève vivant avec une déficience intellectuelle et ses pairs normaux*, thèse de doctorat, document inédit, Québec, Université Laval.

Moreau, A. C. et P. Boudreault (2002). *Stratégies d'inclusion. Guide pour les parents et le personnel du préscolaire visant à favoriser l'émergence d'une communauté inclusive*, Hull, Groupe de recherche Vision-Inclusion, Université du Québec en Outaouais.

Moreau, A. C., C. Maltais et Y. Herry (2004). *Éducation inclusive : vers des communautés éducatives inclusives. Résultats d'un programme virtuel de formation et de soutien en éducation inclusive – PVFSÉI*, Gatineau, Groupe de recherche en Éducation des Communautés inclusives au préscolaire.

Moreau, A. C., A. Robertson, Y. Herry et C. Maltais (2004). « Vers le développement d'une communauté de praticiens en services préscolaires. Programme virtuel de formation et de soutien en éducative inclusive et attitudes à l'égard de l'inclusion des enfants différents ». *Dans TICE 2004, Actes du colloque, Technologies de l'information et de la connaissance dans l'enseignement supérieur et l'industrie*, 517-524, Compiègne, Université technologique de Compiègne.

Moreau, A. C., A. Robertson, J. Ruel (2005). *Résultats d'une expérience de perfectionnement virtuel en éducation inclusive au préscolaire visant les parents et les professionnels*, Association canadienne d'éducation de langue française.

Moreau, A. C. et C. Montgomery (inédit). *Trouble déficitaire de l'attention avec ou sans hyperactivité et troubles affectifs : recension des écrits.*

Morin, J. (2002). *La maternelle. Histoire, fondements, pratiques*, Boucherville, Gaëtan Morin éditeur.

Nilsen, B. A. (2001). *Week by week : plans for observing and recording young children* (2e éd.), Albany, Delmar Thomson Learning.

Noiseux, G. (1997). *Traité de formation à l'enseignement par médiation. Les compétences du médiateur pour réactualiser sa pratique professionnelle*, tome 1, Sainte-Foy, MST éditeur.

Normandeau, S. (1999). « Comment évaluer le profil socioaffectif des enfants d'âge préscolaire ? », *Revue canadienne de psycho-éducation*, 28 (1), 133-134.

Office des personnes handicapées du Québec (1993). *Je commence mon plan de services. Guide pour l'évaluation globale des besoins à l'intention des parents ayant un enfant handicapé*, Drummondville, Office des personnes handicapées du Québec.

Organisation mondiale de la Santé (1998). *Classification internationale des maladies* (10e révision), Genève, Masson.

Ouellette, Y. (1989). *Notes de cours PSY 484, Animation de groupes restreints,* Sherbrooke, Université de Sherbrooke.

Palacio-Quintin, E. et R. Coderre (1999). *Les services de garde à l'enfance : influence des différents types de garde sur le développement de l'enfant,* Trois-Rivières, Département de psychologie, Université du Québec à Trois-Rivières.

Panitch, M. *et al.* (1992). *Vers l'excellence des garderies : un guide d'intégration,* North York, Université York.

Paré, C., G. Parent, M.-B. Rémillard et J.-P. Piché (2004). « Le modèle du processus de production du handicap de Fougeyrollas ». Dans N. Rousseau et S. Bélanger (dir.). *La pédagogie de l'inclusion scolaire,* Sainte-Foy, Presses de l'Université du Québec.

Pelchat, D. (1992). « Processus d'adaptation des parents d'un enfant atteint d'une déficience et élaboration d'un programme d'intervention précoce à leur intention », *Revue canadienne de santé mentale communautaire,* 11, 63-81.

Pelchat, D. et H. Lefebvre (2005). *Apprendre ensemble. Le PRIFAM : programme d'intervention interdisciplaire et famililale,* Montréal, Chenelière/McGraw-Hill.

Poissant, H. et C. Montgomery (2004). « Attention deficit and hyperactivity disorder (ADHD) and depression in children and adolescents : implications for practitioners and educators », *Journal of cognitive education and psychology,* 3(3), 323-341.

Poliquin, J. et M. Taillon (1996). *Guide pratique pour l'intégration sociale en milieu de garde,* Saint-Hyacinthe, Cégep de Saint-Hyacinthe.

Puch, G. (1989). « Parents and professionals in preschool services ». Dans S. Wolfendale (dir.). *Parental involvement : developing networks between home, school and community,* London, Cassel.

Rousseau, N. et S. Bélanger (dir.) (2004). *La pédagogie de l'inclusion scolaire,* Sainte-Foy, Presses de l'Université du Québec.

Royer, F. et V. Brisson (1990). *Le développement de l'estime de soi et de la volonté,* Lévis, Commission scolaire de Lévis.

Ryndak, D. L., L. Jackson et F. Boillingsley (2000). « Defining school inclusion for students with moderate to severe disabilities : what do experts say ? » *Exceptionality,* 8, 101-116.

Saint-Laurent, L., J. Giasson, C. Simard, J.-J. Dionne et É. Royer (1995). *Programme d'intervention auprès des élèves à risque. Une nouvelle option éducative,* Boucherville, Gaëtan Morin éditeur.

Saint-Pierre, M. H. (2004). *L'intégration des enfants handicapés dans les services de garde. Recension et synthèse des écrits,* Québec, Ministère de l'Emploi, de la Solidarité sociale et de la Famille.

Schicke Athanasiou, M. (2000). « Play-based approaches to preschool assessment ». Dans B. A. Bracken (dir.). *The Psychoeducational of preschool children* (3e éd.), Boston, Allyn & Bacon.

Seery, M. E. (2000). « Seeing eye-to-eye : are parents and professionnals in agreement about the benefits of preschool inclusion ? », *Remedial and special education,* 21, 268-278.

Sinclair, F. et J. Naud (2003). *ÉcoCPE. Programme de valorisation du développement du jeune enfant dans le cadre de la vie en milieux éducatifs préscolaires,* Montréal, Chenelière/McGraw-Hill.

Slapin, B. *et al.* (1987). *Books without bias. A guide for evaluation children's literature for handicapism, Berkeley, CA, Kids Project* (ERIC Document Reproduction Service No. ED 317 005).

Slavin, R. E. (1990). *Cooperative learning : theory, research, and practice,* Englewood Cliffs, Prentice Hall.

Smith, R. (1993). *Children with mental retardation. A parent's guide,* Rockville, Woodbine.

Solar, C. (2001). *Équipes de travail efficaces. Savoirs et temps d'action,* Outremont, Logiques.

Sorel, L., C. R. Le Bouclier, J.-M. Bouchard et J.-C. Kalubi (2000).« Évaluation des (in)capacités de l'enfant à besoins spéciaux ». Dans J.-P. Pourtois et H. Desmet (dir). *Le parent éducateur,* p. 209-241, Paris, Presses universitaires de France.

Stafford, S. H. (1996). « Preschool integration : strategies for teachers », *Chidhood education,* 72, 214-218.

Stainback, S. et W. Stainback (1996). *Inclusion : a guide for educators,* Baltimore, Paul H. Brookes Publishing.

Stainback, S. et W. Stainback (dir.) (1990). *Support networks for inclusive schooling : interdependent integrated education,* Baltimore, Paul H. Brookes Publishing.

Tassé, M. J. (2002). *Liste des liens sur les syndromes génétiques et autres conditions médicales pouvant amener une déficience intellectuelle.* www.er.uqam.ca/nobel/d341460/liens.htm

Thousand, J. S. et R. A. Villa (1992). « Collaborative teams : a powerful tool in school restructuring ». Dans R. A. Villa, J. S. Thousand, W. Stainback et S. Stainback (dir.). *Restructuring for caring and effective education,* Baltimore, Paul H. Brookes Publishing.

UNICEF. *Convention relative aux droits de l'enfant.* http : //www.unicef.org/french/crc/crc.htm

Vie pédagogique (1998). Numéro spécial sur l'éducation à la citoyenneté à l'école, 109, 26.

Vienneau, R. (2004). « Impacts de l'inclusion scolaire sur l'apprentissage et sur le développement social ». Dans N. Rousseau et S. Bélanger (dir.). *La pédagogie de l'inclusion scolaire,* Sainte-Foy, Presses de l'Université du Québec.

Wade, S. E. (2000). *Inclusive education : a casebook and readings for prospective and practicing teachers,* New Jersey, Erlbaum.

Walker, H. M., I. E. Schwarz, M. A. Nippold, L. K. Irvin *et al.* (1994). « Social skills in school-age children and youth : issues and best practices in assessment and intervention », *Topics in language disorders,* 14, 3, 70-82.

Winzer, M. (1997). *Special education in early childhood : an inclusive approach,* Scarborough, Prentice Hall/Allyn & Bacon.

Wolfendale, S. (dir.) (1989). *Parental involvement : developing networks between home,* School and community, London, Cassel.

ANNEXES

Grille 2.1 Les valeurs éducatives des parents

Lisez les affirmations suivantes et cochez la case qui correspond au degré d'importance (peu, assez ou très) accordé par les parents. Puis, sélectionnez les cinq affirmations qu'ils jugent les plus importantes et indiquez leur ordre d'importance dans la colonne «choix», en les numérotant de 1 à 5, 1 étant la plus importante.

Affirmations	Importance			
	Peu	Assez	Très	Choix
1. Savoir que mon enfant est reconnu et valorisé pour ses compétences malgré sa différence.				
2. Savoir que mon enfant est heureux — liens affectifs positifs avec les spécialistes qui le soutiennent.				
3. Lui procurer les conditions qui répondent à ses besoins particuliers : programme adapté.				
4. Avoir une bonne relation avec les professionnels qui assurent une éducation de qualité à mon enfant.				
5. Savoir que les gens connaissent et tiennent compte des limites ou de la déficience de mon enfant.				
6. S'assurer que mon enfant développe son plein potentiel pour qu'il fonctionne bien dans son milieu.				
7. Faire en sorte que mon enfant vive harmonieusement avec ses proches, sa famille, son voisinage.				
8. Compter sur des spécialistes qui établiront les meilleurs programmes éducatifs pour mon enfant.				
9. Savoir que mon enfant, malgré sa déficience, est avant tout considéré comme les autres enfants.				
10. Recourir aux meilleurs services spécialisés qui répondent aux besoins de mon enfant.				
11. Faire en sorte que mon enfant s'adapte dans son milieu de vie, soit autonome et fasse des choix.				
12. S'assurer que mon enfant participe aux activités et fréquente les services de son milieu de vie.				
13. Savoir que mon enfant est respecté par les autres malgré sa différence ou sa déficience.				
14. S'assurer d'une bonne communication entre les personnes, c'est le gage d'une qualité éducative.				
15. Recourir aux services spécialisés pour que mon enfant puisse régler ou atténuer ses difficultés.				
16. Pouvoir s'engager et participer avec les autres professionnels à l'éducation de mon enfant.				

Répartition des points :

- Développement de l'enfant, N^{os} : 2 - 6 - 11 - 15
- Attitudes à l'égard de mon enfant, N^{os} : 1 - 5 - 9 - 13
- Types de services, N^{os} : 3 - 7 - 10 - 12
- Collaboration, N^{os} : 4 - 8 - 14 - 16

Interprétation et utilisation : Les réponses révèlent les valeurs auxquelles les parents accordent le plus d'importance.

- Les affirmations 2, 6, 11, 15 indiquent qu'ils accordent de l'importance au développement et aux apprentissages de leur enfant.
- Les affirmations 1, 5, 9, 13 indiquent qu'ils accordent de l'importance aux attitudes à adopter à l'égard de leur enfant.
- Les affirmations 3, 7, 10 et 12 indiquent qu'ils accordent de l'importance aux types de services qu'ils aimeraient offrir à leur enfant.
- Les affirmations 4, 8, 14, 16 indiquent qu'ils accordent de l'importance à la dynamique de collaboration.

Grille 2.2 Mes valeurs en tant qu'intervenante

Pour vous aider à découvrir les valeurs personnelles qui vous guident dans votre pratique, vous pouvez effectuer l'exercice suivant.

1. Écrivez les aspects qui reflètent vos valeurs en tant que personne, puis en tant qu'intervenante. Complétez brièvement les phrases. Par exemple : « Quand je pense aux enfants et à leur développement, c'est important qu'ils puissent… » *apprendre à communiquer* ou *apprendre à se faire des amis.*

2. Enfin, à partir de l'ensemble de vos énoncés, choisissez les cinq plus importants, l'énoncé le plus important étant placé en premier.

Valeurs personnelles et priorités (par ordre d'importance)

- Quand je pense à mon groupe d'**enfants** et au développement de chacun, c'est important pour moi que chaque enfant puisse…

____

____

____

____

____

- En tant qu'**adulte** qui veut se réaliser, c'est important pour moi que je puisse…

____

____

____

____

____

- En tant qu'**intervenante,** j'ai besoin…

____

____

____

____

____

- Au sein de mon milieu éducatif et en tant que **collègue** de travail, je souhaite…

____

____

____

____

____

Interprétation et utilisation :

Ces valeurs reflètent-elles votre conception d'un milieu éducatif ? Précisez, si nécessaire, les cinq énoncés que vous considérez comme prioritaires ou importants ? Gardez précieusement cette grille comme aide-mémoire. Vous pourrez l'utiliser ultérieurement pour discuter avec vos collègues et avec les parents.

Grille 2.3 Mon profil de valeurs éducatives en tant qu'intervenante

Lisez les affirmations suivantes et cochez la case qui correspond au degré d'importance que vous leur accordez. Puis, sélectionnez les cinq affirmations que vous jugez les plus importantes et indiquez leur ordre d'importance dans la colonne «choix», en les numérotant de 1 à 5, 1 étant la plus importante.

Affirmations	Importance			
	Peu	Assez	Très	Choix
1. Développer le plein potentiel de tous les enfants incluant ceux ayant une déficience.				
2. Soigner mes relations avec les parents et mes attitudes à leur égard pour établir, avec eux, une bonne communication et les rassurer.				
3. Établir une relation harmonieuse avec les parents afin de les rassurer et de leur donner une perception positive des services offerts à leur enfant.				
4. Offrir des services aux enfants ayant des besoins particuliers de sorte qu'ils reçoivent d'abord des services spécialisés ou adaptés.				
5. Favoriser le profond engagement des parents à différents niveaux : auprès de leur enfant et des milieux éducatifs.				
6. Susciter, par des programmes spécifiques, l'émergence de talents chez les enfants en créativité (arts), en communication, etc.				
7. Informer régulièrement les parents sur le développement de leur enfant.				
8. Développer des activités qui répondent aux besoins de tous les enfants de mon groupe afin de permettre à chacun de participer et de se développer selon son rythme.				
9. Diversifier et enrichir les activités avec mon groupe d'enfants en m'inspirant de leurs caractéristiques et de leurs différences.				
10. M'assurer, par mes activités, d'atténuer le retard ou les difficultés des enfants afin qu'ils aient les préalables nécessaires à l'entrée scolaire.				
11. Développer, avec les collègues et les parents, une relation de collaboration et de partenariat.				
12. Stimuler, ou du moins encourager, la participation des parents à la planification des services.				
13. Établir des relations positives avec l'enfant et avec les adultes.				
14. Regrouper les enfants selon leurs caractéristiques ou leurs besoins.				
15. Viser le développement de compétences sociales et adaptatives de tous les enfants de la communauté.				
16. Encourager les parents à fournir de l'information précise sur leur enfant et à suivre les conseils des spécialistes ou du personnel du service.				

Répartition des points :

- Développement de l'enfant, N^{os} : 1 - 6 - 10 - 15
- Parents et communauté, N^{os} : 5 - 7 - 12 - 16
- Pédagogie et qualité des services, N^{os} : 4 - 8 - 9 - 14
- Relation éducative, N^{os} : 2 - 3 - 11 - 13

Interprétation et utilisation : Vos réponses révèlent les valeurs auxquelles vous accordez le plus de l'importance.

- Les affirmations 1, 6, 10, 15 indiquent que vous accordez de l'importance au développement de l'enfant.
- Les affirmations 5, 7, 12, 16 indiquent que vous accordez de l'importance aux parents et à votre communauté éducative : enfants, parents, intervenantes, direction et partenaires.
- Les affirmations 4, 8, 9, 14 indiquent que vous accordez de l'importance à la pédagogie et à la qualité des services.
- Les affirmations 2, 3, 11, 13 indiquent que vous accordez de l'importance à la relation éducative.

Grille 2.4 Mes valeurs en tant que membre de la direction

Pour vous aider à découvrir les valeurs personnelles qui vous guident dans votre pratique, vous pouvez effectuer l'exercice suivant.

1. Identifiez les aspects qui reflètent vos valeurs en tant que personne et en tant que membre de la direction. Complétez les phrases en inscrivant vos priorités : « Quand je pense aux enfants et à leur développement, c'est important qu'ils puissent… » *apprendre à communiquer* ou *apprendre à se faire des amis.*

2. Choisissez parmi l'ensemble de vos réponses les cinq valeurs qui vous semblent les plus importantes (la première étant la plus importante).

Valeurs personnelles et priorités (par ordre d'importance)

- Quand je pense aux **enfants** et à leurs parents, c'est important pour moi qu'ils puissent…

- En tant qu'**adulte** qui veut se réaliser, c'est important pour moi que je puisse…

- En tant que **membre de la direction** en milieu préscolaire, j'ai besoin…

- Au sein de ma communauté élargie, en tant que **partenaire** de travail, je souhaite…

Interprétation et utilisation :

Ces valeurs reflètent-elles votre conception d'un milieu éducatif ? Précisez, si nécessaire, les cinq réponses que vous considérez comme prioritaires ou importantes ? Gardez précieusement ce document comme aide-mémoire. Vous pourrez l'utiliser ultérieurement pour discuter avec vos collègues, avec les parents et avec les membres de votre communauté éducative.

Grille 2.5 Mon profil de valeurs éducatives en tant que membre de la direction

Lisez les affirmations suivantes et cochez la case qui correspond au degré d'importance (peu, assez ou très) que vous leur accordez. Puis, sélectionnez les cinq affirmations que vous jugez les plus importantes et indiquez leur ordre d'importance dans la colonne «choix», en les numérotant de 1 à 5, 1 étant la plus importante.

Affirmations	Importance			
	Peu	Assez	Très	Choix
1. M'assurer que les enfants se développent et se sentent bien dans leur environnement éducatif.				
2. Offrir des services de qualité et mettre en place des services spécifiques tels que les arts, la créativité, la musique.				
3. Développer des relations de collaboration et de partenariat avec les parents.				
4. Démontrer ma capacité à prendre des décisions malgré les remises en question qu'elles entraînent.				
5. Créer une dynamique de partenariat avec les différents membres de ma communauté : enfants, parents, intervenantes, membres de la direction et partenaires.				
6. Assurer la qualité des services en insistant sur les relations avec les enfants et les parents.				
7. Voir à ce que les enfants soient regroupés selon leurs caractéristiques et leurs besoins.				
8. Susciter chez le personnel, chez les parents ou chez les membres de mon conseil d'administration une volonté de se doter d'une orientation éducative commune.				
9. Développer des relations de confiance avec les différentes intervenantes.				
10. Assurer des services de qualité par le développement d'un environnement éducatif riche : organisation physique et matérielle d'appoint.				
11. M'assurer que les enfants et le personnel ont le soutien nécessaire pour répondre aux divers problèmes qu'ils éprouvent.				
12. Développer des services qui correspondent aux besoins de tous les membres de la communauté : enfants, parents, intervenantes, membres de la direction et partenaires.				
13. Créer un climat qui permet au personnel d'avoir des projets ou des objectifs pédagogiques communs.				
14. Établir d'abord une bonne communication et des relations solides avec mon personnel.				
15. Viser à développer des services pour tous les enfants incluant ceux ayant des besoins particuliers.				
16. Expliquer clairement les orientations du service au personnel et aux parents.				

Répartition des valeurs :

- Développement de l'enfant, Nos : 1 - 7 - 11 - 15
- Services et qualité, Nos : 2 - 6 - 10 - 12
- Relations de collaboration, Nos : 3 - 5 - 9 - 14
- Leadership, Nos : 4 - 8 - 13 – 16

Interprétation et utilisation : Vos réponses révèlent quelles sont les valeurs auxquelles vous accordez de l'importance.

- Les affirmations 1, 7, 11, 15 indiquent que vous accordez de l'importance au développement des enfants.
- Les affirmations 2, 6, 10, 12 indiquent que vous accordez de l'importance aux services et à leur qualité.
- Les affirmations 3, 5, 9, 14 indiquent que vous accordez de l'importance à la dynamique relationnelle : collaboration, coopération et partenariat.
- Les affirmations 4, 8, 13, 16 indiquent que vous accordez de l'importance à votre leadership.

Grille 3.1 Les besoins de l'enfant

Avec le parent, déterminez, à l'aide des affirmations suivantes, les cinq besoins les plus importants pour l'enfant. Puis, classez-les par ordre d'importance : 1 étant le plus important. Vous pouvez ajouter d'autres besoins qui n'apparaissent pas dans cette liste.		
A ▪ Besoins physiques		▪ L'enfant a besoin de se développer physiquement (sa mobilité)
		▪ L'enfant a besoin d'apprendre à faire comme les autres enfants de son âge : courir, sauter, grimper
B ▪ Besoins affectifs		▪ L'enfant a besoin d'être aimé
		▪ L'enfant a besoin d'être encouragé
C ▪ Besoins sociaux		▪ L'enfant a besoin d'être en contact avec d'autres enfants
		▪ L'enfant a besoin d'être en contact avec des adultes
D ▪ Besoins de sécurité		▪ L'enfant a besoin d'apprendre à suivre une routine quotidienne
		▪ L'enfant a besoin d'apprendre à être autonome : s'habiller, se nourrir, avoir une hygiène corporelle
		▪ L'enfant a besoin d'apprendre à se comporter de façon acceptable dans des milieux autres que son milieu familial
		▪ L'enfant a besoin d'apprendre les principales règles de sécurité
E ▪ Besoins intellectuels		▪ L'enfant a besoin de développer son langage
		▪ L'enfant a besoin de s'adonner à des activités variées : dessiner, découper, compter, etc.
		▪ L'enfant a besoin d'apprendre à connaître son milieu : épicerie, caserne de pompiers, ferme, etc.
Autres besoins de l'enfant		▪ Précisez : ____________________ ____________________ ____________________ ____________________

Interprétation et utilisation :

Ce document permet aux parents et à l'intervenante de préciser les besoins auxquels le service éducatif doit répondre. Ce document devrait être conservé dans le portfolio de l'enfant pour une consultation ultérieure.

Grille 3.2 Appréciation de la visite par le parent

Dans le but d'améliorer la qualité de l'accueil et de mieux répondre aux besoins de notre clientèle, nous aimerions connaître votre appréciation de notre service.
Inscrivez un chiffre de 1 à 5, 5 correspondant à une excellente appréciation.

Date de la visite : ____________________

Nom de l'établissement : ____________________

Adresse : ____________________

Nom de la personne à qui j'ai parlé : ____________________

	1. L'accueil de la personne responsable était chaleureux.
	2. Elle a pris le temps de bien m'écouter et de répondre à mes questions.
	3. Elle m'a demandé si mon enfant avait un portfolio ou a pris connaissance du contenu du portfolio de mon enfant.
	4. Elle m'a accompagné pour visiter le service de garde.
	5. Le personnel du service de garde était accueillant.
	6. Lors de ma visite, les enfants étaient occupés à une activité.
	7. Les locaux sont attrayants (murs peints de couleur, murs affichant des œuvres d'enfants).
	8. Les ateliers (coin peinture, coin musique, coin de la maison) sont facilement repérables.
	9. Le matériel (les jeux, les livres, les cassettes, etc.) est varié, de qualité et en quantité suffisante.
	10. L'aire de jeux extérieure m'a semblé assez grande et sécuritaire.
	11. La cuisine était propre et bien rangée.

Mes impressions générales concernant ma visite :

____

____

____

____

____

Interprétation et utilisation :

Si le parent a attribué une note moyenne de 4 à 5 à la majorité des énoncés, c'est que sa visite lui a laissé une très bonne impression. Par contre, s'il a donné plusieurs notes de 1 à 2, c'est le signe que l'établissement ne correspond pas à ses attentes. Dans ce cas, il est nécessaire d'essayer de comprendre les motifs de ses réponses et d'améliorer, au besoin, la qualité de l'accueil et des services.

Grille 3.3 L'observation de l'enfant

1. Comment l'enfant réagit-il à son arrivée ?

2. Est-il intéressé par les autres enfants ? Comment se comporte-t-il avec eux ?

3. Est-il intéressé par les jouets ? Lesquels en particulier ?

4. Est-il à l'aise pour circuler dans ce nouveau milieu ?

5. Comment se comporte-t-il ?

6. S'intéresse-t-il à la personne qui l'accueille ?

7. Accepte-t-il de participer au petit jeu que vous avez préparé pour l'accueillir ? Quelle est sa réaction ?

8. Comment quitte-t-il les lieux ?

Interprétation et utilisation :

Ces quelques observations déterminent les correctifs à apporter pour faciliter l'arrivée de l'enfant et son intégration dans votre service. Elles serviront aussi d'amorce à la discussion avec le parent à la fin de la visite.

Grille 4.1 Synthèse de mes observations

- **Dans la section A « Forces », inscrivez vos observations faites au cours de la routine de l'enfant : ce qu'il est capable de faire, ce qu'il aime faire, ses habiletés particulières et ses principales qualités.**
- **Dans la section B « Défis à relever », inscrivez ce que vous estimez important qu'il apprenne à faire ou qu'il améliore.**
- **Dans la section C « Autres besoins importants », indiquez les besoins particuliers de l'enfant, vos propres besoins, ceux du milieu préscolaire et de votre groupe d'enfants.**

A • Forces	Contextes d'activités	B • Défis à relever
	Arrivée en milieu de garde ou préscolaire et départ	
	Habillage et déshabillage	
	Causerie et rassemblement	
	Lorsqu'il joue : • seul • avec d'autres enfants • avec un adulte	
	Jeux extérieurs	
	Participation au rangement	
	Soins corporels (ex. : lavage des mains, brossage des dents, propreté…)	
	L'heure des repas et des collations	
	L'heure de la sieste	
	Autre :	
	Contextes d'activités	
	Transitions	
	Activités en atelier	
	Autre :	
	Habiletés	
	Communication (réception et expression)	
	Expression de ses émotions	
	Habiletés sociales	
	Motricité fine	
	Motricité globale	
	Autre :	

C • Autres besoins importants
Autre(s) besoin(s) de l'enfant
Mes besoins en tant qu'intervenante
Les besoins du milieu et de mon groupe d'enfants

Grille 4.2a Renseignements généraux

PLAN D'INTERVENTION

SECTION A • RENSEIGNEMENTS GÉNÉRAUX

Nom du service de garde ou de l'établissement préscolaire :

Nom de l'enfant :

Date de naissance :

Groupe :

Intervenante :

Date d'entrée de l'enfant au service éducatif :

Déficience(s), brève description (s'il y a lieu) :

Date de la réunion du plan d'intervention :

Date de la dernière réunion :

Personnes présentes :

Nom :	Fonction :

Nom de l'animatrice de la réunion du plan d'intervention :

PLAN D'INTERVENTION

SECTION B • FORCES DE L'ENFANT

À tour de rôle, les participants présentent les forces qu'ils ont notées durant la période d'observation. L'animatrice les inscrit à l'intérieur des rayons du soleil. Elle utilise le pronom « je » pour personnaliser chacun des énoncés.

____, **un soleil aux mille rayons**
(Prénom de l'enfant)

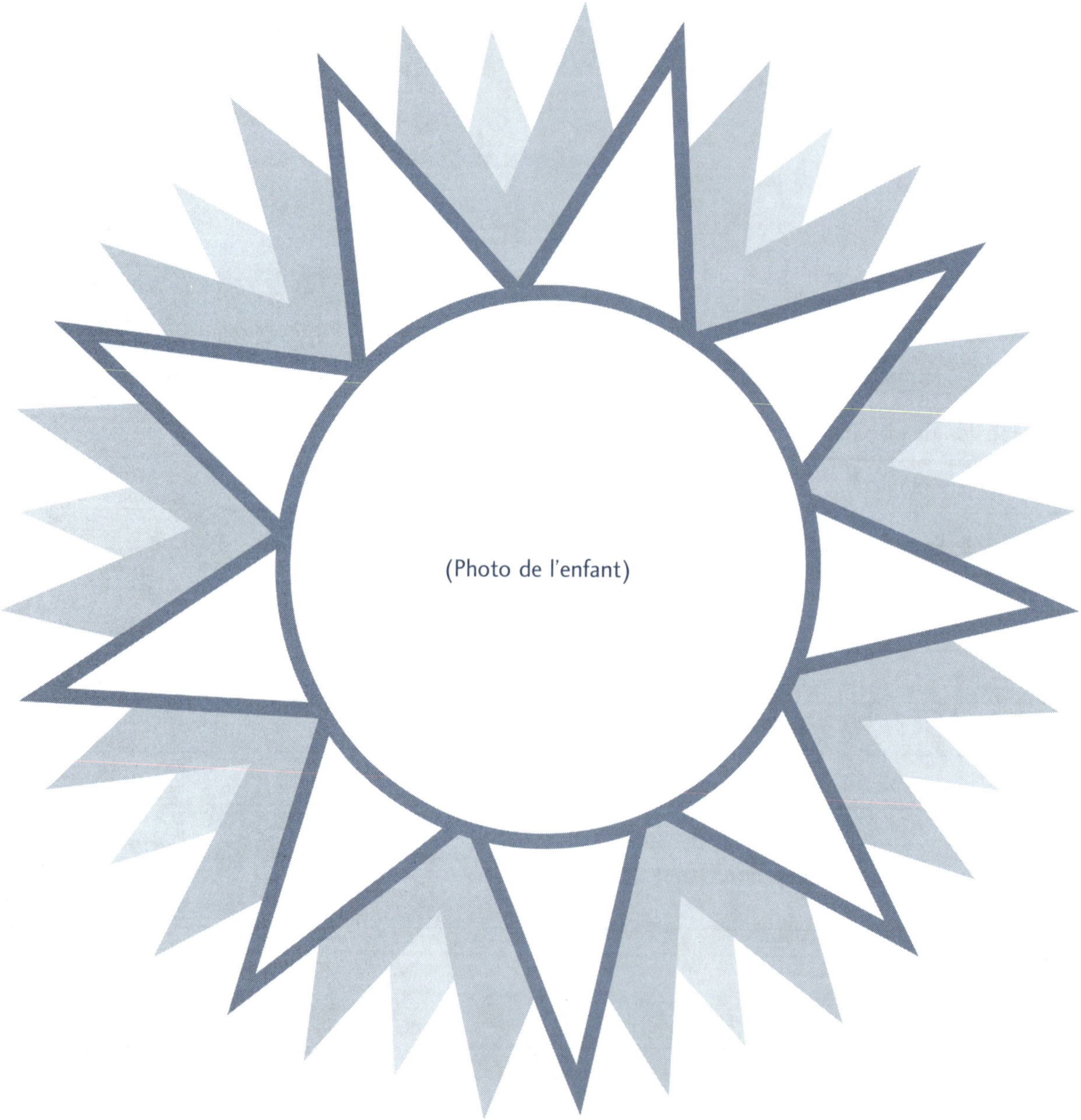

Grille 4.2c Les défis à relever

PLAN D'INTERVENTION SECTION C • DÉFIS À RELEVER
À tour de rôle, les participants présentent les défis notés durant la période d'observation. • L'animatrice note chacune des idées émises. • Les participants sont invités à poser des questions de clarification. • Aucune idée n'est discutée pour fin de consensus.

Grille 4.2d Défis ou besoins, stratégies et personnes concernées

PLAN D'INTERVENTION

SECTION D • DÉFIS OU BESOINS	SECTION E • STRATÉGIES	SECTION F • PERSONNES CONCERNÉES
À partir des défis ou besoins énumérés dans la grille 4.2c, inscrivez ceux que vous avez retenus dans la case appropriée.	• Pour chaque défi ou besoin, inscrivez le ou les stratégies à expérimenter. • Pour chaque stratégie à mettre en œuvre, proposez différentes façons de faire (pistes à explorer).	• Pour chaque stratégie identifiée, l'équipe cible la ou les personnes concernées par son application.
Défis ou besoins de l'enfant : (les inscrire dans la grille 4.3)		
Défis ou besoins des enfants du groupe :		
Défis ou besoins de l'intervenante :		
Défis ou besoins des parents :		
Défis ou besoins de la direction :		

Grille 4.3 **Mon défi !**

Nom de l'enfant : ______________________ Date : ____________

Voici mon défi !

Grille 4.4 Évaluation de la dynamique de collaboration et de partenariat

- **Répondre par « oui » ou « non » aux affirmations qui suivent.**
- **Additionner ensuite le nombre de « oui » et le nombre de « non ».**

Lors des rencontres préliminaires et de la réunion de rédaction du plan d'intervention	**Oui**	**Non**
1. On a pris en considération les observations des forces et des difficultés de l'enfant que j'ai mentionnées.		
2. Au cours de discussions ou rencontres concernant les services offerts à l'enfant, j'ai pu m'exprimer et comprendre les interventions des autres participants.		
3. Tous les participants se sont montrés attentifs ou ont souligné mon apport dans l'éducation de l'enfant.		
4. J'ai eu le sentiment que tous les participants ont été sensibles aux problèmes que vivent l'enfant et la famille.		
5. Après la réunion, j'ai gardé le sentiment d'être : contrarié, ignoré, ridiculisé, remis en question, rejeté ou forcé d'accepter une décision.		
6. On a pris en note les défis ou les besoins retenus lors des discussions.		
7. Au cours de la réunion, je pouvais exprimer mon accord ou mon désaccord avec certaines des positions des participants.		
8. Je suis toujours intéressé à participer à des rencontres afin de discuter des services offerts à l'enfant.		
9. J'ai l'impression d'être encouragé lorsque je fais des propositions ou lorsque je demande de l'aide en fonction de mes responsabilités.		
10. Au cours de la réunion, j'ai senti que chacun des participants pouvait exposer librement son point de vue.		

Interprétation et utilisation :

Calculez le nombre de « non ». Un résultat égal ou inférieur à 2 vous donne un indice de collaboration et de partenariat positif ou très favorable. Un résultat supérieur à 2 indique une collaboration peu favorable. Il y a des contraintes à l'idée d'une relation de collaboration et de partenariat. Pour poursuivre votre réflexion en vue d'améliorer le partenariat et la collaboration entre les participants, consultez le chapitre 7.

Grille 5.1 Faits saillants

Nom de l'enfant : ______________________ Date : __________

Objet : ______________________

Description du contexte (heure, lieu)

Description de l'événement (avant, pendant, après)

Commentaires

Grille 5.2 Grille d'observation

Inscrivez les composantes des compétences attendues dans chacun des domaines de développement selon l'âge de l'enfant. Vous pouvez vous inspirer des instruments d'évaluation du développement de l'enfant à la rubrique « Pour aller plus loin », à la page 130.

Nom de l'enfant : ______________________ Date : ____________

Intervenante : ______________________

Choisissez la notation appropriée et ajoutez le symbole correspondant à chacun des énoncés.

- Échelle d'appréciation portant sur la fréquence d'apparition :
  1 Souvent **2** Parfois **3** Rarement **4** Jamais
- Échelle d'appréciation portant sur la qualité :
  ! Remarquable **++** Très satisfaisant **+** Satisfaisant **–** À améliorer
- Échelle d'appréciation portant sur la facilité d'exécution :
  A Facilement **B** Avec un peu de difficulté **C** Difficilement **D** Très difficilement

Énoncés	**Périodes d'observation (dates)**		
	1 ______	2 ______	3 ______
Autonomie			
Cognitif (connaissances)			
Langage (communication)			
Sensorimoteur			
Socioaffectif			

Grille 5.3 Grille de vérification

Inscrivez les manifestations ou conduites attendues dans une tâche ou une activité selon l'âge de l'enfant. Vous pouvez vous inspirer des instruments d'évaluation du développement de l'enfant à la rubrique «Pour aller plus loin», à la page 130.

Nom de l'enfant : ______________________________ Date : ______________

Intervenante : ______________________________

Choisissez la notation appropriée et ajoutez le symbole correspondant à chacun des énoncés.

- Échelle d'appréciation portant sur la fréquence d'apparition :
  1 Souvent **2** Parfois **3** Rarement **4** Jamais
- Échelle d'appréciation portant sur la qualité :
  ! Remarquable **++** Très satisfaisant **+** Satisfaisant **–** À améliorer
- Échelle d'appréciation portant sur la facilité d'exécution :
  A Facilement **B** Avec un peu de difficulté **C** Difficilement **D** Très difficilement

ÉNONCÉ	**PÉRIODES D'OBSERVATION (DATES)**		
	1 ________	2 ________	3 ________
1.			
2.			
3.			
4.			
5.			
6.			
7.			
8.			
9.			
10.			
11.			
12.			
13.			
14.			
15.			

Grille 5.4 Mon journal de bord

Nom de l'enfant : ____________________ Date : ____________

Section pour les parents

Ma nuit : ☐ Bonne ☐ Mauvaise

Je me suis réveillé à ____________

Pour déjeuner, j'ai mangé : ☐ Peu ☐ Bien ☐ Très bien

Médicaments : ____________ Heure où je devrai le prendre : ________ Quantité : ____

C'est ____________________ qui viendra me chercher.

Message des parents

____

____

____

____

Section pour l'intervenante

Mon humeur : ☐ Passable ☐ Bonne ☐ Très bonne

Je me sens : ☐ En pleine forme ☐ Malade

Relations avec mes pairs : ☐ Tendues ☐ Bonnes ☐ Très bonnes

Pour dîner, j'ai mangé : ☐ Peu ☐ Bien ☐ Très bien

Durant la sieste, j'ai dormi de ________ à ________ .

Médicaments : Nom : ____________ Heure où je l'ai pris : ________ Quantité : ____

Je suis allé à l'extérieur : ☐ Avant-midi ☐ Après midi

Activités extérieures : ☐ Cours ☐ Promenade ☐ Parc ☐ Sortie

Ma participation aux activités : ☐ Passable ☐ Bonne ☐ Très bonne

Activités intérieures : ____________________

Message de l'intervenante

____

____

____

____

Date : ____________________

Qui suis-je ?

1. Mon nom est ______________________________ .

2. Mon anniversaire est le ______________________________

et j'ai __________ ans.

3. Lorsque je dessine, j'utilise ma main : (encercle)

gauche droite

4. Voici ma famille.

5. Voici mon animal de compagnie

ou celui que j'aimerais avoir.

6. Voici deux amis (amies) avec qui j'aime jouer.

Son nom : ____________________

Son nom : ____________________

7. Voici mon jouet préféré.

8. Mon mets préféré est ____________________ .

9. Ma chanson préférée est ____________________ .

10. Mon histoire préférée est ____________________ .

11. À la télévision, j'aime regarder

____________________ .

Grille 5.6 Code imagé

Personnalisez le code imagé en ajoutant un dessin ou une illustration appuyant l'affirmation dans chacune des cases.	
	C'était très difficile, mais j'y suis arrivé(e).
	J'ai réalisé ce travail avec des amis(es).
	J'aime beaucoup ce travail ou j'ai beaucoup aimé le faire.
	Je suis fier (fière) de moi, car j'ai travaillé très fort.
	J'ai eu de bonnes idées.

Grille 6.1 Observation synthèse des conduites sociales positives (inspirée de : Nilsen, 2001 ; Winzer, 1997)

Nom : ______________________________ Date : ______________

Situations	Manifestations prosociales de l'enfant	Cochez le degré d'appréciation Pas ou peu	Parfois	Souvent
Solitaire	• Réagit à des stimuli de son environnement : bruit, objet; • Manipule des objets de son entourage; • Répète des mouvements avec un objet ou fait des bruits avec sa bouche; • Accepte d'être seul pour jouer; • Porte attention aux réactions ou aux paroles de l'adulte.			
Interaction avec une personne	• Cherche la présence d'un autre; • Réagit positivement (regarde…) en présence d'un adulte; • Cherche à répéter ce que l'adulte fait; • Imite l'adulte; • Amorce des interactions avec l'adulte ou avec d'autres; • Fait des choix; • Initie des jeux avec d'autres enfants; • Réalise seul des activités fonctionnelles : tâches ou jeux; • Respecte les tours de rôle : amorce, attend son tour; • Échange ou partage du matériel.			
Socialisation en groupe	• Interagit positivement avec ses pairs : sourire, toucher; • Exprime ses préférences, ses désirs; • N'est pas intimidé par les autres, accepte leur présence; • Prend son tour de parole convenablement : amorce et maintient une conversation ou une interaction sociale; • Demande de l'attention de l'adulte convenablement selon son âge; • Exprime sa colère de façon convenable selon son âge; • Cherche à s'associer avec un ami.			
Coopération et gestes prosociaux	• Initie une activité ou un jeu, seul ou avec d'autres; • Invite les autres à participer ou est invité; • Offre d'aider un adulte; • Porte assistance : console un pair, offre son aide; • Aide un pair en difficulté; • Valorise un pair; • Tente de négocier et de résoudre des problèmes; • Essaie d'arrêter une querelle ou une dispute; • Collabore avec ses pairs : échange du matériel, offre son aide, partage, persiste dans ses échanges; • Réalise des jeux symboliques, des jeux avec des règles; • Se lie d'amitié avec un autre enfant.			

Grille 6.2 Fiche synthèse des difficultés de socialisation

√	Cette démarche vous aide à préciser la nature des difficultés de l'enfant selon les contextes relationnels. Vous pouvez cocher différentes conduites observées chez l'enfant dans chacun des contextes relationnels.
	Relations avec soi-même ▪ L'enfant se blesse souvent, se place dans des situations à risque. ▪ Il se mord. ▪ Il se salit avec divers objets ou substances. ▪ Il met dans sa bouche des substances dangereuses. ▪ Il brise ses biens, ses jeux. ▪ Il a des comportements moteurs répétitifs.
	Attitudes envers soi-même ▪ L'enfant est souvent triste, pleure facilement sans qu'on puisse en identifier la raison. ▪ Il cherche régulièrement la présence ou le contact avec l'adulte. ▪ Il pleure s'il est laissé à lui-même. ▪ Il amorce peu d'interactions; il est passif. ▪ Il s'isole en situation de conflit.
	Relations avec les autres enfants ▪ L'enfant amorce peu d'interactions ou réagit négativement aux amorces des autres : il s'éloigne. ▪ Il interagit peu ou arrête ses interactions en s'éloignant des autres enfants. ▪ Il ne tient pas compte des tours de rôle ou des réactions des pairs. ▪ Il a des conduites agressives : lance, tire, brise le matériel. ▪ Il a des gestes agressifs : mord, pince, pousse les autres enfants. ▪ Il agit rapidement et ne réfléchit pas aux conséquences de ses gestes.
	Attitudes dans un groupe ▪ L'enfant ne semble pas comprendre les interactions; il réagit peu ou ne réagit pas aux invitations des pairs. ▪ Il ne respecte pas, ou respecte peu, les règles de fonctionnement. ▪ Il ne reste pas en contexte d'activités de groupe : se lève, quitte la classe ou le groupe. ▪ Lorsqu'il est en présence d'un adulte, il réclame d'être proche de lui ou cherche à obtenir son attention.
	Relations avec l'adulte et l'autorité ▪ L'enfant a un regard fuyant, baisse la tête et ne répond pas aux amorces des adultes connus. ▪ Il interagit négativement avec les adultes non familiers : refuse les contacts physiques, refuse de répondre aux amorces, réagit par des pleurs. ▪ Il refuse de répondre aux demandes des adultes ou répond rapidement par un « non ». ▪ Il est hostile avec les adultes en position d'autorité : il fait le contraire de ce qui est demandé, ignore les demandes ou n'y répond pas. ▪ Lorsqu'il est réprimandé, il ne regarde pas l'adulte ou tente de fuir la situation.
	Comportements en situation de jeu ▪ L'enfant n'amorce pas de jeu seul ou spontanément. ▪ Il manipule les jeux sans intention : absence de jeux fonctionnels. ▪ Il ne persiste pas dans son jeu pour trouver un sens. ▪ Il ne regarde pas les autres jouer, ne tente pas de faire pareil : imiter. ▪ Lorsqu'il joue, il reste seul ou refuse de partager et d'interagir avec les autres. ▪ Il peut commencer à jouer, mais ne termine pas son jeu; il refuse de ramasser ou de ranger son matériel. ▪ En groupe, il refuse de partager et est souvent en situation de conflit. ▪ Il ne comprend pas le sens du jeu, des consignes ou des règles.

Grille 6.3 Facteurs, manifestations et besoins de l'enfant (inspirée de : MFE, 1998b)

Nom : ______________________________ Date : ______________

Situations et facteurs	Manifestations	Signification – besoins
▪ Fin d'activité ou changements ▪ État physique ▪ Routine : repos, sommeil ▪ Perception des parents face au problème de leur enfant ▪ Stratégies ou attitudes face à une réaction de frustration		
▪ Lieu ▪ Personnes présentes		

Stratégies ou mesures de soutien différenciées :